教育部－浪潮集团产学合作协同育人项目成果　　普通高等学校计算机教育"十三五"规划教材

inspur 浪潮

JSP
程序设计与案例实战
慕课版

浪潮优派◎出品

刘何秀　郭建磊　姬忠红◎主编

人民邮电出版社

北京

图书在版编目（CIP）数据

JSP程序设计与案例实战：慕课版 / 刘何秀,郭建磊,姬忠红主编. -- 北京：人民邮电出版社,2018.5（2024.1重印）
普通高等学校计算机教育"十三五"规划教材
ISBN 978-7-115-48013-2

Ⅰ. ①J… Ⅱ. ①刘… ②郭… ③姬… Ⅲ. ①JAVA语言—网页制作工具—高等学校—教材 Ⅳ. ①TP312.8 ②TP393.092.2

中国版本图书馆CIP数据核字(2018)第040153号

内 容 提 要

JSP是目前企业中常用的一种动态网页开发技术，是Java EE企业级开发体系中非常重要的基础技术。

本书由浅入深地讲解了整个JSP知识体系。全书共13章，第1~12章是JSP基础知识，主要内容包括Web基础、JSP开发环境的搭建、Web服务器的使用、JSP脚本元素、JSP指令、JSP动作、JSP隐式对象、EL表达式、JDBC、Servlet、过滤器、MVC开发模式等；第13章是浪潮集团真实企业级项目案例——订单管理系统项目实战。

本书既可作为高等院校计算机相关专业的教材和辅导书，也可作为JSP初学者的入门读物。

◆ 主　编　刘何秀　郭建磊　姬忠红
　　责任编辑　张　斌
　　责任印制　沈　蓉　彭志环

◆ 人民邮电出版社出版发行　北京市丰台区成寿寺路11号
　　邮编　100164　电子邮件　315@ptpress.com.cn
　　网址　http://www.ptpress.com.cn
　　固安县铭成印刷有限公司印刷

◆ 开本：787×1092　1/16
　　印张：16.75　　　　　　　　　　2018年5月第1版
　　字数：451千字　　　　　　　　2024年1月河北第15次印刷

定价：49.80元

读者服务热线：(010)81055256　印装质量热线：(010)81055316
反盗版热线：(010)81055315

前言 PREFACE

JSP（Java Server Pages）是一种动态网页技术标准，该技术为创建显示动态生成内容的 Web 页面提供了一个简捷而快速的方法。JSP 继承了 Java 语言的优点，具有跨平台的特性，而 Java 技术也为 JSP 实现强大功能提供了技术支持。

JSP 技术的设计目的是使得构造基于 Web 的应用程序更加容易和快捷，而这些应用程序能够与各种 Web 服务器、应用服务器、浏览器和开发工具共同工作。JSP 开发动态 Web 应用具有很多优势，例如可以实现动态页面与静态页面的分离。JSP 开发脱离了硬件平台的束缚，拥有和 Java 语言同样的"一次编写，各处运行"的良好移植性。JSP 还强调应用可重用的组件（JavaBeans 或 Enterprise JavaBeans 组件），基于组件的方法可以提高企业级应用的可扩展性、提高开发效率，并且使各种组织在他们现有的技能和优化结果的开发努力中得到平衡。

浪潮集团是中国本土综合实力强大的大型 IT 企业之一，是国内领先的云计算领导厂商，是先进的信息科技产品与解决方案服务商。浪潮集团的很多大型企业级项目都采用了以 JSP 技术为基础的 Java EE 开发体系，应用行业包括金融、医疗、电子政务、粮食储备等。对于开发人员来说，掌握 JSP 技术，是进行 Java EE 企业级项目开发的重要基础和必要条件。

浪潮优派科技教育有限公司（以下简称浪潮优派）是浪潮集团下属子公司，结合浪潮集团的技术优势和丰富的项目案例，致力于 IT 人才的培养。本书由浪潮优派具有多年开发经验和实训经验的 Java EE 培训讲师撰写，全书各章节知识点讲解条理清晰、循序渐进，每个知识点有丰富的案例演示，并有企业级案例的应用演示贯穿全书。本书还提供了丰富的配套案例和微课视频，读者可扫描二维码直接观看。每章有配套习题和上机实验，并配有案例源代码和电子课件，读者可登录人邮教育社区（www.ryjiaoyu.com）下载。

本书共 13 章，各章内容如下。

第 1 章 Java Web 开发基础，介绍学习 JSP 技术必须要了解的 Web 基础知识。

第 2 章 JSP 概述，介绍 JSP 的概念、组成、开发环境的配置和运行。

第 3 章 JSP 脚本元素、指令，对 JSP 中 3 种脚本元素和 JSP 的 3 个指令进行了详细讲解和演示。

第 4 章 JSP 隐式对象，对 JSP 的 9 个内置对象进行了详细的讲解和案例演示。

第 5 章 JSP 标准动作，详细演示 JavaBean 组件和 JSP 7 个标准动作的使用。

第 6 章 JSP 表达式语言，讲解了 EL 表达式语言的语法，并演示了各种场景下的应用方法。

第 7 章 JSP 中使用数据库，详细讲解了 JDBC 技术及常用 API，以 Oracle 为例，演示了 JSP 连接和操作数据库的方法。

第 8 章 JSTL 概述，讲解并演示了 JSP 标准标签库和核心标签的使用。

第 9 章 Servlet 概述，讲解并演示了 Servlet 的概念、生命周期、创建和访问方法。

第 10 章 Servlet API，讲解 Servlet 处理 HTTP 请求的流程，并演示主要 API 的使用。

第 11 章 Servlet 过滤器，讲解过滤器的原理并演示创建方法和典型应用案例。

第 12 章 MVC 开发模式，讲解两种开发模式及应用案例。

第 13 章综合案例：订单管理系统，采用浪潮集团真实的项目案例，详细讲解并演示基于 JSP 的 MVC 开发模式企业级的应用。

本书由刘何秀、郭建磊、姬忠红担任主编，并进行了全书审核和统稿。参与本书编写的还有崔瑞娟、周业勤、李海斌、李然。本书的综合案例订单管理系统来自浪潮世科，感谢他们在本书撰写过程中提供的帮助和支持。

由于时间仓促和编者水平有限，本书难免存在不足之处，欢迎读者朋友批评指正。

目录 CONTENTS

第1章　Java Web 开发基础　1
- 1.1　Web 基础知识　1
- 1.2　JSP 基础知识　3
- 1.3　本章小结　6
- 习题　6
- 上机指导　6

第2章　JSP 概述　7
- 2.1　初识 JSP　7
  - 2.1.1　JSP 概念　7
  - 2.1.2　JSP 页面组成　7
- 2.2　安装配置 JSP 运行环境　9
  - 2.2.1　JDK 安装及配置　9
  - 2.2.2　Tomcat 下载安装与启动　9
  - 2.2.3　Web 服务目录　12
- 2.3　JSP 执行过程　14
  - 2.3.1　JSP 执行过程分析　14
  - 2.3.2　JSP 执行过程转译文件　15
- 2.4　使用 MyEclipse 开发 JSP　16
- 2.5　本章小结　20
- 习题　20
- 上机指导　21

第3章　JSP 脚本元素、指令　22
- 3.1　JSP 脚本元素　22
  - 3.1.1　JSP 脚本元素概念及组成　22
  - 3.1.2　表达式　22
  - 3.1.3　Scriptlet　24
  - 3.1.4　声明　27
- 3.2　JSP 指令　29
  - 3.2.1　JSP 指令概念与分类　29
  - 3.2.2　page 指令　30
  - 3.2.3　include 指令　32
  - 3.2.4　taglib 指令　33
- 3.3　本章小结　35
- 习题　35
- 上机指导　36

第4章　JSP 隐式对象　37
- 4.1　JSP 隐式对象概述　37
- 4.2　输入/输出对象　38
  - 4.2.1　out 对象　38
  - 4.2.2　request 对象　40
  - 4.2.3　response 对象　45
- 4.3　作用域通信对象　51
  - 4.3.1　session 对象　51
  - 4.3.2　application 对象　54
  - 4.3.3　pageContext 对象　57
- 4.4　Servlet 对象　60
  - 4.4.1　page 对象　60
  - 4.4.2　config 对象　61
- 4.5　错误对象　62
- 4.6　本章小结　64
- 习题　64
- 上机指导　65

第5章　JSP 标准动作　66
- 5.1　JavaBean 组件　66
- 5.2　常用的 JSP 动作　68
  - 5.2.1　\<jsp:forward\>动作　69
  - 5.2.2　\<jsp:param\>动作　71
  - 5.2.3　\<jsp:include\>动作　74
  - 5.2.4　\<jsp:useBean\>动作　81
  - 5.2.5　\<jsp:getProperty\>动作　84
  - 5.2.6　\<jsp:setProperty\>动作　85

5.2.7	`<jsp:plugin>`动作 ……………… 89	8.2.2	流程控制 ……………………… 142
5.3	本章小结 …………………………… 90	8.2.3	迭代操作 ……………………… 145
习题	………………………………………… 90	8.2.4	URL 操作 ……………………… 150
上机指导	…………………………………… 90	8.3	本章小结 …………………………… 155

习题 ………………………………………… 156
上机指导 …………………………………… 156

第 6 章　JSP 表达式语言 …………… 91

6.1	EL 简介和基本语法 ………………… 91		
6.2	EL 常见应用 ………………………… 93		

第 9 章　Servlet 概述 ………………… 157

		9.1	Servlet 简介 ………………………… 157
6.2.1	EL 获取数据 …………………… 93	9.1.1	认识 Servlet …………………… 157
6.2.2	EL 执行运算 …………………… 96	9.1.2	实现 Servlet …………………… 157
6.2.3	EL 获得 Web 开发常用对象 …… 100	9.1.3	Servlet 的生命周期 …………… 159
6.2.4	使用 EL 调用 Java 方法 ……… 102	9.2	使用 MyEclipse 演示 Servlet …… 162
6.3	综合案例 …………………………… 104	9.3	本章小结 …………………………… 164
6.4	本章小结 …………………………… 105	习题	………………………………………… 164
习题	………………………………………… 106	上机指导	…………………………………… 165
上机指导	…………………………………… 106		

第 10 章　Servlet API ………………… 166

第 7 章　JSP 中使用数据库 ………… 107

7.1	JDBC 概述 ………………………… 107	10.1	Servlet 规范和 HTTP Servlet
7.2	JDBC 常用 API …………………… 108		基础知识 …………………………… 166
7.2.1	DriverManager 类 ……………… 108	10.2	Servlet API ………………………… 168
7.2.2	Connection 接口 ……………… 110	10.3	ServletConfig 接口 ………………… 169
7.2.3	Statement 接口 ………………… 110	10.4	ServletContext 接口 ……………… 172
7.2.4	ResultSet 接口 ………………… 116	10.5	ServletRequest 接口 ……………… 176
7.2.5	ResultSetMetaData 接口 ……… 117	10.6	ServletResponse 接口 …………… 176
7.2.6	PreparedStatement 接口 ……… 117	10.7	Servlet 异常 ………………………… 177
7.2.7	CallableStatement 接口 ……… 120	10.8	HttpServletRequest 接口 ………… 177
7.3	使用 JDBC 进行事务处理 ………… 130	10.9	HttpServletResponse 接口 ……… 187
7.4	本章小结 …………………………… 132	10.10	Web 资源重定向 …………………… 189
习题	………………………………………… 132	10.11	cookie 技术 ………………………… 191
上机指导	…………………………………… 132	10.12	本章小结 …………………………… 196

习题 ………………………………………… 196
上机指导 …………………………………… 198

第 8 章　JSTL 概述 …………………… 134

8.1	JSTL 简介 ………………………… 134		
8.1.1	JSTL 概念和标签库 …………… 134		
8.1.2	JSTL 配置的方式 ……………… 135		
8.2	核心标签库 ………………………… 136		
8.2.1	表达式操作 …………………… 136		

第 11 章　Servlet 过滤器 …………… 199

11.1　Servlet 过滤器简介 ……………… 199
11.2　Servlet 过滤器的实现和
　　　生命周期 …………………………… 200

11.2.1 实现 Servlet 过滤器的 Filter
　　　　 组件介绍及实现 ·················200
11.2.2 实现 Filter 接口的方法 ········204
11.2.3 Filter 过滤器的生命周期和
　　　　 拦截流程 ·····················207
11.3 Servlet 过滤器的功能 ·················210
11.4 本章小结 ·····························214
习题 ···································214
上机指导 ·······························215

第 12 章　MVC 开发模式 ·············216

12.1 MVC 的模式简介 ·····················216
12.2 JSP 开发的两种模型 ··················216
　12.2.1 Model1 ······················217
　12.2.2 Model2 ······················220
12.3 MVC 模式的案例演示 ···············222
12.4 本章小结 ·····························224
习题 ···································225
上机指导 ·······························225

第 13 章　综合案例：订单管理
　　　　　系统 ·······················226

13.1 项目背景及项目结构 ···············226
13.2 数据库的设计 ·······················231
13.3 环境搭建 ·····························236
13.4 系统管理 ·····························237
13.5 实现用户登录 ·······················246
13.6 实现货币管理 ·······················253
13.7 本章小结 ·····························260

01 第1章 Java Web 开发基础

学习目标

- 了解 Web 相关基础知识
- 了解 JSP 相关基础知识
- 理解 C/S 体系结构和 B/S 体系结构

Web 基础知识

1.1 Web 基础知识

JSP（Java Server Pages）是目前企业中常用的一种动态网页开发技术，是 Java Web 开发体系中非常重要的一门技术。在学习 JSP 之前，首先需要了解与 Web 相关的一些知识，本节将从 Web 基础、HTTP 协议、Web 客户端应用技术、Web 服务器端应用技术等方面进行介绍。

1. Web 基础

Web 的本意是蜘蛛网和网，在网页设计中称为网页。Web 出现于 1989 年 3 月，由欧洲粒子物理研究所（CERN）的科学家蒂姆·伯纳斯·李（Tim Berners Lee）发明。1990 年 11 月，第一个 Web 服务器正式运行，通过 Web 浏览器可以看到最早的 Web 页面。1991 年，Web 技术标准正式发布。1993 年，第一个图形界面的浏览器 Mosaic 开发成功。1995 年，著名的 Netscape Navigator 浏览器问世。随后，微软（Microsoft）公司推出了著名的 IE 浏览器（Windows 操作系统默认安装 IE 浏览器）。目前，与 Web 相关的各种技术标准都由万维网联盟（World Wide Web Consortium，W3C）管理和维护。

Web 是一个分布式的超媒体信息系统，它将大量的信息分布在网上，为用户提供更多的多媒体网络信息服务。从技术层面上看，Web 技术的核心有以下 3 点。

- 超文本传输协议（HTTP），实现网络的信息传输。
- 统一资源定位符（URL），实现互联网信息定位的统一标识（如 http://www.inspuruptec.com 中的 "www.inspuruptec.com"）。
- 超文本标记语言（HTML），实现信息的表示与存储。

2. HTTP 协议简介

超文本传输协议（HyperText Transfer Protocol，HTTP）是专门为 Web 设计的一种应用层协议。在 Web 应用中，服务器把网页传给浏览器，实际上就是把网页的 HTML 代码发送给浏览器，让浏览器显示出来。而浏览器和服务器之间的传输协议就是 HTTP。也就是说，HTTP 协议是 Web 浏览器与 Web 服务器之间的一问一答的交互过程中必须遵循的规则。

HTTP 是 TCP/IP 协议集中的一个应用层协议，用于定义 Web 浏览器与 Web 服务器之间交换数据的过程以及数据本身的格式。HTTP 协议的版本有 HTTP/1.0、HTTP/1.1、HTTP-NG。深入理解 HTTP 协议，对管理和维护复杂的 Web 站点、开发具有特殊用途的 Web 服务器程序具有直接影响。

3. Web 客户端应用技术

Web 是开发互联网应用的技术总称，它是一种典型的分布式应用架构。Web 应用中的每一次信息交换都要涉及客户端和服务端两个层面。因此，Web 开发技术大体上也可以被分为客户端技术和服务端技术两类。本节主要介绍 Web 客户端技术。

Web 客户端的主要任务是展现信息内容。Web 客户端设计技术主要包括：HTML 语言、Java Applets、脚本程序、CSS、DHTML、插件技术及 VRML 技术。

（1）HTML 语言的诞生

Web 客户端的主要任务是展现信息内容，HTML 语言是信息展现的最有效载体之一。作为一种实用的超文本语言，HTML 的历史最早可以追溯到 20 世纪 40 年代。1969 年，IBM 公司的查尔斯·戈德法布（Charles Goldfarb）发明了可用于描述超文本信息的 GML 语言。1978—1986 年，在美国国家标准学会（American National Standards Institute, ANSI）等组织的努力下，GML 语言进一步发展成为著名的 SGML 语言标准。当蒂姆·伯纳斯·李在 1989 年试图创建一个基于超文本的分布式应用系统时，意识到 SGML 过于复杂，不利于信息的传递和解析。于是他对 SGML 语言做了大刀阔斧的简化和完善。1990 年，第一个图形化的 Web 浏览器 "World Wide Web" 终于可以使用一种为 Web 量身定制的语言——HTML 来展现超文本信息了。

（2）从静态信息到动态信息

最初的 HTML 语言只能在浏览器中展现静态的文本或图像信息，随后由静态技术逐步向动态技术转变。Web 出现后，GIF 动画第一次为 HTML 页面引入了动感元素。1995 年，Java 语言的问世带来了更大的变革。Java 语言天生就具备的与平台无关的特点，让人们找到了在浏览器中开发动态应用的捷径。CSS 和 DHTML 技术真正让 HTML 页面又酷又炫、动感无限起来。1997 年，Microsoft 发布了 IE 4.0，并将动态 HTML 标记、CSS 和动态对象模型发展成了一套完整、实用、高效的客户端开发技术体系，Microsoft 称其为 DHTML。同样是实现 HTML 页面的动态效果，DHTML 技术无需启动 Java 虚拟机或其他脚本环境，可以在浏览器的支持下，获得更好的展现效果和更高的执行效率。

为了在 HTML 页面中实现音频、视频等更为复杂的多媒体应用，HTML 引入了对 QuickTime 插件的支持，插件这种开发方式也迅速风靡了浏览器的世界。20 世纪 90 年代中期问世的 COM 和 ActiveX 也一度很流行。Real Player 插件、Microsoft 自己的媒体播放插件 Media Player 也被预装到了各种 Windows 版本之中。随后，Flash 插件横空出世，被广泛应用于网页动画设计，成为当前网页动画设计最流行的插件之一。

4. Web 服务器端应用技术

与 Web 客户端技术从静态向动态的演进过程类似，Web 服务端的开发技术也是由静态逐渐向动态发展、完善起来的，其技术也在不断变化。

最早的 Web 服务器只是简单地响应浏览器发来的 HTTP 请求，并将存储在服务器上的 HTML 文件返回给浏览器。

第一种真正使服务器能根据运行时的具体情况动态生成 HTML 页面的技术是大名鼎鼎的 CGI 技术。CGI 技术允许服务端的应用程序根据客户端的请求，动态生成 HTML 页面，这使客户端和服务端的动态信息交换成为可能。

早期的 CGI 程序大多是编译后的可执行程序，其编程语言可以是 C、C++、Pascal 等任何通用的程序设计语言。为了简化 CGI 程序的修改、编译和发布过程，人们开始探寻用脚本语言实现 CGI 应用的可行方式。

1994 年，出现了专用于 Web 服务器端编程的 PHP 语言。PHP 语言将 HTML 代码和 PHP 指令合成为完整的服务端动态页面，可以用一种更加简便、快捷的方式实现动态 Web 功能。

1996 年，Microsoft 在其 Web 服务器 IIS 3.0 中引入了 ASP 技术。ASP 使用的脚本语言是大众熟悉的 VB Script 和 JavaScript。

1998 年，JSP 技术诞生，JSP 页面使用的脚本语言是 Java 语言，JSP 开发服务器端的动态网页具有很多优势，因此成为很多开发者选择使用的主流 Web 服务器端开发技术，JSP 的优点见下节的介绍。

随后，XML 语言及相关技术又成为主流。XML 语言对信息的格式和表达方法做了最大程度的规范，应用软件可以按照统一的方式处理所有 XML 信息，信息在整个 Web 世界里的共享和交换就有了技术上的保障。HTML 语言关心的是信息的表现形式，而 XML 语言关心的是信息本身的格式和数据内容。

1.2 JSP 基础知识

JSP 作为 Java Web 开发体系中的核心技术，学习者除了要了解以上 Web 相关的基础知识，还应该对 JSP 依赖的先行知识有所了解，如 Java 语言、Servlet 技术（Servlet 在后面章节中有详细讲解）、JSP 所开发的应用程序体系架构。下面针对这些内容进行介绍。

1. Java

Java 是 Sun 公司（已被 Oracle 公司收购）于 1995 年推出的面向对象的编程语言，一经推出，便吸引了全世界的目光，得到了业界的广泛应用和一致好评。Java 语言适用于 Internet 环境，Java Web 开发体系已经成为开发 Internet 应用的主要技术。Java 具有简单、面向对象、分布式、健壮、安全、平台独立与可移植性强、支持多线程、动态性好等特点。Java 除了用于开发 Web 应用程序，还可以编写桌面应用程序、分布式系统和嵌入式系统应用程序等。

Java 是一门完全面向对象的编程语言，不仅吸收了 C++语言的各种优点，还摒弃了 C++中难以理解的多继承、指针等概念，因此，Java 语言具有功能强大的特点，同时还具有简单易用的特征。Java 语言作为面向对象编程语言的代表，极好地实现了面向对象理论，允许程序员以优雅的思维方式进行复杂的编程。

Java 的开发和运行依赖开发环境 JDK（Java Development Kit），JDK 也称为 Java 开发包或 Java 开发工具。JDK 是整个 Java 的核心，包括了 Java 运行环境（Java Runtime Envirnment，JRE）、一些 Java 工具和 Java 的核心类库（Java API）。

2. Servlet

Servlet 是先于 JSP 出现的 Java Web 开发技术。Servlet 是一种服务器端的 Java 应用程序，具有独立于平台和协议的特性，可以生成动态的 Web 页面。它担当客户请求（Web 浏览器或其他 HTTP 客户程序）与服务器响应（HTTP 服务器上的数据库或应用程序）的中间层。Servlet 是位于 Web 服务器内部的服务器端的 Java 应用程序，与传统的从命令行启动的 Java 应用程序不同，Servlet 由 Web 服务器进行加载，该 Web 服务器必须包含支持 Servlet 的 Java 虚拟机。

Servlet 与传统的 CGI 比较，具有使用方便、功能强大、可移植性好、架构设计先进等优点。但是 Servlet 在页面展现方面输出 HTML 语句还是采用了传统的 CGI 方式，需要在 Java 代码中一句句输出，编写和修改 HTML 非常不方便。后来便出现了基于 Java 语言的服务器页面 JSP，大大简化了页面的编写和维护的过程。

3. JSP

JSP 全称为 Java Server Pages，即 Java 服务器页面，是一种实现普通静态 HTML 和动态 HTML 混合编码的技术，JSP 并没有增加任何本质上不能用 Servlet 实现的功能。但是，在 JSP 中编写静态 HTML 更加方便，不必再用 println 语句来输出每一行 HTML 代码。更重要的是，借助内容和外观的分离，页面制作中不同性质的任务可以方便地分开。例如，由页面设计者进行 HTML 设计，同时留出供 Servlet 程序员插入动态内容的空间。

JSP 是基于 Java 的技术，用于创建可支持跨平台及 Web 服务器的动态网页。JSP 页面代码一般由普通的 HTML 语句和特殊的基于 Java 语言的嵌入标记组成，所以它具有 Web 和 Java 功能的双重特性。

JSP 1.0 规范是 1999 年 9 月推出的，同年 12 月又推出了 1.1 规范。此后，JSP 又经历了几个版本，本书介绍的技术是基于 JSP 2.0 规范的。

JSP 是一种动态网页技术标准，可以分离网页中的动态部分和静态的 HTML。用户可以使用平常得心应手的工具按照平常的方式来书写 HTML 语句，然后将动态部分用特殊的标记嵌入即可，这些标记常常以"<%"开始并以"%>"结束。

同 HTML 以及 ASP 等语言相比，JSP 虽然在表现形式上同它们的差别并不大，但是它却提供了一种更为简便、有效的动态网页编写手段，而且，JSP 程序同 Java 语言有着天然的联系，因此在众多基于 Web 的架构中，都可以看到 JSP 程序。

JSP 程序增强了 Web 页面程序的独立性、兼容性和可重用性，与传统的 ASP、PHP 网络编程语言相比，它具有以下特点。

- JSP 的执行效率比较高。由于每个基于 JSP 的页面都被 Java 虚拟机解析成一个 Servlet，服务器通过网络接收到来自客户端 HTTP 的请求后，Java 虚拟机解析产生的 Servlet 将开启一个"线程（Thread）"来提供服务，并在服务处理结束后自动销毁这个线程。这样的处理方式将大大提高系统的利用率，并能有效地降低系统的负载。

- 编写简单。JSP 是基于 Java 语言和 HTML 元素的一项技术，因此，只要熟悉 Java 和 HTML 的程序员都可以开发 JSP。

- 跨平台。JSP 运行在 Java 虚拟机之上，因此，它可以借助于 Java 本身的跨平台能力，在任何支持 Java 的平台和操作系统上运行。

- JSP 可以嵌套在 HTML 或 XML 网页中。这样不仅可以降低程序员开发页面显示逻辑效果的工作量，更能提供一种比较轻便的方式来同其他 Web 程序交互。

4. 应用程序体系结构

目前，在应用开发领域中主要分为两种应用程序体系结构：一种是 C/S（客户端/服务器）体系结构，另一种是 B/S（浏览器/服务器）体系结构。基于 Web 的动态网站开发技术（例如 JSP）开发的应用程序都是采用 B/S 体系结构。下面对这两种体系结构进行介绍。

（1）C/S（客户端/服务器）体系结构

C/S 结构把数据库内容放在远程的服务器上，而在客户机上安装相应软件。C/S 软件一般采用两层结构，由两部分构成：前端是客户机，即用户界面结合了表示与业务逻辑，接受用户的请求，并向数据库服务提出请求，通常是一台个人计算机；后端是服务器，即数据管理将数据提交给客户端，客户端将数据进行计算并将结果呈现给用户。

C/S 体系结构具有强大的数据操作和事务处理能力，模型思想简单，易于人们理解和接受，随着企业规模的日益扩大，软件的复杂程度不断提高，传统的二层 C/S 结构存在着很多局限，因此，三层 C/S 体系结构应运而生，其结构如图 1-1 所示。在三层 C/S 体系结构中，增加了一个应用服务器，可以将整个应用逻辑驻留在应用服务器上，只有表示层存在于客户机上。这种结构被称为"瘦客户机"。三层 C/S 体系结构将应用功能分成表示层、功能层和数据层。

表示层是应用的用户接口部分，担负着用户与应用的对话功能，用于检查用户从键盘等输入的数据，显示应用输出的数据。功能层相当于应用的本体，是将具体的业务处理逻辑编入程序中。而数据层就是数据库管理系统，负责管理对数据库数据的读写。在三层 C/S 体系结构中，中间件是最重要的构件。所谓中间件，就是一个用户 API 定义的软件层，是具有强大通信能力和良好可扩展性的分布式软件管理框架。其功能是在客户机和服务器或服务器和服务器之间传送数据，实现客户机群和服务器群之间的通信。

（2）B/S（浏览器/服务器）体系结构

B/S 结构，就是只安装维护一个服务器，而客户端采用浏览器运行软件。该结构是随着 Internet 技术的兴起，对 C/S 结构的一种变化和改进。主要利用了不断成熟的 WWW 浏览器技术，结合多种 Script 语言和 ActiveX 技术，是一种全新的软件系统构造技术。JSP、Servlet 技术开发的应用程序都是 B/S 结构。采用 B/S 结构的计算机应用系统的基本框架如图 1-2 所示。

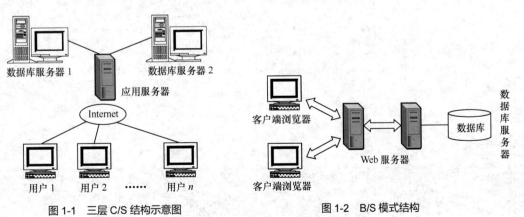

图 1-1　三层 C/S 结构示意图　　　　　图 1-2　B/S 模式结构

B/S 三层体系结构采用三层客户/服务器结构，在数据管理层和用户界面层增加了一层结构（即中间件），使整个体系结构成为三层。三层结构是伴随着中间件技术的成熟而兴起的，核心概念是利用中间层将应用分为表示层、业务逻辑层和数据存储层三个不同的处理层次。三个层次是从逻辑上划分的，具体的物理分法可以有多种组合。中间件作为构造三层结构应用系统的基础平台，提供了以下主要功能：负责客户机与服务器、服务器与服务器间的连接和通信；实现应用与数据库的高效连接；提供一个三层结构应用的开发、运行、部署和管理的平台。这种三层结构在层与层之间相互独立，任何一层的改变不会影响其他层的功能。

1.3 本章小结

本章介绍了 Web 基础知识，包括：Web 介绍、HTTP 协议介绍、Web 客户端应用技术和 Web 服务器端应用技术介绍。此外，本章还对 JSP 的基础知识进行了介绍，包括：Java、Servlet、应用程序体系结构。读者需要了解这些基础知识，为学习 JSP 技术打下基础。

习　题

1. 什么是 Web 技术？
2. 什么是 HTTP 协议？
3. 什么是 Web 客户端应用技术？列出几种典型的 Web 客户端技术。
4. 什么是 Web 服务器端应用技术？列出几种典型的 Web 服务器端技术。

上机指导

创建一个静态网页，在浏览器正中间显示"Hello，JSP"。

第 2 章　JSP 概述

学习目标
- 理解 JSP 的概念
- 理解 JSP 页面的各种构成元素
- 掌握安装配置 JSP 运行环境
- 掌握 JSP 页面的执行过程
- 会使用 MyEclipse 创建 JSP 页面

2.1　初识 JSP

2.1.1　JSP 概念

JSP 概念

JSP 全名为 Java Server Pages（Java 服务器页面），其根本是一个简化的 Servlet 设计，它是由 Sun 公司倡导、多家公司参与一起建立的一种动态网页技术标准。

　　JSP 技术有些类似 ASP 技术，它是在传统的网页 HTML（标准通用标记语言的子集）文件（*.htm,*.html）中插入 Java 程序段（Scriptlet）和 JSP 标记（tag）。形成的 JSP 文件，后缀名为".jsp"。用 JSP 开发的 Web 应用是跨平台的，既能在 Linux 下运行，又能在其他操作系统上运行。

　　JSP 将网页逻辑与网页设计的显示分离，支持可重用的基于组件的设计，使基于 Web 的应用程序的开发变得迅速和容易。JSP 是一种动态页面技术，它的主要目的是将表示逻辑从 Servlet 中分离出来。

2.1.2　JSP 页面组成

1. 组成

　　一个 JSP 页面由两部分组成：静态部分（如 HTML、CSS 标记等，用来完成数据显示和样式）和动态部分（如 JSP 指令、JSP 脚本元素和变量等，用来完成数据处理），如图 2-1 所示。

2. 实例：第一个 JSP 案例

　　新建一个 welcome.jsp 页面，创建 JSP 页面时会自动创建带有例如<%@ page..%>的 JSP 指令元素、<%=basePath%>的 JSP 表达式等页面元素（代码详见/jspdemopro/WebRoot/ch2/welcome.jsp）。

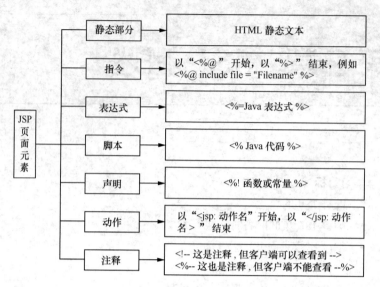

图 2-1 JSP 页面元素

```
<%@ page language="java" import="java.util.*" pageEncoding="utf-8"%>
<%
String path = request.getContextPath();
String basePath = request.getScheme()
+"://"+request.getServerName()
+":"+request.getServerPort()+path+"/";
%>
<!DOCTYPE HTML PUBLIC "-//W3C//DTD HTML 4.01 Transitional//EN">

<html>
  <head>
    <title>欢迎页面</title>
<meta http-equiv="pragma" content="no-cache">
  </head>
  <body>
    <%!
    String getHello(String name){
      return "Hello "+name+"!";
    }
    %>
    <h1>你好，这就是一个JSP页面！<%=getHello("Jack") %>
    </h1>
  </body>
</html>
```

其中 `<%@ page ... %>` 为 JSP 指令；中间的 `<% ... %>` 为 Java 代码；`<html>...</html>` 部分为 HTML 静态文本；`<%! ... %>` 为 JSP 声明；`<%=getHello("Jack") %>` 为 JSP 表达式。

该页面的运行结果如图 2-2 所示。

图 2-2 欢迎页面

2.2 安装配置 JSP 运行环境

自从 JSP 发布以后，出现了各式各样的 JSP 引擎。而 JSP 引擎其实就是一种统一管理和运行 Web 应用程序的软件。

1999 年 10 月，Sun 公司将 Java Server Page 1.1 代码交给 Apache 组织，Apache 组织对 JSP 进行了实用研究，并将这个服务器项目称为 Tomcat，从此，著名的 Web 服务器 Apache 开始支持 JSP，于是 Tomcat 就诞生了。目前，Tomcat 能和大部分主流服务器一起高效率的工作。

Tomcat 是一个免费的开源的 JSP 引擎，也称作 Tomcat 服务器。读者可以登录 Tomcat 的官方网址并找到相应的版本进行下载。在安装或运行 Tomcat 之前，必须首先安装 JDK。

2.2.1 JDK 安装及配置

运行 Web 项目之前，需要先安装 Java 开发环境 JDK。而 JDK 的安装软件，读者可以登录 Oracle 官网进行下载，下载完后进行安装即可。

安装 JDK 之后，需要设计环境变量。对应 Windows 10 和 Windows XP 操作系统，用鼠标右键单击"计算机"|"我的电脑"，在弹出的快捷菜单中选择"属性"命令，弹出"系统特性"对话框，单击该对话框中的"高级系统设置"|"高级选项"，在弹出的对话框中单击"环境变量"按钮，分别添加如下的系统环境变量。

变量名：JAVA_HOME，变量值：C:\Program Files\Java\jdk1.7.0_60。

变量名：Path，变量值：%JAVA_HOME%\bin。

变量名：CLASSPATH，变量值：.;%JAVA_HOME%\lib;%JAVA_HOME%\lib\tools.jar。

如果曾经设置过环境变量 JAVA_HOME 和 Path，可单击该变量进行编辑操作，将环境变量的值加入即可，如图 2-3 ~ 图 2-5 所示。注意：各个环境变量值之间必须用分号分隔。

图 2-3 设置 JAVA_HOME

图 2-4 编辑 Path

图 2-5 设置 CLASSPATH

环境变量解析：JAVA_HOME 配置的是 JDK 的安装路径；CLASSPATH 配置 Java 加载类路径，只有类在 CLASSPATH 中 Java 命令才能识别，在路径前加"."表示当前路径。PATH 则配置的是系统在任何路径下都可以识别的 Java、Javac 命令。

2.2.2 Tomcat 下载安装与启动

1. Tomcat 下载

在 Tomcat 官网可以直接找到各个版本的 Tomcat 进行下载。图 2-6 所示为 Tomcat

下载页面，本节以 Tomcat 8 为例进行讲解。

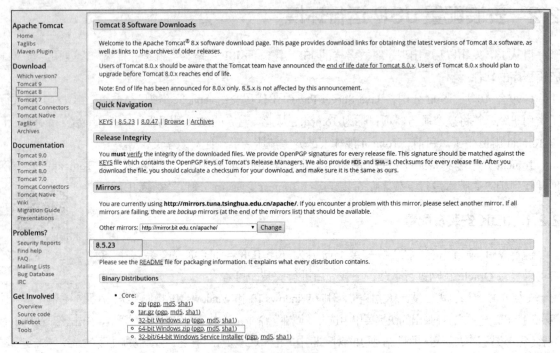

图 2-6　下载 Tomcat

选择 Download 下的 Tomcat 8 版本。根据操作系统选择不同的下载文件，建议下载 zip 格式的软件包，这样可以免于安装，直接解压使用即可。下载完成后进入文件目录，解压缩刚刚下载的软件包。

2. Tomcat 目录

打开解压后的软件，可以看到软件包的目录结构（见表 2-1）。

表 2-1　Tomcat 的目录结构

目录	内容
/bin	存放启动、停止服务器的脚本文件
/conf	存放服务器的配置文件，最重要的是 server.xml 文件
/work	Tomcat 的工作目录，默认情况下把编译 JSP 文件生成的 servlet 类文件放于此目录下
/temp	存放 Tomcat 运行时的临时文件
/logs	存放服务器的日志文件
/webapps	Web 应用的发布目录
/lib	存放的是 jar 文件，服务器和所有的 Web 应用程序都可以访问

3. 启动服务器

执行 Tomcat\ apache-tomcat-8.5.23\bin 下的 startup.bat，出现图 2-7 所示的窗口，表明服务器已经启动。

4. 测试 Tomcat 服务器

在浏览器的地址栏中输入：http://localhost:8080，出现图 2-8 所示的 Tomcat 测试页面。

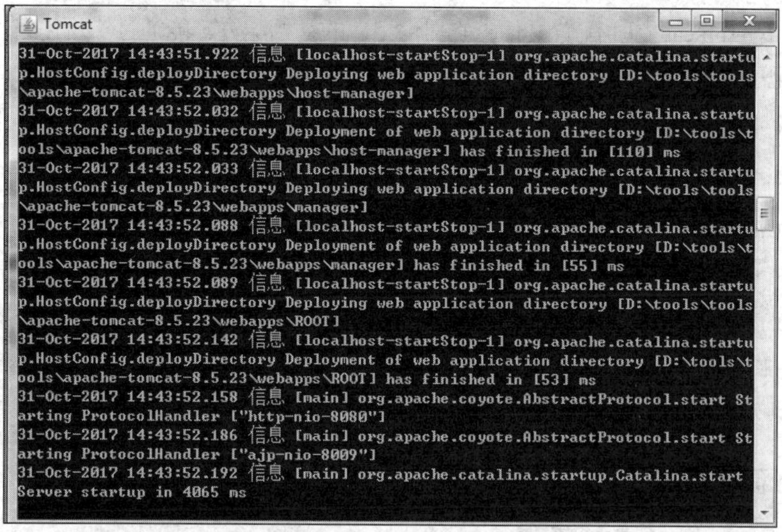

第 2 章 JSP 概述

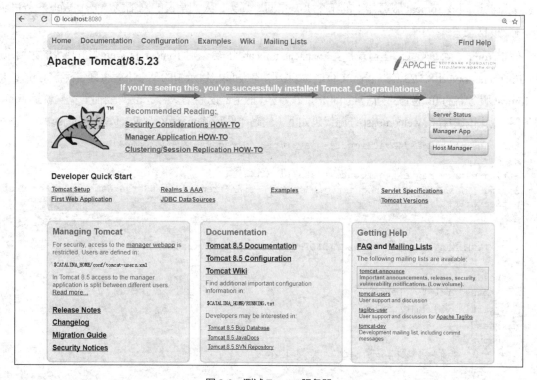

图 2-7 启动 tomcat 服务器

图 2-8 测试 Tomcat 服务器

注意：Tomcat 服务器默认占用 8080 端口，如果 Tomcat 所使用的端口已经被占用，则 Tomcat 服务器无法启动。有关端口的信息，是在 Tomcat 的目录结构/conf 下的配置文件中进行配置的。

5. 配置文件

/conf 目录下包括了 Tomcat 的核心配置文件，主要有 4 个：server.xml（Tomcat 主配置文件）、web.xml（Web 应用全局部署描述）、context.xml（Tomcat 特殊配置全局选项）和 tomcat-user.xml（授权和访问控制用户名、密码和角色数据库）。

11

server.xml 是 Tomcat 的主配置文件，它提供组件的初始配置，能通过实例化组件完成启动以及自身构建。用记事本或其他文本编辑器打开 server.xml 文件可以发现如下代码。

```
<Connector port="8080" protocol="HTTP/1.1"
           connectionTimeout="20000"
           redirectPort="8443" />
```

如果出现了端口冲突，可以修改该文件中的 port="8080"（例如将端口 8080 修改为 8081 等），修改完成后需重启 Tomcat 服务。

如果 Tomcat 服务器所在的计算机没有启动占用 80 端口号的其他网络设备，也可以将 Tomcat 服务器的端口号修改为 80，这种情况下再访问 Tomcat 服务器时可以省略端口号，例如：http://localhost/。

Web 服务目录

2.2.3　Web 服务目录

只有将编写好的 JSP 页面文件保存到 Tomcat 服务器的某个 Web 服务目录中，远程的用户才可以通过浏览器访问该 Tomcat 服务器上的某个 JSP 页面。其实，人们常说的网站就是一个 Web 服务目录。

1. 根目录

假定 Tomcat 的安装或解压目录是：E:\apache-tomcat-8.5.23，则 Tomcat 的 Web 服务目录的根目录就是：E:\apache-tomcat-8.5.23\webapps\ROOT。如果用户想访问根目录中的某个 JSP 页面，就在浏览器中输入 Tomcat 服务器的 IP 地址、端口号加 JSP 页面名字（服务器已启动状态）。例如当前计算机就是 Tomcat 服务器，根目录中存在 welcome.jsp，源代码如下（代码详见 jspdemopro/WebRoot/welcome.jsp）。

```
<%@ page language="java" import="java.util.*" pageEncoding="utf-8"%>
<%
String path = request.getContextPath();
String basePath = request.getScheme()+"://"+request.getServerName()+":"+request.getServerPort()+path+"/";
%>

<!DOCTYPE HTML PUBLIC "-//W3C//DTD HTML 4.01 Transitional//EN">
<html>
  <head>
    <base href="<%=basePath%>">
    <title>欢迎页面</title>
  </head>
  <body>
          欢迎您，学习JSP前端编程技术！！！<br>
  </body>
</html>
```

在浏览器中输入：http://localhost:8080/welcome.jsp，则看到图 2-9 所示的运行结果。

2. 其他 Web 服务目录

除了根目录，在 webapps 下还有几个 Web 服务目录，如 examples、docs、host-manager、manager。如果将 JSP 文件（上例中的 welcome.jsp）保存到 examples 目录下，那么在浏览器的地址栏中输入：http://localhost:8080/

图 2-9　访问根目录页面的运行结果

examples/welcome.jsp，也可以正常显示页面内容。

3. 新建 Web 服务目录

可以将 Tomcat 服务器所在的计算机的某个目录（非 Tomcat 下的子目录）设置成一个 Web 服务目录，并为该 Web 服务目录指定虚拟目录，即隐藏 Web 服务目录的实际位置，用户可以通过虚拟目录访问 Web 服务目录中的某个 JSP 页面。

假设要将 D:\myjsp 以及 C:\redsun 作为服务目录，并让用户分别使用/test 和/moon 虚拟目录访问，可以通过修改 Tomcat 服务器安装目录 conf 下的 server.xml 文件实现。用文本编辑器或记事本打开 server.xml 文件，找到出现</host>的部分（server.xml 文件尾部），然后在</host>的前面加入：

```
<Context path="/test" docBase="E:/myjsp" debug="0" reloadable="true"/>
<Context path="/moon" docBase="C:/redsun" debug="0" reloadable="true"/>
```

Context 表示上下文，即配置一个新的上下文，path 表示浏览器中的输入路径，必须有"/"；docBase 表示此路径对应着硬盘上的真实目录。

注意：xml 文件区分大小写，不可以将 Context 写为 context。修改了配置文件后，必须重启 Tomcat 服务器。

重启后，可以将 JSP 页面放到 E:/myjsp 或 C:/redsun 中，这样用户就可以通过虚拟目录 test 或 moon 访问页面了。例如，若放入的页面为 myTest.jsp，则在浏览器地址栏输入：http://localhost:8080/test/myTest.jsp 或 http://localhost:8080/moon/myTest.jsp，即可进行访问。

4. Web 服务目录结构树

在实际应用程序开发中，可以将一个 Web 项目导出为××.war，然后将该 war 包直接放置到 Tomcat 的 Webapps 目录（如 E:\apache-tomcat-8.5.23\webapps）下，然后重启 Tomcat，该 war 包就被发布成功了。如图 2-10 所示，ngcms.war 是一个从 myEclipse 中导出的 Web 应用程序项目，Tomcat 启动后就自动生成了 ngcms 的文件夹。

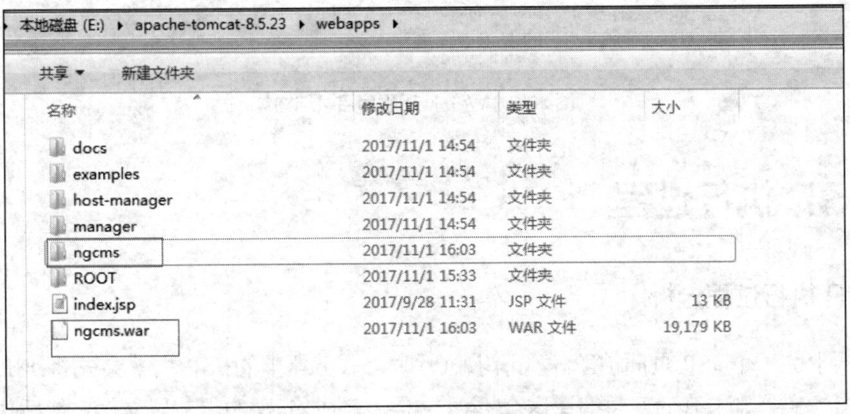

图 2-10 项目发布后目录结构

打开 ngcms 文件夹可以发现，Web 项目的整体目录结构如图 2-11 所示。

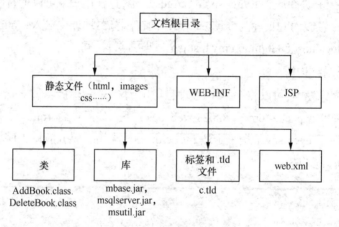

图 2-11　Web 项目目录层次

该目录结构如图 2-12 所示。

图 2-12　Web 应用程序目录结构

2.3　JSP 执行过程

2.3.1　JSP 执行过程分析

当服务器上的一个 JSP 页面被第一次请求执行时，服务器上的 JSP 引擎会先将 JSP 页面文件转译成一个.java 文件，即 servlet，并编译这个 Java 文件，生成.class 的字节码文件，然后执行字节码文件响应客户端的请求。而当这个 JSP 页面被再次请求时，JSP 引擎将直接执行字节码文件来响应客户。执行过程如图 2-13 所示。

该执行过程可以总结为以下 4 步。

（1）客户端发出 Request 请求。

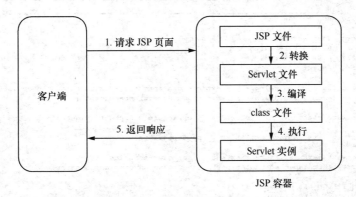

图 2-13　JSP 执行过程图

（2）JSP Container 将 JSP 转译成 Servlet 的源代码。
（3）将产生的 Servlet 源代码经过编译后，加载到内存执行。
（4）把结果 Response（响应）至客户端。

在执行 JSP 网页时，通常可以分为两个时期：转译时期（Translation Time）和请求时期（Request Time）。

① 转译时期：JSP 网页转译成 Servlet 类。
② 请求时期：Servlet 类执行后，响应结果至客户端。

其中，系统在转译期间做了两件事情：将 JSP 网页转译为 Servlet 源代码*.java（转译）；将 Servlet 源代码*.java 编译成字节码文件*.class（编译）。

2.3.2　JSP 执行过程转译文件

本小节以客户端请求 jspdempro 项目中一个根目录下的 welcome.jsp 为例，解释 JSP 执行过程中生成的两个文件。

当客户端发出请求 http://localhost:8080/jspdemopro/welcome.jsp 后，可以在 Tomcat 服务器目录 \work\Catalina\localhost\jspdemopro\org\apache\jsp 下发现多了两个文件：welcome_jsp.java 和 welcome_jsp.class，如图 2-14 所示。

图 2-14　转译时期生成的两个文件

打开 welcome_jsp.java，可以看到其部分源代码，如图 2-15 所示。
welcome.jsp 的源代码参见 2.2.3 节中的 welcome.jsp 页面源代码。

```
welcome_jsp.java

package org.apache.jsp;

import javax.servlet.*;
import javax.servlet.http.*;
import javax.servlet.jsp.*;
import java.util.*;

public final class welcome_jsp extends org.apache.jasper.runtime.HttpJspBase
    implements org.apache.jasper.runtime.JspSourceDependent {

  private static final JspFactory _jspxFactory = JspFactory.getDefaultFactory();

  private static java.util.List _jspx_dependants;

  private javax.el.ExpressionFactory _el_expressionfactory;
  private org.apache.AnnotationProcessor _jsp_annotationprocessor;

  public Object getDependants() {
    return _jspx_dependants;
  }

  public void _jspInit() {
    _el_expressionfactory = _jspxFactory.getJspApplicationContext(getServletConfig().ge
    _jsp_annotationprocessor = (org.apache.AnnotationProcessor) getServletConfig().getS
  }

  public void _jspDestroy() {
  }

  public void _jspService(HttpServletRequest request, HttpServletResponse response)
        throws java.io.IOException, ServletException {

    PageContext pageContext = null;
    HttpSession session = null;
    ServletContext application = null;
    ServletConfig config = null;
    JspWriter out = null;
    Object page = this;
    JspWriter _jspx_out = null;
    PageContext _jspx_page_context = null;

```

图 2-15　welcome_jsp.java 源代码

2.4　使用 MyEclipse 开发 JSP

使用 MyEclipse 开发 JSP

了解了 JSP 的基本概念、运行环境、执行过程以及 Web 项目的目录结构后，本节将通过使用一种企业级开发工具——MyEclipse 新建一个简单的 JSP 页面，并演示如何将其发布到 Tomcat 服务器并通过浏览器访问该页面。

1. MyEclipse 简介

MyEclipse 企业级工作平台（MyEclipse Enterprise Workbench，简称 MyEclipse）对 EclipseIDE 的扩展，是在 Eclipse 基础上加上自己的插件开发而形成的功能强大的企业级集成开发环境，主要用于 Java、Java EE 以及移动应用的开发。MyEclipse 的功能非常强大，支持也十分广泛，尤其对各种开源产品的支持，其表现相当不错。MyEclipse 包括了完备的编码、调试、测试和发布功能，完整支持 HTML、Struts、JSP、CSS、Javascript、Spring、SQL、Hibernate 等。

2. 使用 MyEclipse 创建并发布 JSP 页面

（1）新建工作空间

在当前计算机的某个目录下新建一个文件夹，文件夹命名可以自定义，如 jspWorkspace、webWorkspace 等，也可以在打开 MyeEclipse 时再创建工作空间。双击已安装好的 MyEclipse 图表后，自动弹出图 2-16 所示的选择工作空间窗口。

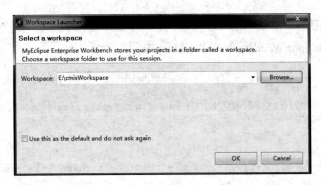

图 2-16　工作空间

在上图中，单击 Browse 按钮可以选择事先建好的文件夹作为当前项目的工作空间，也可以选择在此时新建一个文件夹作为当前工作空间。选中"Use this as the default and do not ask again"复选框后，再打开 MyEclipse 就会默认进入当前选择的工作空间。

（2）新建 Web 项目

在资源管理器左侧导航栏的空白位置，用鼠标右键单击"new"按钮，在弹出的列表框中选择 Web Project，弹出图 2-17 所示的对话框。

设置以下内容。

Prject Name（Web 项目名称）：jspdemopro。

Source folder（命名资源文件夹）：src（默认）。

Web root folder（站点根文件夹）：WebRoot（默认）。

Context root URL（站点访问路径）：/jspdemopro（根据上面的站点名称默认）。

（3）新建 JSP 测试页面

Web 项目建好后，鼠标右键单击 WebRoot 目录，在弹出的命令菜单中单击"New"选项，选择 JSP 基础模板（分为基础模板 Basic templates 和高级模板 Advanced Templates），弹出图 2-18 所示的 JSP 文件框。如果新建一个 helloWorld.jsp，就在 File Name 中输入相应的 JSP 页面的名称。

图 2-17　新建 Web 项目

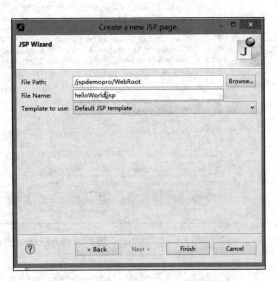

图 2-18　创建 helloWorld.jsp 页面

单击"Finish"按钮,一个简单的 JSP(已经包括了基本的组织结构)就新建成功了。源代码如下(代码详见:/jspdemopro/WebRoot/helloWorld.jsp)。

```
<%@ page language="java" contentType="text/html; charset="
  pageEncoding="ISO-8859-1"%>
<!DOCTYPE html PUBLIC "-//W3C//DTD HTML 4.01 Transitional//EN" "http://www.w3.org/
TR/html4/loose.dtd">
<html>
<head>
<meta http-equiv="Content-Type" content="text/html; charset=ISO-8859-1">
<title>Insert title here</title>
</head>
<body>

</body>
</html>
```

编辑新建立的 JSP 页面,在<body></body>中间插入"Hello World!"
修改后的部分代码如下。

```
<body>
  <!--页面创建成功后插入的文字 -->
  Hello World!!
</body>
```

(4)项目发布到 Tomcat 服务器

使用 MyEclipse 自带的 Tomcat 发布 jspdemopro 项目。打开工作区正下方的 Servers 页签,找到 MyEclipse Tomcat,如图 2-19 所示。

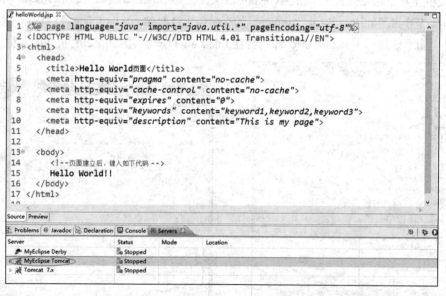

图 2-19 MyEclipse 自带的 Tomcat 发布项目

鼠标右键单击最下面的"MyEclipse Tomcat",在弹出的对话框中选择"Add Deployment",

选择当前的 jspdemopro 项目，单击"Finish"按钮，项目即可加载到 Tomcat 服务器中，如图 2-20 所示。

最后，启动 Tomcat 服务器。单击图 2-20 中的圈起的启动图标，即可启动 Tomcat 服务器。当 Console 控制台输出图 2-21 所示的信息时，说明服务器已启动成功。

图 2-20　加载了 jspdemopro 项目的 Tomcat 服务器

（5）浏览器访问页面

打开浏览器，在地址栏中输入：http://localhost:8080/jspdemopro/helloWorld.jsp，新建的 helloWorld.jsp 页面内容便呈现在浏览器窗口中，如图 2-22 所示。

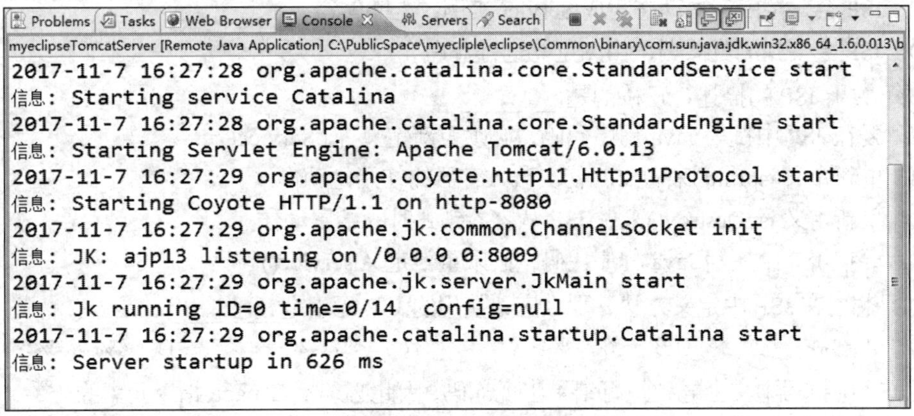

图 2-21　Tomcat 服务器启动成功

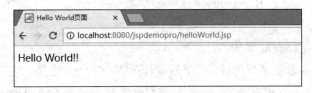

图 2-22　浏览器访问 helloWorld.jsp 页面

以上步骤完成之后，新建的一个简单的欢迎页面就可以呈现出来了。以上的操作也完整地演示了一个 JSP 页面从新建到发布，再到访问的整个过程。

2.5 本章小结

本章首先对 JSP 的概念进行了简单说明，然后详细介绍了 JSP 的页面元素，并通过结构图和案例代码演示了一个简单的 JSP 页面中所包含的元素，引入了 JSP 的运行环境，详细讲解了 JDK 以及 Tomcat 的下载安装与测试方法。

本章还讲述了 Web 项目的目录结构、通过浏览器访问 Web 项目、修改 Tomcat 的端口号、将自己设定的某个目录定为 Web 服务目录等。有了 Web 项目的概念后，又引入了 JSP 的执行过程：一个简单的 JSP 页面是如何展现到浏览器端、该执行过程可分为几个步骤完成、编译执行后的文件有哪几个等，也说明了 JSP 的运行原理。

本章最后通过使用企业开发工具 MyEclipse 创建了一个简单的 JSP 页面并发布到 Tomcat 服务器，然后通过浏览器进行访问。希望通过本章内容可以使读者了解 JSP 的创建、发布及访问整个过程。

习　　题

1. 关于 JSP 的描述，正确的是_____。
   A. JSP 是直译式的网页，与 Servlet 无关
   B. JSP 会先转译为.java，然后编译为.class 载入容器
   C. JSP 会直接由容器动态生成 Servlet 实例，无需转译
   D. JSP 会丢到浏览器端，由浏览器进行直译
2. 以下关于 JSP 的描述，正确的是_____。
   A. 要在 JSP 中撰写 Java 程序代码，必须重新定义_jspService()
   B. 重新定义 jspInit()来做 JSP 初次载入容器的初始化动作
   C. 重新定义 jspDestroy()来做 JSP 从容器销毁时的结尾动作
   D. 要在 JSP 中撰写 Java 程序代码，必须重新定义 service()
3. 如果想要在 JSP 中定义方法，那么应该使用的 JSP 元素是_____。
   A. <% %>　　　　B. <%= %>　　　　C. <%! %>　　　　D. <%-- --%>
4. 在 JSP 中撰写中文会导致执行结果出现乱码，因此必须检查 page 指令元素的_____属性设定是否正确。
   A. contentType　　B. language　　C. extends　　D. pageEncoding
5. JSP 的执行过程是什么？
6. 怎样启动和关闭 Tomcat 服务器？
7. 如果想修改 Tomcat 服务器的端口号，应该修改哪个文件？能否将端口修改为 80？
8. 假设 webTest 是一个 Web 服务目录，其虚拟目录为 test。welcome.jsp 保存在 webTest 的子目录 chatper01 中，假设 Tomcat 服务器的端口号为 8080，则正确访问 welcome.jsp 的路径是什么？

上机指导

1. 编写一个 JSP 程序实现手表的功能，显示当前时间（时:分:秒），并实时自动刷新时间。

2. 编写一个 Java 类和一个 JSP 页面，把下列信息封装到 3 个 Student 对象里，再把每一个对象放到一个 ArrayList 对象里，再利用 ArrayList 对象在 JSP 页面的表格中显示所示的信息，如图 2-23 所示。

学 号	姓 名	性 别	班 级	成 绩
001	李白	男	01	723.0
002	孟浩然	男	02	689.0
003	杨玉环	女	03	600.0

图 2-23 JSP 页面显示信息

3. 编写一个 JSP 程序，使用 JSP Script 显示网页上如下颜色的颜色条：绿色、蓝绿色、黑色、红色、黄色以及粉红色（对应的颜色为：Green、Cyan、Black、Red、Yellow、Pink）。

第 3 章　JSP 脚本元素、指令

学习目标

- 理解 JSP 脚本元素的组成及语法
- 会使用 JSP 脚本元素进行 JSP 编程
- 理解 JSP 指令的组成及语法
- 会使用 JSP 各指令进行 JSP 编程

3.1　JSP 脚本元素

3.1.1　JSP 脚本元素概念及组成

在 JSP 中嵌入的服务端（即 Web 后端）运行的小程序，称为脚本。而 JSP 支持的服务端脚本语言为 Java，所以这些脚本其实就是 Java 程序。这些脚本程序可以是变量的声明、方法的声明、完成指定功能的代码块以及方法的调用等，除了类声明之外的所有形式的 Java 代码都可以作为脚本程序嵌入在 JSP 页面中，从而完成业务逻辑（用户登录验证、用户信息的增删改查等）、后台数据库操作（创建数据库连接、执行 SQL 等）等相关服务端（即 Web 后端）的功能。

其实，JSP 脚本元素就是嵌入在 JSP 页面中的 Java 程序，这些 Java 程序将出现在由当前 JSP 页面生成的 Servlet 中。按照不同的嵌入方式和不同的作用，脚本元素可分为 3 种：表达式、Scriptlet、声明，如图 3-1 所示。

图 3-1　脚本元素组成

3.1.2　表达式

1. 表达式的作用

表达式是计算 Java 表达式的值，得到的结果转换成字符串，并在 JSP 页面中表达式所在位置进行显示。Java 表达式是指由操作数和运算符组成的，且符合 Java 语法规则的公式。其中，操作数可以是变量、常量、方法等，运算符包括算术运算符、逻辑运算符、比较运算符、移位运算符等。此部分知识点的详细介绍可以参见 Java 编程语言相关教程资料。

表达式的计算在运行时进行（即 JSP 页面被请求时），因此在表达式中可以访问与请求有关的全部信息，其中，请求相关的信息都封装在 request 隐式对象中。

2. 表达式的语法格式

```
<%=Java 表达式 %>
```

具体说明如下。

- "<%="和"%>"是一个完整的符号,符号中间不可有空格。
- 不可以插入语句。
- 表达式必须能求值。

3. 实例：JSP 表达式应用

在 JSP 页面中嵌入 5 个 JSP 表达式，分别如下。

- 计算两个整数常量累加的值并在页面进行显示。
- 比较两个整数常量的大小并将结果在页面进行显示。
- 获取π的值，并在页面进行显示。
- 获取–0.23 的绝对值，并在页面进行显示。
- 从请求中获取用户名信息，并在页面进行显示。

具体源代码如下所示（代码详见\jspdemopro\WebRoot\ch3\scriptDemo01.jsp）。

```jsp
<%@ page language="java" import="java.util.*" pageEncoding="gbk"%>
<!DOCTYPE HTML PUBLIC "-//W3C//DTD HTML 4.01 Transitional//EN">
<html>
  <head>
    <title>My JSP 'scriptDemo01.jsp' starting page</title></head>
    <body>
      <h1>JSP 表达式的案例演示</h1>
      <%=3+3 %><br>
      <%=3>4 %><br>
      <%=Math.PI %><br>
      <%=Math.abs(-0.23) %>
      <%=request.getParameter("userName")%>
    </body>
</html>
```

页面运行后（在浏览器中输入请求 url 为：http://localhost:8080/jspdemopro/ch3/scriptDemo01.jsp?userName=zhangsan），显示结果如图 3-2 所示。

图 3-2 JSP 表达式案例运行结果

3.1.3 Scriptlet

1. Scriptlet 的作用

Scriptlet 就是在 JSP 页面中嵌入一段有效的 Java 程序段，此程序段可以是变量的声明、方法的调用。例如，根据从客户端传递过来的用户名和密码信息判断该用户的合法性，从数据库获取用户信息，再传递到客户端进行展示输出等这些业务逻辑功能，均可以通过 Java 程序段（也称脚本代码段）实现。

2. Scriptlet 的语法格式

```
<%Java 代码 %>
```

具体说明如下。

- "<%"和"%>"是一个完整的符号，符号中间不可有空格。
- <% %>中除了不能定义类和方法、不能用 import 引入类外，可以包含任何有效的 Java 代码、可以定义变量、调用方法和进行各种表达式运算。
- 在 Scriptlet 中定义的变量在当前的整个页面内都有效，但不会被其他的线程共享。

3. 实例：JSP Scriptlet 应用

（1）实例一：在 JSP 页面中，以直角三角形的形式显示数字（代码详见：\jspdemopro\WebRoot\ch3\scriptDemo02.jsp）。

```jsp
<%@ page language="java" import="java.util.*" pageEncoding="gbk"%>
<!DOCTYPE HTML PUBLIC "-//W3C//DTD HTML 4.01 Transitional//EN">
<html>
  <head>
    <title>My JSP 'scriptDemo02.jsp' starting page</title>
</head>
  <body>
    <h1>以直角三角形的形式显示数字</h1>
    <%
    for(int i=1;i<10;i++) {
      for(int j=1;j<=i;j++) {
    %>
      <%=j%>
    <%
      }
    %>
      <%="</br>" %>
    <%
      }
    %>
  </body>
</html>
```

页面运行后的结果如图 3-3 所示。

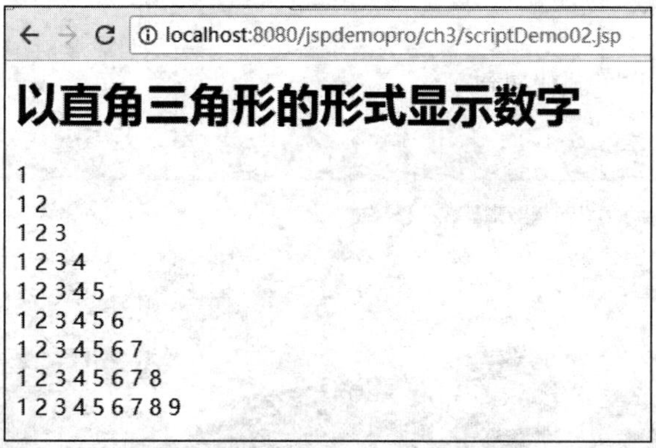

图3-3 数字直角三角形案例运行结果

（2）实例二：在 JSP 页面中显示当前系统时间和变量 name 的值（代码详见：\jspdemopro\WebRoot\ch3\scriptDemo02.jsp）。

```jsp
<%@ page language="java" import="java.util.*" pageEncoding="gbk"%>
<!DOCTYPE HTML PUBLIC "-//W3C//DTD HTML 4.01 Transitional//EN">
<html>
  <head>
    <title>My JSP 'scriptDemo02.jsp' starting page</title>
</head>
    <body>
        <h1>显示当前系统时间和变量name的值</h1>
      <%
      Date now = new Date();
      %>
      <%=now.toLocaleString() %>
      <%
      String name = "tony";
      %>
      <%=name %>
    </body>
</html>
```

页面运行后的结果如图 3-4 所示。

图3-4 当前系统时间显示案例运行结果

4. 综合实例

利用 JSP 完成登录功能。当用户单击"登录"按钮时，校验程序需要对用户名和密码进行检验（假设用户名和密码分别为 zhangsan 和 123 时合法，否则不合法），校验通过则显示"登录成功+用户名"，否则显示"登录失败+用户名"。登录界面如图 3-5 所示。

登录处理概要图如图 3-6 所示。

源代码如下。

- login.jsp（省略，详见源代码包）。

图 3-5 登录界面

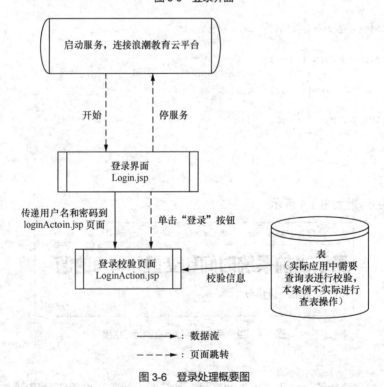

图 3-6 登录处理概要图

- loginAction.jsp 部分代码如下。

```
<body>
    <%
        String staffId = request.getParameter("staffId");
```

```
        String password = request.getParameter("password");
        If("zhangsan".equals(staffId)&& "123".equals(password)){
         %>
    <%="登录成功!"%>
    <%
        }else{
         %>
    <%="登录失败!"%>
    <%
        }
         %>
    <%=staffId%>
    </body>
```

案例总结如下。
- 使用 JSP Scriptlet 完成业务逻辑处理（用户名的校验）。
- 使用 JSP 表达式获取用户名信息，并在页面展示输出。

声明

3.1.4 声明

1. 声明的作用

声明就是在 JSP 页面中声明 Java 方法或变量等，用于定义 JSP 代表的 Servlet 类的成员变量和方法。

2. JSP 声明的语法格式

```
<%! Java 代码 %>
```

具体说明如下。
- "<%!" 和 "%>" 是一个完整的符号,符号中间不可有空格。
- 声明的语法与在 Java 语言中声明变量和方法是一样的。
- 在页面中声明的变量和方法，在整个页面内都有效，它们将成为 JSP 页面转换为 Servlet 类后的属性和方法，而且它们会被多个线程所共享。

3. 实例：JSP 声明应用

（1）实例一：声明一个变量，变量名为 numTimes，为该变量赋值为 3；声明一个方法，方法名为 sayHello。

在页面中利用 JSP 表达式显示变量 numTimes 的值，调用 sayHello 方法，并显示方法的返回值信息（代码详见：\jspdemopro\WebRoot\ch3\scriptDemo03_1.jsp）。

```
<%@ page language="java" import="java.util.*" pageEncoding="UTF-8"%>
<!DOCTYPE HTML PUBLIC "-//W3C//DTD HTML 4.01 Transitional//EN">
<html>
  <head>
    <title>My JSP 'scriptDemo03_1.jsp' starting page</title>
  </head>
    <%!
      int numTimes = 3;
      public String sayHello(String name){
        return "Hello, " + name + "!";
      }
    %>
```

```
    <body>
      <%=numTimes %><br>
      <%= sayHello("Tony") %>
    </body>
</html>
```

页面运行后的结果如图 3-7 所示。

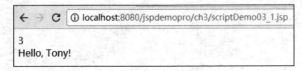

图 3-7　JSP 声明实例一的运行结果

（2）实例二：JSP 声明和 JSP Scriptlet 区别。

用不同的方式定义两个变量，分别为 count1 和 count2，通过 JSP 表达式在页面上显示输出 count1 和 count2 自加的值，多次刷新该 JSP 页面，观察 count1 和 count2 值的变化，并思考原因（代码详见：\jspdemopro\WebRoot\ch3\scriptDemo03_2.jsp）。

```
<%@ page language="java" import="java.util.*" pageEncoding="UTF-8"%>
<!DOCTYPE HTML PUBLIC "-//W3C//DTD HTML 4.01 Transitional//EN">
<html>
  <head>
    <title>My JSP 'scriptDemo03_2.jsp' starting page</title>
  </head>
  <body>
    <%!
      int count1 = 1;
    %>
    <%
      int count2 = 1;
    %>
    count1==<%=count1++%><br>
    count2==<%=count2++%>
  </body>
</html>
```

根据页面显示效果得知 count1 的值，每次刷新进行累加，而 count2 的值始终为 1。原因是 count1 是 Java 类的成员变量，被多个线程所共享；count2 是方法的局部变量，不能被线程共享。

（3）实例三：JSP 声明、JSP Scriptlet 和 JSP 声明综合应用（代码详见：\jspdemopro\WebRoot\ch3\scriptDemo04.jsp）。

某系统计算的金额中有两种形式：一种是带有两位小数的，另一种是整数。现在要求在 JSP 页面将不带小数的金额转换为带两位小数的金额。

实现步骤如下。
- 利用 JSP 声明，声明一个方法，将整数转换为两位小数。
- 利用 JSP Scriptlet 调用声明的方法，转换金额。
- 在 JSP 页面利用表达式将转换后的金额显示出来。

```
<%@ page language="java" import="java.util.*" pageEncoding="UTF-8"%>
<!DOCTYPE HTML PUBLIC "-//W3C//DTD HTML 4.01 Transitional//EN">
```

```html
<html>
  <head>
    <title>My JSP 'scriptDemo04.jsp' starting page</title>
</head>
  <body>
  <%!
   //声明一个常量
   final String SEPARATOR =".";
   //声明一个方法
   public String covertAmountWithSeparator(String money){
     int index = money.indexOf(SEPARATOR);
     String str =money;
     if(index==-1)
      str = money+".00";
     return str;
    }
%>
<%
  String m1 = covertAmountWithSeparator("12");
  String m2 = covertAmountWithSeparator("34.00");
%>
<%=m1%><br>
<%=m2 %><br>
<%=SEPARATOR%>
  </body>
</html>
```

页面运行后的结果如图 3-8 所示。

图 3-8　金额转换实例运行结果

3.2　JSP 指令

3.2.1　JSP 指令概念与分类

JSP 指令概念与分类

1. 概念

JSP 指令相当于在编译期间的命令，用来设置与整个 JSP 页面相关的属性，它并不直接产生任何可见的输出，用来设置全局变量、声明类、要实现的方法和输出内容的类型等。在 JSP 文件被解析为 Java 文件时，Web 容器会将它们翻译为对应的 Java 代码，在 JSP 页面转 Servlet 类过程中起作用，影响由 JSP 页面生成的 Servlet 类的整体结构。例如，通过 page 指令可以设置 JSP 的脚本语言、设置 JSP 的编码格式、在 JSP 中引入其他的 Java 类或者 Java 包，通过 include 指令引入其他的 Java 代码段等。

2. 分类

JSP 中主要包含 3 种指令，分别为 page 指令、include 指令和 taglib 指令，如图 3-9 所示。

图 3-9　JSP 指令分类

JSP 指令的语法如下。

写法一：

<%@ 指令名称 属性1="属性值1" 属性2="属性值2" … 属性n="属性值n"%>

写法二：

<%@ 指令名称 属性1="属性值1"%> <%@ 指令名称 属性2="属性值2"%> <%@ 指令名称 属性n="属性值n"%>

说明：属性值两边的双引号可以替换为单引号，但引号标记不能完全省略。如果要在属性值中使用引号，则要在它们之前添加反斜杠，即"\"符号。

3.2.2　page 指令

1. page 指令概念

page 指令即页面指令，用来定义整个 JSP 页面的一些属性和这些属性的值。page 指令的属性可以定义 MIME 类型、定义需要导入的包、错误页的指定、页面编码、脚本语言等。page 指令格式如下。

- 用一个 page 指令指定多个属性的值。

<%@ page　属性1= "属性1的值"　属性2= "属性2的值" ……%>

- 用多个 page 指令为每个属性指定值。

<%@ page　属性1= "属性1的值" %>
<%@ page　属性2= "属性2的值" %>
……
<%@ page　属性n= "属性n的值" %>

page 指令的作用对整个 JSP 页面有效，与其书写位置无关，可以放在文档中的任何地方，但通常把 page 指令写在 JSP 页面的最前面。

page 指令中除 import 属性外，其他属性只能在指令中出现一次。page 指令有如下属性（大小写敏感），每个属性完成的功能不同。

按照使用的频率列出：import、contentType、pageEncoding、session、isELIgnored（只限 JSP 2.0）、buffer、autoFlush、info、errorPage、isErrorPage、isThreadSafe、language 和 extends。

page 指令每个属性的作用和默认取值如表 3-1 所示。

表 3-1　page 指令属性说明

属性名	作用	举例说明	默认值
import	该属性的作用是为 JSP 页面引入 Java 核心包中的类，可以为该属性指定多个值，值以逗号分隔，就像在通常的 Java 代码中所使用的 import 语句	<%@ page import="java.util.*, cn.foololdfat.*" %>	无

续表

属性名	作用	举例说明	默认值
contentType	定义JSP的字符编码方式和JSP页面响应的MIME类型	<%@ page contentType="application/vnd.ms-excel" %>	text/html;charset=iso-8859-1
pageEncoding	JSP页面的字符编码	<%@ page pageEncoding="GBK" %>	"iso-8859-1"
session	控制页面是否参与HTTP会话	<%@ page session="true" %>	"true"
isELIgnored	忽略（true）JSP 2.0 表达式语言（EL），还是进行正常的求值（false）	<%@ page isELIgnored="true" %>	true 或 false（这个属性的默认值依赖于Web应用所使用的web.xml的版本
buffer	指定out变量（类型为JspWriter）使用的缓冲区的大小	<%@ page buffer="none" %>	"8KB"
autoFlush	设置页面缓存满时，是否自动刷新缓存，默认为true，如果设置成false，则缓存满时会抛出异常	<%@ page autoFlush="true" %>	"true"
info	定义一个可以在servlet中通过getServletInfo方法获取的字符串	<%@ page info="Some Message" %>	无
errorPage	用来指定一个JSP页面，由该页面来处理当前页面中抛出但未被捕获的任何异常（即类型为Throwable的对象）	<%@ page errorPaqe="Relative URL" %>	无
isErrorPage	表示当前页是否可以作为其他JSP页面的错误页面	<%@ page isErrorPage="false" %>	false
isThreadSafe	控制由JSP页面生成的servlet是允许并行访问（默认），还是同一时间不允许多个请求访问单个servlet实例（isThreadSafe="false"）	<%@ page isThreadSafe="true" %>	true
extends	指定JSP页面所生成的servlet的超类	<%@ page extends="package.class" %>	无
language	指定页面使用的脚本语言	<%@ page language="java" %>	java

2. 实例：page 指令应用

（1）实例一：在浪潮教育云平台登录 login.jsp 页面中，首行代码如下，请思考其作用。

```
<%@ page language="java" pageEncoding="UTF-8"%>
```

通过 page 指令来设定 JSP 页面的脚本语言为 Java，页面的编码格式为"UTF-8"。

（2）实例二：在某个 JSP 页面中，首行代码如下，请思考 import 属性的作用和用法。

```
<%@ page language="java" import="java.util.*,com.inspur.vo.person" pageEncoding="UTF-8"%>
```

通过 page 指令的 import 属性来引入 java.util 包和 com.inspur.vo.person 类，在该 JSP 页面中可以直接使用 java.util 包和所有的类或者接口，以及 com.inspur.vo.person 类。

当然，上面的代码也可以修改为：

```
<%@ page language="java" pageEncoding="UTF-8"%>
<%@ page import="java.util.*,com.inspur.vo.person"%>
```

或者

```
<%@ page language="java" pageEncoding="UTF-8"%>
<%@ page import="java.util.* "%>
<%@ page import=" com.inspur.vo.person"%>
```

3.2.3 include 指令

1. include 指令概念

include 指令用于在 JSP 页面静态插入一个文件,被插入的文件可以是 JSP 页面、HTML 页面、文本文件或一段 Java 代码。使用了 include 指令的 JSP 页面在转换成 Java 文件时,将被插入的文件在当前 JSP 页面该指令的位置做整体的插入,合并成一个新的 JSP 页面,然后 JSP 引擎再将这个新的 JSP 页面转译成 Java 文件。因此,必须保证插入文件后形成的新的 JSP 页面符合 JSP 语法和逻辑规则。include 指令格式如下。

```
<%@ include file = "文件名"%>
```

include 指令特点如下。

- include 指令称为静态包含(在编译之前已经做了处理),即先将要包含的文件信息嵌入相应的 JSP 页面,再统一转换成一个 servlet 类。
- include 指令不能传参数。
- 使用 include 指令时,包含页面和被包含页面访问的是同一个 request 内嵌对象。

2. 实例:include 指令应用

在界面 includeDemo02.jsp 中,利用 include 指令引入 tom.jsp 和 bottom.jsp。

includeDemo02.jsp 如下(代码详见:\jspdemopro\WebRoot\ch3\ includeDemo02.jsp、bottom.jsp、top.jsp)。

```
<%@ page language="java" import="java.util.*" pageEncoding="UTF-8"%>
<!DOCTYPE HTML PUBLIC "-//W3C//DTD HTML 4.01 Transitional//EN">
<html>
  <head>
    <title>My JSP 'includeDemo02.jsp' starting page</title>
  </head>
  <body>
    <%@ include file="top.jsp" %><br>
    主界面<br>
    <%@ include file="bottom.jsp" %>
    </body>
</html>
```

bottom.jsp 如下。

```
<%@ page language="java" import="java.util.*" pageEncoding="UTF-8"%>
<!DOCTYPE HTML PUBLIC "-//W3C//DTD HTML 4.01 Transitional//EN">
<html>
  <head>
    <title>My JSP 'bottome.jsp' starting page</title>
  </head>
  <body>
    页底部信息.....
  </body>
</html>
```

top.jsp 如下。

```
<%@ page language="java" import="java.util.*" pageEncoding="UTF-8"%>
<!DOCTYPE HTML PUBLIC "-//W3C//DTD HTML 4.01 Transitional//EN">
```

```
<html>
  <head>
    <title>My JSP 'top.jsp' starting page</title>
  </head>
  <body>
    页头信息页面（导航信息页面）
  </body>
</html>
```

includeDemo02.jsp 中页面显示效果如图 3-10 所示。

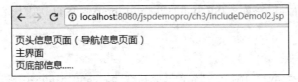

图 3-10 include 实例运行结果

为了代码的重用，JSP 页面可以被其他 JSP 页面进行引用，例如在上面的案例——主界面 includeDemo02.jsp 中，包含 bottom.jsp 和 top.jsp 页面。同样，bottom.jsp 和 top.jsp 页面也可以被其他页面引用。

3.2.4 taglib 指令

taglib 指令的作用是在 JSP 页面中，将标签描述符文件（tld 文件）引入该页面中，设置前缀，并利用标签的前缀去使用标签描述符文件（tld 文件）中的标签。其中，tld 文件是一个符合规范的 XML 文件，它描述一个或者更多标签和它们的属性。将这个文件放置在 WEB-INF 目录中，放置该文件的目的是指定关于标签处理程序的类名和标签允许的属性，可以提供标签库中类和 JSP 中对标签引用的映射关系。

taglib 指令格式如下。

```
<%@taglib uri="标签描述符文件" prefix="前缀名" %>
```

其中，uri 属性用来指定标签库的存放位置，prefix 属性用来指定该标签库使用的前缀。当把某个标签库引入 JSP 文件时，<%@ taglib prefix="c" uri="myjstl" %>中的 uri 有两种写法。

1. 自定义

自定义可以为 uri 属性值设定一个有个性的名字，但这样做的后果就是编译器会找不到所用的标签描述符文件，从而找不到这个标签的功能支持类，导致标签无法正常工作。

如果使用了自定义 uri 的话，就需要在该工程的 web.xml 下加入如下信息，这样编译器就能通过这座"桥"找到对应的 tld 文件了。

```
<jsp-config>
  <taglib>
    <taglib-uri>myjstl</taglib-uri>
    <taglib-location>/WEB-INF/tld/c.tld</taglib-location>
  </taglib>
</jsp-config>
```

2. 标准定义

标准定义设定的 uri 值需要和标签描述符文件中 uri 节点的文本信息一致。当打开一个标签描述符文件时，在文件的头部会有一个<uri>节点，里面的内容即为 uri 的标准定义。使用标准定义的优点在于不用在 web.xml 中加入上面的代码。假如在 JSP 页面中使用 JSTL 中的核心标签库，则需要在 JSP 页面中使用 taglib 指令引入标签描述符文件（c.tld），下面的代码 uri 是标准定义。

```
<%@taglib prefix="c" uri="http://java.sun.com/jsp/jstl/core"%>
```

3. 实例：taglib 指令应用

（1）实例一：JSP 标准标签库（JSP Standard Tag Library，JSTL）中核心标签库 out 标签的使用案例。

JSP 页面的代码如下。

```
<%@ page language="java" import="java.util.*" pageEncoding="UTF-8"%>
<%@ taglib uri="myjstl" prefix="c" %>
<!DOCTYPE HTML PUBLIC "-//W3C//DTD HTML 4.01 Transitional//EN">
<html>
  <head>
    <title>My JSP 'outDemo01.jsp' starting page</title>
  </head>
  <body>
    <c:out value="Hello JSP 2.0 !! " /> <br>
  </body>
</html>
```

（2）实例二：使用 struts2 标签库中的 iterator 标签，在课程查询功能中（queryCourse.jsp）实现课程信息列表的显示，如图 3-11 所示。

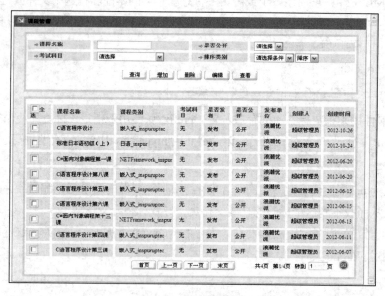

图 3-11 课程查询界面

在 queryCourse.jsp 中，使用 taglib 指令引入 struts 标签库，标签前缀设定为 s。

```
<%@ taglib uri="/struts-tags" prefix="s"%>
```

在 queryCourse.jsp 中，使用遍历标签，遍历输出从数据库中查询出的课程信息。

3.3 本章小结

本章将 JSP 基本语法进行了详细的讲解，包含 JSP 脚本元素的分类、概念、每种脚本元素的语法、作用以及使用方式；JSP 指令的分类、概念、每个指令的语法、作用以及使用方式。每个知识点都是从概念、语法格式到使用方式，最后利用案例进行详细的演示，全方位剖析每个知识点的用法，帮助读者从根本上掌握 JSP 语法，并最终能够达到灵活运用。

习　　题

1. 下列关于 JSP 指令描述正确的是_____。
   A. 指令以 "<%@" 开始，以 "%>" 结束
   B. 指令以 "<%" 开始，以 "%>" 结束
   C. 指令以 "<" 开始，以 ">" 结束
   D. 指令以 "<jsp:" 开始，以 "/>" 结束

2. JSP 代码<%="1+4"%>将输出_____。
   A. 1+4
   B. 5
   C. 14
   D. 不会输出，因为表达式是错误的

3. 下列选项中，_____是正确的 JSP 表达式。
   A. <%! int a=0;%>
   B. <% int a=0; %>
   C. <%=(3+5);%>
   D. <%=(3+5)%>

4. page 指令用于定义 JSP 文件中的全局属性，下列关于该指令用法的描述不正确的是_____。
   A. <%@page %>作用于整个 JSP 页面
   B. 可以在一个页面中使用多个<%@page %>指令
   C. 为增强程序的可读性，建议将<%@page %>指令放在 JSP 文件的开头，但不是必需的
   D. <%@page %>指令的所有属性只能出现一次

5. page 指令的_____属性用于引用需要的包和类。
   A. extends
   B. import
   C. isErrorPage
   D. language

6. JSP 的 page 编译指令的属性 Language 的默认值是_____。
   A. Java
   B. C
   C. C#
   D. SQL

7. JSP 的编译指令通常是指_____。
   A. page 指令、include 指令和 taglib 指令
   B. page 指令、include 指令和 plugin 指令
   C. forward 指令、include 指令和 taglib 指令
   D. page 指令、param 指令和 taglib 指令

8. 一个 JSP 页面的基本组成是什么？

9. JSP 的编译指令包括哪些？请叙述它们各自的特点。

上 机 指 导

1. 编写两个文档，一个是 JSP 文档，命名为 myJsp.jsp；另一个是普通的 HTML 文档，命名为 myPhoto.html。

要求：在 myPhoto.html 插入自己的照片，在 myJsp.jsp 中嵌入<jsp:include>操作指令，当在浏览器中运行 myJsp.jsp 时能够将 myPhoto.html 中的照片显示出来。

2. 编写一个 JSP 页面，实现根据一个人的 18 位身份证显示出生日的功能，要求把表达式声明和 Scriptlet 全部用到，并把结果显示在表格中，如表 3-2 所示。

表 3-2 页面上要显示的信息

身份证	生日
010020199601026929	1996-01-02
010020199711126928	1997-11-12

3. 编写一个 JSP 页面，利用 Scriptlet 编写一段计算代码，要求用 0 做除数，并使用 page 指令将该错误信息显示在另一个 JSP 页面上，产生的错误信息为"错误，不能用 0 做除数！"。

第 4 章 JSP 隐式对象

学习目标
- 了解隐式对象的分类及组成
- 掌握使用输入/输出对象（request、response 和 out）进行 JSP 编程
- 掌握使用作用域通信对象（session、application 和 pageContext）进行 JSP 编程
- 理解 Servlet 相关对象：page 和 config
- 理解错误对象：exception

4.1 JSP 隐式对象概述

JSP 隐式对象概述

1. 概念

JSP 隐式对象就是 JSP 容器提供的不用声明就可以在 JSP 页面的 Java 程序块和表达式部分直接使用的对象，也称为 JSP 内置对象。

JSP 隐式对象是 Web 容器加载的一组类的实例，它不像一般的 Java 对象那样用"new"去获取实例，而是直接在 JSP 页面的 Java 程序片和表达式部分使用。

JSP 可以使用 Java 定义的隐式对象来访问网页的动态内容，此外，还可以通过隐式对象来简化开发。

2. 分类

谈到 JSP 隐式对象，常常提及的是 JSP 所支持的 9 个隐式对象：request、response、out、session、application、config、pageContext、page 及 exception。读者可以通过表 4-1 简单了解这些对象分别是哪些接口类的实例。

表 4-1 隐式对象所属接口类一览

对象名称	接口类
request	javax.servlet.http.HttpServletRequest
response	javax.servlet.http.HttpServletResponse
out	javax.servlet.jsp.JspWriter
session	javax.servlet.http.HttpSession
application	javax.servlet.ServletContext
config	javax.servlet.ServletConfig
PageContext	javax.servlet.jsp.PageContext
page	java.lang.Object
exception	java.lang.Throwable

这 9 类对象按照其不同的作用又可分为 4 类，如图 4-1 所示。

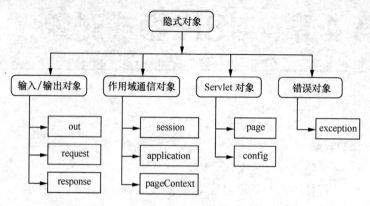

图 4-1 隐式对象分类

注意：request、response、out 等是隐式对象的名称，也是 JSP 的保留字。在项目的开发过程中，变量的声明不可以与这些保留字重名。

① 输入/输出对象：当客户端向服务器端输入信息或服务器向客户端输出信息时，可以通过输入/输出对象来完成。例如，登录一个网站，输入了用户名和密码，服务器端通过获取客户端输入的值判断当前用户是否可以登录此网站。如果该用户不是合法用户，则返回提示信息给客户，让用户知晓无法登录的原因等。

② 作用域通信对象：当一个用户已经成功登录了某个网站时，该用户是可以访问该网站中的某些功能的，但如果该用户未登录就想直接访问网站中的某些功能，此种情况下一般是不允许的。这种情况可以使用作用域对象来完成权限的控制。

③ servlet 对象：一般情况下，在一个 servlet 初始化时，JSP 引擎向它传递信息时会用到该类的对象。

④ 错误对象：即 exception 对象，是一个异常对象。当一个页面在运行过程中发生了异常或错误，这时就会产生一个 exception 对象。

4.2 输入/输出对象

输入/输出对象，可以控制页面的输入和输出，用于访问与所有请求和响应有关的数据，包括 out、request 和 response 对象。

4.2.1 out 对象

1. out 对象概述

out 对象是 JspWriter 类的一个实例，是一个输出流，用于向客户端输出数据。out 对象是字符流对象，此外还可以管理应用服务器上的输出缓冲区。out 对象提供了输出及处理缓冲区问题的许多方法，详细解释如表 4-2 所示。

表 4-2 out 对象提供的方法

方法名	功能介绍
void write()	输出字符、字符数组和字符串等与字符相关的数据
void print()	将各种类型的数据转换成字符串的形式输出

方法名	功能介绍
void println()	功能同 print()方法，只是输出数据时，会写入一个换行符（鉴于浏览器原因，可能不识别此换行符）
void flush()	将缓冲区内容输出到客户端
void clear()	清除缓冲区内容，如果在 flush 之后调用会抛出异常
void clearBuffer()	清除缓冲区内容，如果在 flush 之后调用不会抛出异常
int getBufferSize()	返回缓冲区字节数的大小，如果无缓冲区则返回值为 0
int getRemaining()	返回缓冲区还剩多少可用
boolean isAutoFlush()	返回缓冲区满时，是自动清空还是抛出异常
void clse()	关闭输出流

2. 实例：out 对象方法运用

本实例为输出个性化信息到浏览器。

在浏览器端输出 "我是学习小能手，爱好学习编程技术！"，并获取缓冲区信息（代码详见：\jspdemopro\WebRoot\ch4\out\outDemo.jsp）。

```
<%@ page language="java" import="java.util.*" pageEncoding="utf-8"%>
<!DOCTYPE HTML PUBLIC "-//W3C//DTD HTML 4.01 Transitional//EN">
<html>
  <head>
    <base href="<%=basePath%>">
    <title>out 对象方法案例</title>
  </head>
  <body>
    <%
    out.print("我是学习小能手，");
    out.println("爱好学习编程技术！");
    out.print("<br>");
    out.flush();
    //out.clear();//这里会抛出异常，因为上面有 flush
    out.clearBuffer();//这里不会抛出异常
    out.write("我是 write()方法输出内容");
    out.print("<br>");
    %>
    缓冲区大小：<%=out.getBufferSize() %>byte<br>
    缓冲区剩余大小：<%=out.getRemaining() %>byte<br>
    是否自动清空缓冲区：<%=out.isAutoFlush() %><br>
  </body>
</html>
```

页面运行后的结果如图 4-2 所示。

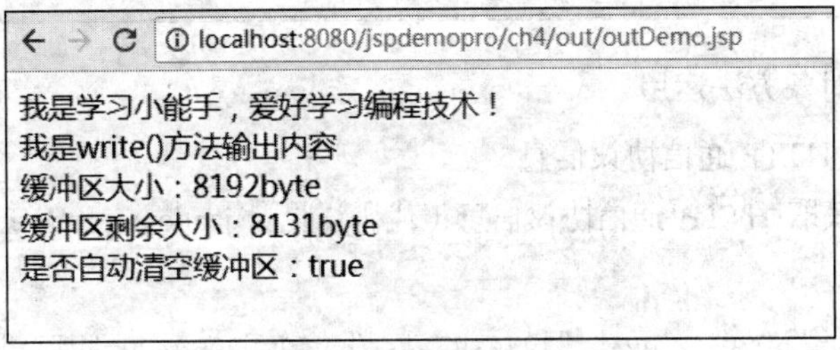

图 4-2 out 对象方法实例运行结果

4.2.2 request 对象

1. request 对象概述

request 对象

request 对象主要用于接收客户端发送来的请求信息，客户端的请求信息被封装在 request 对象中，通过它才能了解到客户的需求，然后做出响应。它是 HttpServletRequest 类的实例。

HTTP 通信协议是用户与服务器之间的一种提交信息与响应信息（request/response）的通信协议。在 JSP 中，request 隐式对象封装了用户提交的信息和服务器端的响应信息，可以使用该对象提供的很多方法来获取这类信息。获取客户端发出的 HTTP 请求信息中的头信息、服务器端环境变量信息的各种方法，以及获取请求参数信息的方法，如表 4-3 所示。

表 4-3 request 对象提供的方法

方法名	功能介绍
String getProtocol()	返回请求用的协议类型及版本号
String getScheme()	返回请求用的计划名，如 http、https、ftp 等
String getServerName()	返回接受请求的服务器主机名
int getServerPort()	返回服务器接受此请求所用的端口号
String getMethod()	返回请求方式
String getRemoteAddr()	返回发送此请求的客户端 IP 地址
String getRemoteHost()	返回发送此请求的客户端主机名
String getRequestURI()	得到的是 request URL 的部分值，并且 Web 容器没有 decode 过的
String getRequestURL()	返回的是完整的 URL，包括 HTTP 协议、端口号、servlet 名字和映射路径，但它不包含请求参数
String getContextPath()	返回 the context of the request
String getServletPath()	返回调用 servlet 的部分 URL
String getRealPath("url")	返回虚拟目录对应的实际目录
request.getQueryString()	返回 URL 路径后面的查询字符串
Enumeration getHeaders(String name)	返回指定名称请求头的所有值
Enumeration getHeaderNames()	返回指定所有请求头名称信息
String getHeader(String name)	返回指定名称请求头的值
String getParameter(String name)	返回 name 指定参数的参数值
String[ ] getParameterValues (String name)	返回包含参数 name 的所有值的数组
Enumeration getParameterNames()	返回可用参数名的枚举
void setAttribute(String,Object)	存储（赋值）请求中的属性
Object getAttribute(String name)	返回指定属性的属性值

2. 实例：request 对象方法运用

（1）实例一：获取 HTTP 通信协议信息

使用 request 对象获取 HTTP 通信协议信息（代码详见：\jspdemopro\WebRoot\ch4\request\requestDemo01.jsp）。

```
<%@ page language="java" import="java.util.*" pageEncoding="UTF-8"%>
<!DOCTYPE HTML PUBLIC "-//W3C//DTD HTML 4.01 Transitional//EN">
```

```html
<html>
  <head>
    <base href="<%=basePath%>">
    <title>request 对象获取 HTTP 协议信息方法案例</title>
  </head>
  <body>
    <%
      out.println("协议类型及版本号: "+request.getProtocol()+"<br>");
      out.println("当前链接使用的协议: "+request.getScheme()+"<br>");
      out.println("服务器:"+request.getServerName()+"<br>");
      out.println("端口号: "+request.getServerPort() +"<br>");
      out.println("请求方式: "+request.getMethod()+"<br>");
      out.println("客户端 IP 地址:"+request.getRemoteAddr()+"<br>");
      out.println("客户端主机:"+request.getRemoteHost() +"<br>");
      out.println("URL 的部分值:"+request.getRequestURI()+"<br>");
      out.println("URL:"+request.getRequestURL()+"<br>");
      out.println("Web 服务目录部分值: "+request.getServletPath()+"<br>");
      out.println("实际目录:"+request.getRealPath("/ch4/reqest/requestDemo01.jsp")+"<br>");
      out.println("<hr>");
    %>
  </body>
</html>
```

页面运行后的结果如图 4-3 所示。

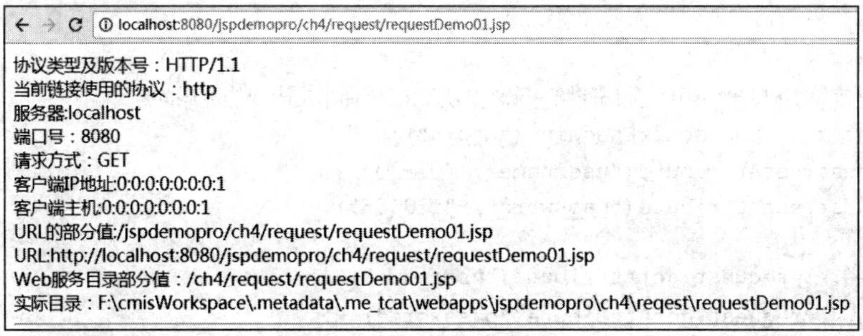

图 4-3　实例一运行结果

（2）实例二：获取参数信息方法

request 对象获取参数信息方法实例（代码详见：\jspdemopro\WebRoot\ch4\request\requestDemo02.jsp）。

```
<%@ page language="java" import="java.util.*" pageEncoding="UTF-8"%>
<!DOCTYPE HTML PUBLIC "-//W3C//DTD HTML 4.01 Transitional//EN">
<html>
  <head>
    <base href="<%=basePath%>">
    <title>request 对象获取参数信息案例</title>
  </head>
  <body>
    <%
      out.println("用户名: "+request.getParameter("username")+"<br>");
      out.println("密码: "+request.getParameter("password")+"<br>");
    %>
  </body>
</html>
```

在请求页面的地址：

http://localhost:8080/jspdemopro/ch4/request/requestDemo02.jsp 后增加输入参数 "?username=zhangsan&password=123"，在 JSP 中可以使用 request 对象的 getParameter()方法获取参数值，页面运行后的结果如图 4-4 所示。

图 4-4　实例二运行结果

（3）实例三：设定及获取属性值

request 对象设定属性值及获取属性值方法实例（代码详见：\jspdemopro\WebRoot\ch4\request\requestDemo03.jsp）。

```
<%@ page language="java" import="java.util.*" pageEncoding="UTF-8"%>
<!DOCTYPE HTML PUBLIC "-//W3C//DTD HTML 4.01 Transitional//EN">
<html>
  <head>
    <base href="<%=basePath%>">
    <title>request 对象其他方法案例</title>
  </head>
  <body>
    <%
    //设置字符编码，解决中文乱码问题，无法解决 URL 传递中文出现的乱码问题
      request.setCharacterEncoding("utf-8");
      request.setAttribute("username", "张三");
      request.setAttribute("password", "123456");
    %>
      用户名:<%=request.getAttribute("username") %><br>
      密码: <%=request.getAttribute("password") %>
  </body>
</html>
```

页面运行后的结果如图 4-5 所示。

图 4-5　实例三运行结果

（4）综合实例：某学习网站注册

注册一个学习网站。首先在注册信息登记页面（userRegister.jsp）录入注册信息（包括用户名、密码、性别、爱好等），注册信息录入完毕，单击页面下方的"注册"按钮提交信息，页面跳转到注册成功页面（userDisplay.jsp），注册成功页面通过使用 request 对象获取参数的方法获取上一页面录入的信息，然后将获取到的信息显示在当前页面上。

注册信息页面（代码详见：\jspdemopro\WebRoot\ch4\request\ userRegister.jsp）。

```jsp
<%@ page language="java" import="java.util.*" pageEncoding="UTF-8"%>
<!DOCTYPE HTML PUBLIC "-//W3C//DTD HTML 4.01 Transitional//EN">
<html>
<head>
<base href="<%=basePath%>">
<title>用户注册页面</title>
</head>
<body bgcolor="CCCCFF">
 <form action="<%=basePath%>/ch4/request/userDisplay.jsp" method="post">
    <h2 align="center">欢迎注册 Web 前端编程学习网站</h2>
    <table border="1" width="80%" align="center">
        <tr>
            <td>用户名:</td>
            <td><input type="text" name="username"></td>
        </tr>
        <tr>
            <td>密码:</td>
            <td><input type="password" name="password"></td>
        </tr>
        <tr>
            <td>性别</td>
            <td>
              <input type="radio" value="男" name="sex" checked="checked" />男
              <input type="radio" value="女" name="sex" />女
            </td>
        </tr>
        <tr>
            <td>爱好</td>
            <td>
                <input type="checkbox" value="唱歌" name="hobbies" />唱歌
                <input type="checkbox" value="跳舞" name="hobbies"
                checked="checked" />跳舞
                <input type="checkbox" value="运动" name="hobbies" />运动
                <input type="checkbox" value="阅读" name="hobbies"
                checked="checked" />阅读
            </td>
        </tr>
        <tr>
            <td>学历</td>
            <td>
                <select name="education" >
                    <option value="初中">初中</option>
                    <option value="高中" selected="selected">高中</option>
                    <option value="大学">大学</option>
                    <option value="研究生">研究生</option>
                </select>
            </td>
        </tr>
        <tr>
```

```
                    <td>备注说明</td>
                    <td><textarea name="remark" cols="36"rows="3"></textarea></td>
                </tr>
                <tr>
                    <td colspan="2" align="center">
                        <button type="submit">注册</button>
                        <button type="reset">清空</button>
                    </td>
                </tr>
            </table>
        </form>
    </body>
</html>
```

页面运行后的结果如图 4-6 所示。

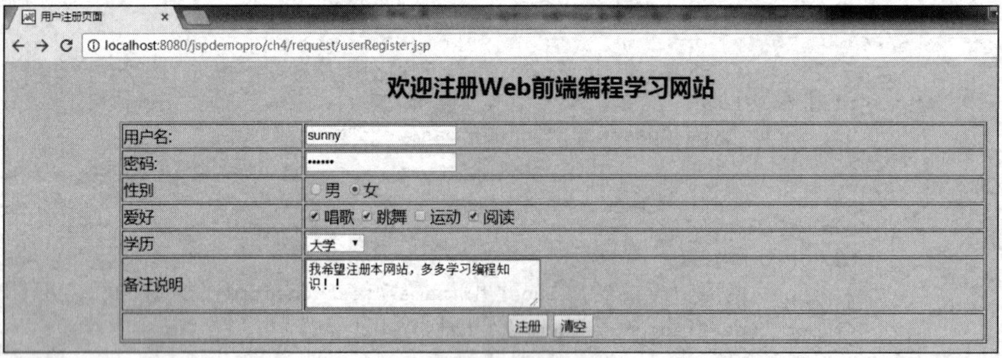

图 4-6 注册信息登记页面

单击"注册"按钮提交信息,页面跳转至注册成功页面(代码详见:\jspdemopro\WebRoot\ch4\request\ userDisplay.jsp)。

```
<%@ page language="java" import="java.util.*" pageEncoding="UTF-8"%>
<!DOCTYPE HTML PUBLIC "-//W3C//DTD HTML 4.01 Transitional//EN">
<html>
<head>
<base href="<%=basePath%>">
<title>注册成功页面</title>
</head>
<body bgcolor="CCCCFF" >
    <h2>注册成功啦,恭喜!!!</h2>
    <%
      request.setCharacterEncoding("utf-8");
      //获取请求参数信息
      String username = request.getParameter("username");
      String password = request.getParameter("password");
      String sex = request.getParameter("sex");
      String remark = request.getParameter("remark");
      String education = request.getParameter("education");
      String[] hobbies = request.getParameterValues("hobbies");

    %>
    用户名:<%=username %><br>
```

```
    密码：<%=password%><br>
    性别：<%=sex%><br>
<% out.println("爱好：");
    for(int i=0;i<hobbies.length;i++){
       out.println(hobbies[i]+" ");
    }
%><br>
    学历：<%=education%><br>
    备注说明：<%=remark%><br>
</body>
</html>
```

页面运行后的结果如图 4-7 所示。

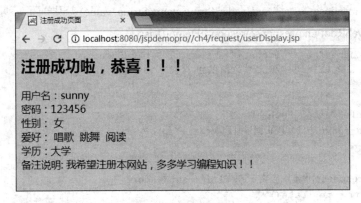

图 4-7 注册成功页面

4.2.3 response 对象

response 对象

1. response 对象概述

response 对象主要用于对客户端的请求进行回应，将 Web 服务器处理后的结果发回给客户端。它封装了 JSP 产生的响应，并发送到客户端以响应客户端的请求，请求的数据可以是各种数据类型，甚至是文件。

response 对象属于 HttpServletResponse 接口的实例，HttpServletResponse 接口的定义格式与 HttpServletRequest 接口的定义格式非常类似，都只有一个父接口 ServletResponse 和一个子接口 HttpServletResponse。response 对象也提供了很多方法，例如设置文件头信息、设定页面重定向以及设置缓冲区信息等，方法名及功能如表 4-4 所示。

表 4-4 response 对象提供的方法

方法名	功能介绍
void addCookie (Cookie c)	添加一个 cookie 对象，用来保存客户端用户信息，例如一些网站或企业应用系统，登录时提供一个"是否记住用户名"的选项，可以通过 cookie 实现
void setHeader(String name,String value)	设置头信息：response.setHeader("头信息内容""头信息参数")； 常用的刷新 refresh，例如：response.setHeader("refresh","1")； 几秒后跳转：response.setHeader("refresh","2:URL=XXX")
void sendRedirect(String url)	设置页面重定向

方法名	功能介绍
void flushBuffer()	强制将缓冲区的内容输出到客户端
void setBufferSize()	设置缓冲区的大小
void reset()	除缓冲区的内容，同时清除状态码和报头
int getBufferSize()	获取响应所使用的缓冲区的实际大小，如果没有使用缓冲区，则返回为0
boolean isCommitted()	检测服务器端是否已经把数据写入客户端

2. 实例：response 对象方法运用

（1）实例一：页面自动刷新

在页面中使用 response 的方法 setHeader(String name,String value)实现页面一秒刷新一次（代码详见：\jspdemopro\WebRoot\ch4\response\responseDemo01.jsp）。

```
<%@ page language="java" import="java.util.*" pageEncoding="UTF-8"%>
<!DOCTYPE HTML PUBLIC "-//W3C//DTD HTML 4.01 Transitional//EN">
<html>
  <head>
    <base href="<%=basePath%>">
    <title>response 方法实现页面定时刷新</title>
  </head>
  <body>
    <%//通过 response 设定响应头 addHeader  setHeader
    Date now = new Date();
    out.println(now.toLocaleString());
    response.setHeader("refresh", "1");//一秒刷新一次
    %>
  </body>
</html>
```

页面运行结果如图 4-8 所示。

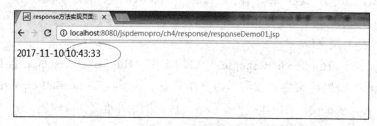

图 4-8 response 设置页面自动刷新运行结果

通过观察上述页面可以发现，页面中的时间一直在发生变化，这是因为页面一秒刷新一次。

（2）实例二：实现页面重定向

第一个页面（responseDemo02.jsp）中，核心 body 体内只写了一句 Java 代码：

```
response.sendRedirect("responseDemo02_01.jsp");
```

这句话实现了页面的重定向，页面跳转到了 responseDemo02_01.jsp 页面（代码详见：\jspdemopro\WebRoot\ch4\response\responseDemo02.jsp）。

```
<%@ page language="java" import="java.util.*" pageEncoding="UTF-8"%>
```

```
<!DOCTYPE HTML PUBLIC "-//W3C//DTD HTML 4.01 Transitional//EN">
<html>
  <head>
    <base href="<%=basePath%>">
    <title>response 方法实现重定向</title>
  </head>
  <body>
    <%
      /*
          在浏览器端进行重定向。
          跳转时机，当页面代码执行完毕，把响应发送给客户端之后，客户端再根据重新指向的 url 地址。
          浏览器地址栏中的地址是改变的。
      */
      response.sendRedirect("responseDemo02_01.jsp");
    %>
  </body>
</html>
```

第二个重定向的目标页面（responseDemo02_01.jsp）（代码详见\jspdemopro\WebRoot\ch4\response\responseDemo02_01.jsp）。

```
<%@ page language="java" import="java.util.*" pageEncoding="UTF-8"%>
<!DOCTYPE HTML PUBLIC "-//W3C//DTD HTML 4.01 Transitional//EN">
<html>
  <head>
    <base href="<%=basePath%>">
    <title>页面重定向目标页面</title>
  </head>
  <body>
        Hello！！<br>
        页面发生了变化，已经重定向了新的页面......  <br>
  </body>
</html>
```

页面的运行结果如图 4-9 所示。

（3）综合实例：实现登录并记录用户名

在某网站的登录页面登录时如果选择"记住用户名"，登录成功后会跳转至一个中间页面（页面代码将登录的用户名密码存在 cookie 中），中间页面中存在一个超链接，单击超链接可以链接到第三个页面查看 response 方法保存到 cookie 中的数据信息。如果不选择"记住用户名"，则中间页面会将 cookie 值删除，再单击超链接则无法显示登录的用户名和密码。

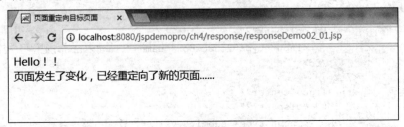

图 4-9 页面重定向运行结果

第一个登录页面如下（代码详见：\jspdemopro\WebRoot\ch4\response\login.jsp）。

```jsp
<%@ page language="java" import="java.util.*" pageEncoding="UTF-8"%>
<!DOCTYPE HTML PUBLIC "-//W3C//DTD HTML 4.01 Transitional//EN">
<html>
    <head>
        <base href="<%=basePath%>">
        <title>response方法综合实例</title>
    </head>
    <body background="images/bk.jpg">
        <%
            String username = "";
            String password = "";
            Cookie[] cookies = request.getCookies();
            if (cookies != null && cookies.length > 0) {
                for (Cookie cookie : cookies) {
                    if (cookie.getName().equals("username")) {
                        username = cookie.getValue();
                    }
                    if (cookie.getName().equals("password")) {
                        password = cookie.getValue();
                    }
                    response.addCookie(cookie);
                }
            }
        %>
        <form action="ch4/response/cookieSave.jsp" method="post">
            <h1>山东财政信息发布平台</h1>
            <table  border="1" align="center" >
                <tr>
                    <td>
                        用户名:
                    </td>
                    <td>
                        <input type="text" name="username" value="<%=username%>">
                    </td>
                </tr>
                <tr>
                    <td>
                        密码:
                    </td>
                    <td>
                        <input type="password" name="password" value="<%=password%>">
                    </td>
                </tr>
                <tr>
                    <td colspan="2">
                        <input type="checkbox" name="flag"> 记住用户名
                    </td>
                </tr>
                <tr align="center">
                    <td colspan="2" >
                        <input type="submit" value=" 登     录 " >
                    </td>
                </tr>
            </table>
```

中间页面（处理 cookie 值，并添加超链接跳转另外一个页面查看登录页面信息）如下（代码详见：\jspdemopro\WebRoot\ch4\response\cookieSave.jsp）。

```jsp
<%@ page language="java" import="java.util.*" pageEncoding="UTF-8"%>
<!DOCTYPE HTML PUBLIC "-//W3C//DTD HTML 4.01 Transitional//EN">
<html>
  <head>
    <base href="<%=basePath%>">
    <title>查看是否保存了用户名</title>
  </head>
  <body>
    <%request.setCharacterEncoding("UTF-8"); %>
    <%
        String username=request.getParameter("username");
        String password=request.getParameter("password");
        String[] flag=request.getParameterValues("flag");
        if(flag!=null&&flag.length>0){//选中了记住用户名
            //1.新建cookie
            Cookie cookie1=new Cookie("username",username);
            Cookie cookie2=new Cookie("password",password);
            //2.设置实效(1天)
            cookie1.setMaxAge(1*24*60*60);
            cookie2.setMaxAge(1*24*60*60);
            //3.把cookie对象存放在response中
            response.addCookie(cookie1);
            response.addCookie(cookie2);
        }else{//没有选择记住用户名
            Cookie[] cookies=request.getCookies();
            if(cookies!=null&&cookies.length>0){
                for(Cookie cookie:cookies){
                    if(cookie.getName().equals("username")){
                        cookie.setMaxAge(0);
                    }
                    if(cookie.getName().equals("password")){
                        cookie.setMaxAge(0);
                    }
                    response.addCookie(cookie);
                }
            }
        }
     %>
    <a href="ch4/response/cookieQuery.jsp">查看是否保存了用户名信息</a>
  </body>
</html>
```

第三个页面，显示 cookie 中保存的用户名密码信息（代码详见：\jspdemopro\WebRoot\ch4\response\cookieQuery.jsp）。

```jsp
<%@ page language="java" import="java.util.*" pageEncoding="UTF-8"%>
<!DOCTYPE HTML PUBLIC "-//W3C//DTD HTML 4.01 Transitional//EN">
<html>
  <head>
```

```
        <base href="<%=basePath%>">
        <title>cookie中的用户名密码信息</title>
</head>
<body bgcolor="#A2B5CD">
    <%request.setCharacterEncoding("UTF-8"); %>
    <%
        String username="";
        String password="";
        Cookie[] cookies=request.getCookies();
        if(cookies!=null&&cookies.length>0){
            for(Cookie cookie:cookies){
                if(cookie.getName().equals("username")){
                    username=cookie.getValue();
                }
                if(cookie.getName().equals("password")){
                    password=cookie.getValue();
                }
                response.addCookie(cookie);
            }
        }
    %>
    <h2>用户名为: <%=username %></h2>
    <h2>密码为: <%=password %></h2>
</body>
</html>
```

页面的运行结果如图4-10所示。

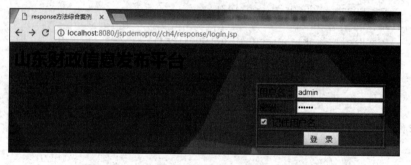

图4-10 登录页面运行结果

单击"登录"按钮后,跳转至中间页面,处理是否记住用户名信息,如图4-11所示。

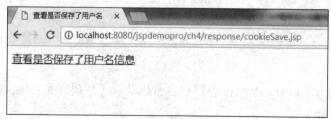

图4-11 中间页面运行结果

单击"查看是否保存了用户名信息"超链接,页面再次进行跳转,如图4-12所示。

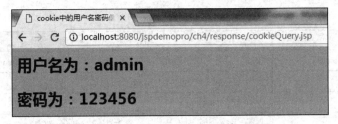

图 4-12　查看 cookie 中保存的登录信息运行结果

如果登录页面中未选择"记住用户名"选项,则用户名和密码后面的值均为空。

4.3　作用域通信对象

作用域通信对象包括 session 对象、application 对象和 pageContext 对象,前面讲述的 request 对象其实也可以归为作用域通信对象的一种。作用域就是对象的生命周期和可访问性,这个对象在生命周期内是可访问的,一旦生命周期结束,对象就不能再被使用。表 4-5 介绍了不同作用域对象的生命周期、对象之间的区别和联系,以及它们共有的方法。

表 4-5　作用域通信对象的作用范围及公共方法

对象名称	作用范围	周期	方法

session	某个用户	开始于某用户访问应用程序,终止于用户关闭浏览器	void setAttribute(String name,Object value);//以名/值的形式存放新的值
			void getAttribute(String name);//根据名称获取属性值

Application	整个应用程序	开始于应用程序服务器的启动,终止于服务器的停止	
pageContext	某个页面内	开始于页面的调用,终止于页面的关闭	
request	一个 request 请求范围	开始于一个 request 请求,终止于请求结束	

4.3.1　session 对象

1. session 对象概述

session 对象

session 对象是基于会话的,不同用户拥有不同的会话。同一用户共享 session 对象定义的所有属性。它的作用域开始于客户连接到应用程序的某个页面,结束于与服务器断开连接。当用户第一次访问某一个应用程序时,Web 容器就会给这个用户创建一个 SessionId,服务器在做出响应时会把含有 SessionId 的 cookie 返回给用户,浏览器就把它存在用户的硬盘上,当用户第二次请求时,浏览器就会把 SessionId 的 cookie 发送给服务器,服务器就可以通过 SessionId 来区分不同的用户。session 对象通常用来保存用户的信息,以便服务器跟踪每个用户的操作状态。session 对象除了表 4-5 所示的两个常用的方法外,还提供了其他一些方法,如表 4-6 所示。

表 4-6　session 对象提供的方法

方法名	功能介绍
long getCreateTime()	获取 session 对象建立的时间;返回的是从 1970 年 1 月 1 日到建立时间的毫秒数
String getId()	获取当前 session 对象的 ID 号,这个 ID 是唯一的,用来表示每一个登录到 IE 浏览器的用户;当刷新浏览器时,这个值是不变的;但是当关闭当前浏览器再重新打开一个浏览器时,这个值就会改变

续表

方法名	功能介绍
Enumeration getAttributeNames ()	获取 session 对象中存储的所有值的名字，返回的是一个 Enumeration 类的实例
void removeAttribute()	删除 session 对象中名字为 name 的存储值
void Invalidate()	中断当前的 session 对象
boolean isNew()	判断当前 session 对象是否是一个新创建的 session 对象
void setMaxInactiveInterval(int interval)	用来指定时间，以秒为单位，servlet 容器将会在这段时间内保持会话有效
int getMaxInactiveInterval()	返回最大时间间隔，以秒为单位，servlet 容器将会在这段时间内保持会话打开

2. 实例：session 对象方法运用

本实例为设置会话时效。

登录时，通过 session 对象的 setAttribute(String name,Object value)方法设置用户名、密码值，单击"登录"按钮，跳转到登录成功页面，登录成功页面使用 getAttribute(String name)方法获取用户名和密码并显示在页面上，调用 setMaxInactiveInterval()方法设置 session 的最大的会话有效期，页面静止等待超过会话有效期后刷新页面，用户名和密码显示为 null。登录页面 login.jsp 如下（代码详见：\jspdemopro\WebRoot\ch4\session\login.jsp）。

```jsp
<%@ page language="java" import="java.util.*" pageEncoding="UTF-8"%>
<!DOCTYPE HTML PUBLIC "-//W3C//DTD HTML 4.01 Transitional//EN">
<html>
    <head>
        <base href="<%=basePath%>">
        <title>session 对象案例</title>
    </head>
    <%
    session.setAttribute("username", "sunny");
    session.setAttribute("password", "123456");
    %>
    <body background="images/bk.jpg">
        <form action="ch4/session/loginSuccess.jsp" method="post">
            <h1>山东财政信息发布平台</h1>
            <table  border="1" align="center" >
                <tr>
                    <td>
                        用户名：
                    </td>
                    <td>
                        <input type="text" name="username" value=<%=(String)session.getAttribute("username") %> />
                    </td>
                </tr>
                <tr>
                    <td>
                        密码：
                    </td>
                    <td>
                        <input type="password" name="password" value=<%=(String)session.getAttribute("password") %> />
```

```
                </td>
            </tr>
            <tr align="center">
                <td colspan="2" >
                    <input type="submit" value=" 登    录 " >
                </td>
            </tr>
        </table>
    </form>
  </body>
</html>
```

登录成功页面 loginSuccess.jsp 如下（代码详见：\jspdemopro\WebRoot\ch4\session\loginSuccess.jsp）。

```
<%@ page language="java" import="java.util.*" pageEncoding="utf-8"%>
<!DOCTYPE HTML PUBLIC "-//W3C//DTD HTML 4.01 Transitional//EN">
<html>
    <head>
        <base href="<%=basePath%>">
        <title>登录跳转页面</title>
    </head>
    <body bgcolor="pink">
        <%
            String username = (String) session.getAttribute("username");
            String password = (String) session.getAttribute("password");
            session.setMaxInactiveInterval(5);//设置会话有效期为 5 秒
            //session.invalidate();
        %>
        用户登录成功!
        <br>
        您的用户名是:<%=username%>
        您的密码是:<%=password%>
    </body>
</html>
```

页面运行效果如图 4-13 所示。

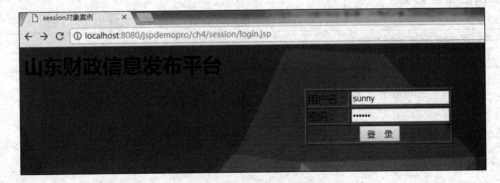

图 4-13　登录页面运行结果

页面中的用户名、密码是使用 session 对象的 setAttribute(String name,Object value)方法进行设置的，单击"登录"按钮，页面跳转至登录成功页面，如图 4-14 所示。

图 4-14　登录成功页面的运行结果

间隔 5 秒，再次刷新登录成功页面，页面运行效果如图 4-15 所示。

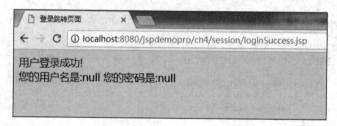

图 4-15　session 失效后的页面运行结果

4.3.2　application 对象

application 对象

1. application 对象概述

application 对象代表 Web 应用本身，整个 Web 应用共享一个 application 对象。该对象主要用于在多个 JSP 页面或者 Servlet 之间共享变量，负责提供应用程序在服务器中运行时的一些全局信息。该对象开始于服务器的启动，终止于服务器的关闭，是 ServletContext 接口类的实例。application 对象常用的方法如表 4-7 所示。

表 4-7　application 对象常用方法

方法名	功能介绍
void setAttribute(String name,Object value)	以键/值的方式，将一个对象的值存放到 application 中
void getAttribute(String name)	根据名称去获取 application 中存放对象的值
Enumeration getAttributeNames ()	返回所有可用属性名的枚举
String getServerInfo()	返回 JSP(SERVLET)引擎名及版本号
String getInitParameter(String paramName)	获取 Web 应用的配置参数
String getRealPath(String path)	项目的虚拟目录对应的绝对路径

2. 实例：application 对象方法运用

（1）实例一：网页访问计数器

使用 application 对象实现访问网页的计数器功能（代码详见：\jspdemopro\WebRoot\ch4\application\applicationDemo01.jsp）。

```
<%@ page language="java" import="java.util.*" pageEncoding="utf-8"%>
<!DOCTYPE HTML PUBLIC "-//W3C//DTD HTML 4.01 Transitional//EN">
<html>
  <head>
    <base href="<%=basePath%>">
```

```html
        <title>applicaton对象实现访问统计</title>
    </head>
    <body bgcolor="#9999CC">
        <h2>测试application对象方法,统计页面访问次数</h2>
        <%
            if(application.getAttribute("counter") == null){
                application.setAttribute("counter", "1");
            }else{
                String strnum = null;
                strnum = application.getAttribute("counter").toString();
                int icount = 0;
                icount = Integer.valueOf(strnum).intValue();
                icount++;
                application.setAttribute("counter",Integer.toString(icount));
            }
        %>
        您是第<%=application.getAttribute("counter") %>位访问者!
    </body>
</html>
```

页面的运行结果如图 4-16 所示。

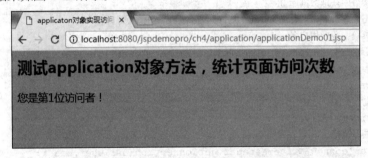

图 4-16　application 对象统计页面访问次数的运行结果

用户访问到该页面之后显示是第几位访客,刷新之后数目会增加,更换浏览器或者更换客户端地址都会使其访问值正常递增。除非应用服务器 Tomcat 重新启动,计数器才会从 1 重新开始计数。

(2)实例二:获取 Web 应用配置参数

使用 application 对象提供的方法获取 Web 项目全局配置文件信息。当前 jspdemopro 项目的核心配置文件 web.xml 的部分配置信息如下(代码详见:/jspdemopro/WebRoot/WEB-INF/web.xml)。

```xml
<!--配置第一个参数driver-->
<context-param>
    <param-name>driver</param-name>
    <param-value>oracle.jdbc.driver.OracleDriver</param-value>
</context-param>
<!--配置第二个参数url-->
<context-param>
    <param-name>url</param-name>
<param-value>jdbc:oracle:thin:@192.168.13.245:1521:INSPUR</param-value>
</context-param>
<!--配置第一个参数user-->
<context-param>
    <param-name>user</param-name>
    <param-value>scott</param-value>
```

```
        </context-param>
        <!--配置第一个参数 pass-->
        <context-param>
            <param-name>pass</param-name>
            <param-value>tiger</param-value>
        </context-param>
```

页面 applicationDemo0.jsp 如下（代码详见\jspdemopro\WebRoot\ch4\application \applicationDemo02.jsp）。

```
<%@ page language="java" import="java.util.*" pageEncoding="utf-8"%>
<%@ page language="java" import="java.sql.*" %>
<!DOCTYPE HTML PUBLIC "-//W3C//DTD HTML 4.01 Transitional//EN">
<html>
  <head>
    <base href="<%=basePath%>">
    <title>application 对象方法获取 Web 配置信息</title>
  </head>
  <body bgcolor="#999ff">
    <%
    //从配置参数中获取驱动
    String driver = application.getInitParameter("driver");
    //从配置参数中获取数据库 URL
    String url = application.getInitParameter("url");
    //从配置参数中获取用户名
    String user = application.getInitParameter("user");
    //从配置参数中获取密码
    String pass = application.getInitParameter("pass");
    //注册驱动
    Class.forName(driver);
    //获取数据库链接
    Connection conn = DriverManager.getConnection(url,user,pass);
    //创建 Statement 对象
    Statement stmt = conn.createStatement();
    //执行查询
    ResultSet rs = stmt.executeQuery("Select * from student");
%>
<h2>查询学生信息</h2>
<table bgcolor="#99CCFF" border="1" >
    <tr>
        <th>姓名</th>
        <th>年龄</th>
        <th>家庭住址</th>
    </tr>
    <%
        //遍历结果集
        while (rs.next()) {
    %>
    <tr>
        <td><%=rs.getString(1)%></td>
        <td><%=rs.getInt(2)%></td>
        <td><%=rs.getString(3)%></td>
    </tr>
    <%
```

```
        }
    %>
</table>
</body>
</html>
```

页面运行结果如图 4-17 所示。

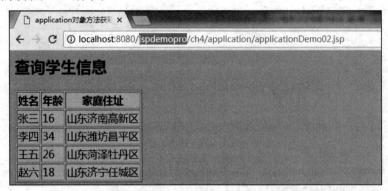

图 4-17 application 对象方法获取 Web.xml 配置信息的运行结果

该案例说明，使用 application 对象提供的方法 getInitParameter（String param）可以获取项目中 web.xml 中的配置信息。案例中，web.xml 文件中配置了 Oracle 连接数据库的相关信息，页面中通过 application 对象的方法获取到数据库配置信息，然后使用 JDBC 方式连接数据库，并查询了学生信息表数据，然后将查询的结果显示到当前页面中。

4.3.3 pageContext 对象

1. pageContext 对象概述

pageContext 对象是 JSP 页面本身的上下文，它的作用范围是在同一页面使用它可以访问页面作用域中定义的所有隐式对象。pageContext 自身还是一个域对象，可以用来保存数据，同时可以通过 pageContext 这个域对象操作另外三个域（Request 域、Session 域、ServletContext 域），它是 PageContext 类的实例。

pageContext 封装了 Web 开发中经常涉及的一些常用操作，例如包含和跳转到其他资源、检索其他域对象中保存的值等。pageContext 对象常用的方法如表 4-8 所示。

表 4-8 pageContext 对象的常用方法

方法名	功能介绍
void forward(String relativeUrlPath)	将当前页面转发到另外一个页面或者 Servlet 组建上
ServletRequest getRequest()	返回当前页面的 request 对象
ServletResponse getResponse ()	返回当前页面的 response 对象
HttpSession getSession()	返回当前页面的 session 对象
JspWriterout getOut()	返回 out 隐式对象
ServletConfig getServetConfig()	返回当前页面的 servletConfig 对象
ServletContext getServletContext()	返回当前页面的 servletContext 对象，这个对象是所有的页面共享的
Object findAttribute()	按照页面、请求、会话，以及应用程序范围的属性实现对某个属性的搜索
void removeAttribute()	删除默认页面对象或特定对象范围之中的已命名对象

2. 实例：pageContext 对象方法运用

（1）实例一：与 request 对象作用域比较

pageContext 对象与 request 对象作用域比较实例（代码详见：\jspdemopro\WebRoot\ch4\pageContext\pageContextDemo01.jsp）。

```jsp
<%@ page language="java" import="java.util.*" pageEncoding="UTF-8"%>
<!DOCTYPE HTML PUBLIC "-//W3C//DTD HTML 4.01 Transitional//EN">
<html>
  <head>
    <base href="<%=basePath%>">
    <title>pageContext 对象方法运用</title>
  </head>
  <body>
   <%
     //可以访问其他的隐式对象
     pageContext.getRequest();//获取 request
     pageContext.getResponse();//获取 response
     pageContext.getSession();//获取 session
     pageContext.getServletContext();//获取 application
     pageContext.getOut();//获取 out
     //可以在当前 JSP 页面范围中存放信息
     pageContext.setAttribute("username", "Merry");
     //和 request 进行对比
     request.setAttribute("username","Jack");
   %>
   <%=pageContext.getAttribute("username") %>
   <%
     //演示把请求跳转到另一个页面，在另一个页面是否还能获取 page 范围中的信息
     request.getRequestDispatcher("pageContextDemo01_01.jsp").forward(request, response);
   %>
  </body>
</html>
```

页面运行结果如图 4-18 所示。

图 4-18　pageContext 对象方法的运行结果 1

当前实例可以说明，程序中可以使用 pageContext 对象获取其他隐式对象，例如 request、response、session 等。此外，pageContext 对象保存的属性只在当前 page 页面有效，页面跳转后属性获取值为 null，而 request 对象的属性值在当前 request 请求范围内有效。

（2）实例二：与 session、application 对象作用域比较

pageContext 对象、session 对象、application 对象作用域对比（代码详见：\jspdemopro\WebRoot\ch4\pageContext\pageContextDemo02.jsp）。

```jsp
<%@ page language="java" import="java.util.*" pageEncoding="UTF-8"%>
<!DOCTYPE HTML PUBLIC "-//W3C//DTD HTML 4.01 Transitional//EN">
<html>
  <head>
    <base href="<%=basePath%>">
    <title>pageContext 对象运用：页面计数器</title>
  </head>
  <%
    //初始化处理
        if (pageContext.getAttribute("pageCount")==null)
        {
            pageContext.setAttribute("pageCount", new
            Integer(0));
        }
    if (session.getAttribute("sessionCount")==null)
        {
            session.setAttribute("sessionCount",new
            Integer(0));
        }
    if (application.getAttribute("appCount")==null)
        {
            application.setAttribute("appCount",new
            Integer(0));
        }

    //信息累加的处理
        Integer count = (Integer)pageContext.getAttribute("pageCount");
        pageContext.setAttribute("pageCount", new Integer(count.intValue()+1));
        Integer count2 = (Integer)session.getAttribute("sessionCount");
        session.setAttribute("sessionCount",new Integer(count2.intValue()+1));
        Integer count3 = (Integer)application.getAttribute("appCount");
        application.setAttribute("appCount",new Integer(count3.intValue()+1));
  %>
  <body>
        <b>页面计数= </b>
        <%=pageContext.getAttribute("pageCount")%>
        <br/><b>会话计数= </b>
        <%=session.getAttribute("sessionCount")%>
        <br/><b>应用程序计数= </b>
        <%=application.getAttribute("appCount")%>
  </body>
</html>
```

页面运行结果如图 4-19 所示。

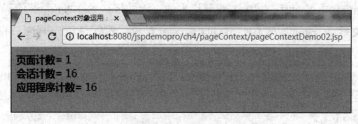

图 4-19　pageContext 对象方法运行结果 2

从这个实例可以看出，每刷新一次当前页面，pageContext 对象的属性计数器不变，而 session、application 对象的属性计数器在递增，也说明了 session 对象、application 对象比 pageContext 对象的生命周期要长，而 application 对象的生命周期最长。

pageContext 对象的范围只适用于当前页面范围，即超过这个页面就不能够使用了，所以使用 pageContext 对象向其他页面传递参数是不可能的。session 的作用范围为一段用户持续和服务器所连接的时间，但与服务器断线后，这个属性就无效，例如断网或者关闭浏览器。session 可以通过使用属性 maxInactiveInterval 来获取或设定其超时时间。而 application 的范围是从服务器一开始执行服务到服务器关闭为止。它的范围最大，生存周期最长。

4.4 Servlet 对象

JSP 引擎为每个 JSP 生成一个 Servlet，Servlet 对象提供了访问 Servlet 信息的方法和变量，该对象又包括 page 对象和 config 对象。

4.4.1 page 对象

1. page 对象概述

page 对象就是页面实例的引用，它可以被看作是整个 JSP 页面的代表。page 对象就是 this 对象的同义词。使用 page 对象可以访问 Servlet 类的所有变量和方法，它是 Object 类的一个实例。在 JSP 页面中，很少使用 page 对象。

2. 实例：page 对象方法运用

一个简单的 JSP 页面，在 page 指令中增加了一个属性 info 的值为"我的信息"（代码详见：\jspdemopro\WebRoot\ch4\page\pageDemo01.jsp）。

```
<%@ page info="我的信息" language="java" import="java.util.*" pageEncoding="UTF-8"%>
<!DOCTYPE HTML PUBLIC "-//W3C//DTD HTML 4.01 Transitional//EN">
<html>
  <head>
    <base href="<%=basePath%>">
    <title>page 对象运用</title>
  </head>
  <body>

  </body>
</html>
```

当浏览器请求该 JSP 页面时，JSP 容器就将当前页面转译成 Servlet 的源代码（参考第 2 章 JSP 概述），转译后的文件为 pageDemo01_jsp.java。page 对象其实就是该 servlet 对象。部分转译后的 pageDemo01_jsp.java 文件如下。

```
public final class pageDemo01_jsp extends org.apache.jasper.runtime.HttpJspBase
    implements org.apache.jasper.runtime.JspSourceDependent {
  public String getServletInfo() {
    return "我的信息";
```

```
    }
…
```

该文件中生成了 getServletInfo() 方法，此方法是 page 对象方法之一，可以拿到 pageDemo01.jsp 的页面 body 体内使用。部分代码如下（代码详见：\jspdemopro\WebRoot\ch4\page\pageDemo01.jsp）。

```
<body>
 <%
    out.print(((javax.servlet.jsp.HttpJspPage)page).getServletInfo());
 %>
</body>
```

页面的运行结果如图 4-20 所示。

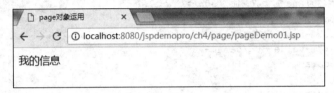

图 4-20　page 对象方法的运行结果

config 对象

4.4.2　config 对象

1. config 对象概述

config 对象代表了存储在编译 JSP 页面的过程中创建的 Servlet 的信息，是 ServletConfig 接口类的实例，它提供了检索 Servlet 初始化参数的方法 getInitParameter（String name）。

2. 实例：config 对象方法运用

本实例为获取 JSP 页面的配置信息。

JSP 页面使用 config 获取 JSP 页面的配置信息，源代码如下（代码详见：\jspdemopro\WebRoot\ch4\config\configDemo01.jsp）。

```
<%@ page language="java" import="java.util.*" pageEncoding="utf-8"%>
<!DOCTYPE HTML PUBLIC "-//W3C//DTD HTML 4.01 Transitional//EN">
<html>
    <head>
        <base href="<%=basePath%>">
        <title>config对象方法运用</title>
    </head>
<body bgcolor="#FFFF99">
    <%=config.getServletName()%><br />
    <!-- 输出该JSP中名为 name 的参数配置信息 -->
    name 配置参数的值：<%=config.getInitParameter("name")%><br />
    <!-- 输出该JSP中名为 age 的参数配置信息 -->
    age 配置参数的值：<%=config.getInitParameter("age")%>
</body>
</html>
```

配置 JSP 页面是在 web.xml 文件中进行的。JSP 被当成 Servlet 配置，为 Servlet 配置参数使用 init-param 元素，该元素可以接受 param-name 和 param-value 分别指定参数名和参数值。以下是 web.xml

文件的部分配置信息（代码详见/jspdemopro/WebRoot/WEB-INF/web.xml）。

```xml
<servlet>
    <!--指定 servlet 的名字-->
    <servlet-name>config</servlet-name>
    <!--指定哪一个 JSP 页面配置成 Servlet-->
    <jsp-file>/ch4/config/configDemo01.jsp</jsp-file>
    <!--配置名为 name 的参数，值为 jack-->
    <init-param>
        <param-name>name</param-name>
        <param-value>jack</param-value>
    </init-param>
    <!--配置名为 age 的参数，值为 30-->
    <init-param>
        <param-name>age</param-name>
        <param-value>30</param-value>
    </init-param>
</servlet>
<servlet-mapping>
    <!--指定将 config Servlet 配置到/config 路径-->
    <servlet-name>config</servlet-name>
    <url-pattern>/config</url-pattern>
</servlet-mapping>
```

页面的运行结果如图 4-21 所示。

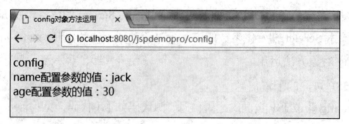

图 4-21　config 对象方法的运行结果

4.5　错误对象

1. exception 对象概述

错误对象即 exception 对象。JSP 引擎在执行过程中，可能会抛出种种异常。exception 对象表示的就是 JSP 引擎在执行代码过程中抛出的种种异常。exception 对象是 Throwable 类的实例，它提供了一些方法用于访问执行 JSP 的过程中引发的异常，如 getMessage()、printStateTrace()、ToString()等。方法说明如表 4-9 所示。

表 4-9　exception 对象方法

方法名	功能介绍
String getMessage()	返回错误信息
void printStateTrace()	该方法以标准形式输出一个错误和错误的堆栈
String toString ()	以字符串的形式返回一个对异常的描述

2. 实例：exception 对象方法运用

本实例为获取 JSP 页面异常信息。

第一个页面 page 指令的 **errorPage** 属性指定了当页面发生错误时，转向出错页面 error.jsp。页面的核心代码只有一句：int result=1/0;，此句必定出错，因为 0 不能作为除数，代码如下（代码详见：/jspdemopro/WebRoot/ch4/ exception/exceptionDemo01.jsp）。

```jsp
<%@ page language="java" errorPage="error.jsp" import="java.util.*" pageEncoding="UTF-8"%>
<!DOCTYPE HTML PUBLIC "-//W3C//DTD HTML 4.01 Transitional//EN">
<html>
  <head>
    <base href="<%=basePath%>">
    <title>exception 对象运用</title>
  </head>
  <body>
    <%
      int result=1/0;
    %>
  </body>
</html>
```

第二个出错页面 error.jsp 代码如下（代码详见：/jspdemopro/WebRoot/ch4/exception/error.jsp）。

```jsp
<%@ page language="java" isErrorPage="true" import="java.util.*" pageEncoding="UTF-8"%>
<!DOCTYPE HTML PUBLIC "-//W3C//DTD HTML 4.01 Transitional//EN">
<html>
  <head>
    <base href="<%=basePath%>">
    <title>页面出错后转向页面</title>
  </head>
  <body bgcolor="pink">
    getMessage()方法：<%=exception.getMessage()%><br/>
    toString()方法：<%=exception.toString() %><br/>
    <% exception.printStackTrace(); %>
  </body>
</html>
```

此页面使用了 exception 对象的三个常用方法，运行结果如图 4-22 所示。

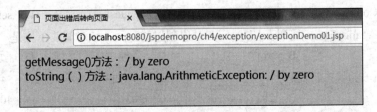

图 4-22　exception 对象方法的运行结果

此外，页面上还使用了 exception 对象的 printStackTrace()方法，此方法的异常跟踪消息是在控制台输出的，如图 4-23 所示。

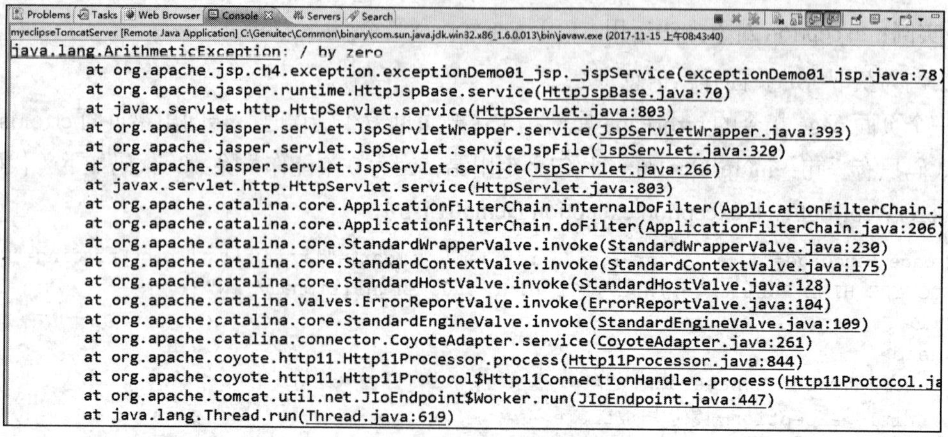

图 4-23　异常跟踪方法的运行结果

4.6　本章小结

　　本章重点讲述了 JSP 的 9 个隐式对象：out、request、response、session、application、pageContext、page、config 和 exception。这 9 个隐式对象又可划分为 4 类：输入/输出对象、作用域通信对象、Servlet 对象以及错误对象。对于每一个隐式对象，本章先从概念入手，介绍了每一个具体对象的含义及作用，然后通过图表的形式列出了每个隐式对象常用的方法并对每个方法进行了简单的说明。接着通过具体的、有针对性的实际案例介绍了每种对象提供的常用方法在 JSP 页面中是如何调用的，同时也将案例的运行结果进行了展示，以便帮助读者对这些方法进行理解。在案例的引入方面，针对每个常用的隐式对象至少有两个案例进行知识点的运用与强化。关于隐式对象的作用域问题，本章也通过两个针对型的案例进行了比较说明。

习　　题

1. 下面不属于 JSP 内置对象的是_____。
   A. out 对象　　　　　B. respone 对象　　　　C. application 对象　　　D. page 对象
2. 以下_____对象提供了访问和放置页面中共享数据的方式。
   A. pageContext　　　B. response　　　　　　C. request　　　　　　　D. session
3. 调用 getCreationTime() 可以获取 session 对象创建的时间，该时间的单位是_____。
   A. 秒　　　　　　　　B. 分秒　　　　　　　　C. 毫秒　　　　　　　　D. 微秒
4. 当 response 的状态行代码为_____时，表示用户请求的资源不可用。
   A. 101　　　　　　　B. 202　　　　　　　　　C. 303　　　　　　　　　D. 404
5. 可以利用 JSP 动态改变客户端的响应，使用的语法是_____。
   A. response.setHeader()　　　　　　　　　　B. response.outHeader()
   C. response.writeHeader()　　　　　　　　　D. response.handlerHeader()
6. request 对象和 response 对象的作用及常用方法的功能是什么？
7. 请求转发和请求重定向的定义及它们的区别是什么？

8. session 对象与 application 对象有何区别?

上 机 指 导

1. 编写 JSP 程序，实现图 4-24 所示的简易计算器。要求：输入"第一个参数"，选择运算类型（+、-、*、/），输入"第二个参数"，按"计算"按钮，结果显示在"结果"文本框中。

注意：程序需要对输入参数是否合法进行判断。例如，参数是否为数字；除法时，除数不为 0。

2. 编写一个 JSP 页面，将用户名和密码存放到会话中（假设用户名为"孤独求败"，密码为"123456"），再重新定向到另一个 JSP 页面，将会话中存放的用户名和密码显示出来（提示：使用 response 对象的 sendRedirect()方法进行重定向）。

3. 编写一个 JSP 登录页面，可输入用户名和密码，提交请求到另一个 JSP 页面，该 JSP 页面获取请求的相关数据并显示出来。请求的相关数据包括用户输入的请求数据和请求本身的一些信息（例如请求使

图 4-24　简易计算器

用的协议 getProtocol()、请求的 URI request.getServletPath()、请求方法 request.getMethod()、远程地址 request.getRemoteAddr()等）。

4. 利用隐式对象为某一网站编写一个 JSP 程序，统计该网站的访问次数。

一种情况是按照客户进行统计（按照浏览器进行统计：一个浏览器如果访问网站的话，就算一次访问。换句话说，如果这个浏览器刷新多次网站的话，也算是一次访问）。

另一种情况是刷新一次页面，就算是一次访问。

要求用隐式对象去实现。

第 5 章 JSP 标准动作

学习目标
- 理解 JavaBean 组件的概念、特点
- 掌握 JSP 使用 JavaBean 的方法
- 掌握 JSP 标准动作的使用：jsp:useBean、jsp:getProperty、jsp:setProperty、jsp:forward、jsp:param 和 jsp:include

5.1 JavaBean 组件

1. JavaBean 的概念

在介绍 JSP 标准动作之前，先认识一下 JavaBean 组件，理解并掌握 JavaBean 组件的应用，将为学习 JSP 标准动作打下基础。

JavaBean 是软件项目中一种可重复使用的组件。何谓组件？例如要组装一台计算机，就需要选择多个组件，CPU、内存、硬盘、显卡、机箱、显示器等都是其中的组件。不同的计算机可以安装相同的硬盘，硬盘的功能完全相同，一台计算机的硬盘发生了故障并不影响其他的计算机。同样，JavaBean 作为一种软件组件，在软件项目中也具有可选和可重复使用的特点。

JavaBean 是基于 Java 语言的，实际上是一种 Java 类，通过封装属性和方法成为具有某种功能或者处理某个业务的对象，简称 Bean。在 Java EE 企业级项目中，JavaBean 的应用非常广泛。JSP 页面调用 JavaBean，可以将大量 Java 代码从 JSP 页面中分离出来，使业务处理和页面展示得以分离，提高页面的可维护性，如图 5-1 所示。

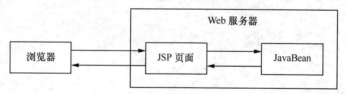

图 5-1 Web 项目中应用 JavaBean

2. JavaBean 的特点

JavaBean 是用 Java 语言编写的，因此 JavaBean 不依赖平台，且具有以下特点。
（1）可以实现代码的重复利用。
（2）易编写、易维护、易使用。
（3）可以在任何安装了 Java 运行环境的平台上使用，而不需要重新编译。

编写 JavaBean 就是编写一个 Java 类，所以只要会写类就能编写一个 JavaBean，这个类创建的一个对象称作一个 Bean。为了能让使用这个 Bean 的应用程序构建工具（例如 JSP 引擎）知道这个 Bean 的属性和方法，只需在类的方法命名上遵守以下规则。

① 类中访问属性的方法都必须是 public 的，一般属性是 private 的。

② 如果类的成员变量的名字是 xxx，那么为了更改或获取成员变量的值（即更改或获取属性），在类中可以使用以下两个方法：

getXxx()，用来获取属性 xxx；

setXxx()，用来修改属性 xxx。

③ 对于 boolean 类型的成员变量，即布尔逻辑类型的属性，允许使用"is"代替上面的"get"。例如，某 JavaBean 类中有 boolean 类型的成员变量 saleStatus，则此成员变量的 get 方法名为 isSaleStatus。

④ 必须提供无参的构造方法。

注意：JavaBean 类中如果没有添加带参数的构造方法，使用编译器提供的默认无参构造方法即可；类中如果添加了带参数的构造方法，编译器不再提供无参的构造方法，这时就必须手动添加无参数的构造方法。

3. 实例

JavaBean 这种组件在软件项目中的使用频率非常高，例如前面学习的 Java 实体类，以及后面将要学习的使用 Java 访问数据库、进行数据处理等功能都通过 JavaBean 实现。下面通过实例演示如何创建 JavaBean 类。

（1）实例一：创建一个表示书籍信息的 JavaBean 类（Book.java），具体源代码如下所示（代码详见：\jspdemopro\src\com\inspur\ch5\Book.java）。

```java
package com.inspur.ch5;
public class Book {
    //提供私有的属性，表示书籍的基本信息
    private String isbn;              //书号
    private String bookName;          //书名
    private String bookAuthor;        //作者
    private boolean saleStatus;       //状态
    //为每个私有的属性提供公有的get/set方法
    public String getIsbn() {
        return isbn;
    }
    public void setIsbn(String isbn) {
        this.isbn = isbn;
    }
    public String getBookName() {
        return bookName;
    }
    public void setBookName(String bookName) {
        this.bookName = bookName;
    }
    public String getBookAuthor() {
        return bookAuthor;
    }
    public void setBookAuthor(String bookAuthor) {
        this.bookAuthor = bookAuthor;
```

```java
        }
        //注意：boolean 类型的属性用 isXxx，代替 getXxx 方法
        public boolean isSaleStatus() {
            return saleStatus;
        }
        public void setSaleStatus(boolean saleStatus) {
            this.saleStatus = saleStatus;
        }
    }
```

（2）实例二：创建一个表示用户的 JavaBean 类（User.java），具体源代码如下所示（代码详见：\jspdemopro\src\com\inspur\ch5\User.java）。

```java
package com.inspur.ch5;
public class User {

    private String username; //用户名
    private String password; //密码

    public String getUsername() {
        return username;
    }
    public void setUsername(String username) {
        this.username = username;
    }
    public String getPassword() {
        return password;
    }
    public void setPassword(String password) {
        this.password = password;
    }

    /**
     * 提供了 2 个参数的构造方法，则无参构造方法必须显式加上
     * @param username
     * @param password
     */
    public User(String username, String password) {
        this.username = username;
        this.password = password;
    }

    /**
     * 无参构造方法
     */
    public User() {
        super();
    }

}
```

5.2 常用的 JSP 动作

前面的章节讲解了 JSP 的 3 个指令、9 个内置对象及其用法，本节将详细介绍 JSP 的 7 个动作及

其应用方法。

JSP 标准动作又称为 JSP 动作元素（Action Elements），是 JSP 的内置标记，由 JSP 容器实现，运行时就自动具有这些功能。JSP 动作都可以直接在 JSP 页面使用，每个标准动作能实现一定的功能。

动作为请求处理阶段提供信息。JSP 动作遵循 XML 元素的语法，有一个包含元素名的开始标签，可以有属性、可选的内容、与开始标签匹配的结束标签等。

JSP 动作应用格式都是以 "<jsp:" 开头的，结束可以使用短结束符 "/>" 或结束标签 "</jsp:动作名>"，具体如下所示。

<jsp:动作名　属性名="属性值"　/>

或

<jsp:动作名　属性名="属性值" > </jsp:动作名>

JSP 2.0 规范中定义了 20 个标准的动作元素。本章将详细介绍项目中常见和常用的 7 个 JSP 动作，如图 5-2 所示。

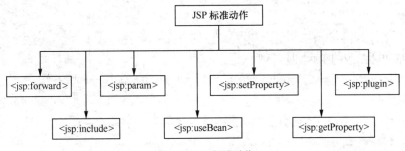

图 5-2　JSP 标准动作

JSP 动作的语法以 XML 为基础，所以在使用时严格区分大小写，例如 <jsp:useBean> 不能写成 <jsp:usebean>。因此，在撰写程序时要特别注意。下面对这 7 个动作进行逐一介绍。

5.2.1　<jsp:forward>动作

1. <jsp:forward>动作的作用

<jsp:forward>动作的功能是实现页面的请求转发，即将客户端所发出来的请求从一个 JSP 页面转交给另一个 JSP 页面。在转发的过程中，客户端浏览器上显示的内容会变，但是请求不变，也就是客户端浏览器上的 URL 地址不发生变化。

2. <jsp:forward>动作的语法

有以下两种写法。

<jsp:forward　page="转发到的页面 url"/>

或

<jsp:forward page="转发到的页面 url"> </jsp:forward>

说明：<jsp:forward>动作只有一个属性 page，表示要请求转发到的网页地址，其值可以使用绝对路径或相对路径，也可以使用经过表达式运算出来的路径。

3. 实例：<jsp:forward>实现请求转发

已知两个 JSP 页面 forwardDemo01.jsp 和 forwardDemo02.jsp，在 forwardDemo01.jsp 页面中使用 <jsp:forward>动作将请求转发到 forwardDemo02.jsp 具体源代码如下（代码详见：\jspdemopro\WebRoot\ch5\forwadDemo01.jsp、forwardDemo02.jsp）。

```jsp
<%@ page language="java" import="java.util.*" pageEncoding="UTF-8"%>
<html>
  <head>
        <title>My JSP 'forwardDemo01.jsp' starting page</title>
  </head>
    <body>
    <%
        System.out.println("此处代码会执行！");
    %>
    <jsp:forward page="forwardDemo02.jsp"></jsp:forward>
    <%
        System.out.println("此处代码不会执行！");
    %>
  </body>
</html>
```

下面是 forwarDemo02.jsp 的页面代码。

```jsp
<%@ page language="java" import="java.util.*" pageEncoding="UTF-8"%>
<html>
  <head>
        <title>My JSP 'forwardDemo02.jsp' starting page</title>
  </head>
    <body>
    <h2>这是forwardDemo02.jsp</h2>
    从 forwardDemo01.jsp 页面跳转到（请求转向到）forwardDemo02.jsp
  </body>
</html>
```

在浏览器中访问 forwardDemo01.jsp，显示结果如图 5-3 所示。

图 5-3　浏览器访问 forwardDemo01.jsp 的结果

同时，在集成开发环境 MyEclipse 的控制台 Console 上会看到输出的结果，如图 5-4 所示。

图 5-4　访问 forwardDemo01.jsp 控制台的输出结果

通过以上实例不难看出以下的结论。

(1) 访问 forwardDemo01.jsp 页面时，页面直接请求转发到了 forwardDemo02.jsp，页面上显示的内容是 forwardDemo02.jsp。

(2) 而在此过程中，客户端请求（也就是浏览器的地址栏 URL）并没有变化，地址栏 URL 还是 http://localhost:7070/jspdemopro/ch2/forwardDemo01.jsp，这说明进行的是请求转发。

(3) <jsp:forward>动作之前的代码会执行，并在 Console 控制台上打印出了信息，<jsp:forward>动作之后的代码不再执行，因此编程时需要格外注意。

前面介绍过请求转发和请求重定向的区别，<jsp:forward>作为实现请求转发的一个动作，在页面转发后，页面 URL 没有发生变化，请求 request 也不变，因此可以在 request 作用域内传递参数。传递参数可以通过下面介绍的<jsp:param>动作来配合实现。

5.2.2 <jsp:param>动作

1. <jsp:param>动作的作用

顾名思义，<jsp:param>动作用于实现参数的传递，该动作以键值对的形式为其他动作提供附加的参数信息。<jsp:param>动作不能单独使用，需要作为其他动作标记的子标记出现。通常和<jsp:forward>、<jsp:include>、<jsp:plugin>动作一起使用，实现参数的传递。

<jsp:param>传递的参数会被封装在 request 请求中，该参数的值可以在目标页面文件中通过 request 对象获取。

2. <jsp:param>动作的语法

语法格式：

`<jsp:param name="参数名" value="参数值"/>`

或

`<jsp:param name="参数名" value="参数值"></jsp:param>`

属性说明：

name 表示传递的参数的名字；

value 表示参数的值。

3. 实例：应用<jsp:param>动作传递参数

本实例演示<jsp:param>动作配合<jsp:forward>动作一起使用，在页面请求转发时传递参数。

业务功能为在 login.jsp（登录页面）输入用户名和密码，单击登录按钮提交到 checkLogin.jsp（检查登录页面），在 checkLogin 页面进行登录检查。如果用户名为 zhangsan、密码为 pass123，则正确登录将页面请求转发到 welcome.jsp 欢迎页面，显示欢迎信息；如果用户名或密码错误则跳转到 login.jsp 显示错误信息。

login.jsp 登录页面如图 5-5 所示。

正确登录跳转到欢迎页面 welcome.jsp 效果如图 5-6 所示。

用户名或密码错误跳转到 login.jsp，并显示错误信息，如图 5-7 所示。

各文件源代码如下所示（代码详见：\jspdemopro\WebRoot\ch5\login.jsp、checkLogin.jsp、welcome.jsp）。

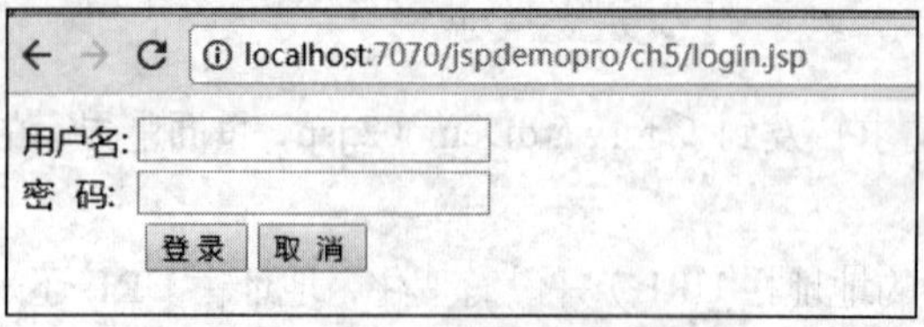

图 5-5 登录页面运行效果

图 5-6 欢迎页面运行效果

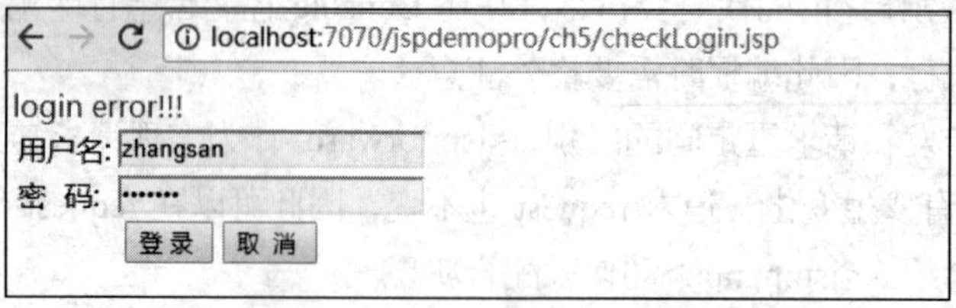

图 5-7 转发到登录页面显示错误

login.jsp 代码如下。

```jsp
<%@ page language="java" import="java.util.*" pageEncoding="UTF-8"%>
<html>
  <head>
        <title>login.jsp </title>
   </head>
    <body>
     <%
       //获取 param 动作传递的登录错误信息,显示到页面上
       String errMsg=request.getParameter("errMsg");
        if(errMsg!=null)
          {
          out.print("<font color=red>"+errMsg+"</font>");
           }
      %>
    <form action="checklogin.jsp" method="get">
      <table>
        <tr>
        <td>用户名:</td>
        <td> <input type="text" name="username" > </td>
        </tr>
        <tr>
          <td>密  码:</td>
          <td> <input type="password" name="password"> </td>
        </tr>
        <tr align="center">
           <td colspan="2">
              <input type="submit" value="登 录 ">
              <input type="reset" value="取 消 ">
            </td>
      </tr>
 </table>
  </form>
    </body>
</html>
```

checkLogin.jsp 代码如下。

```jsp
<%@ page language="java" import="java.util.*,com.inspur.ch5.User" pageEncoding="UTF-8"%>

<html>
  <head>
    <title>My JSP 'loginCheck.jsp' starting page</title>
  </head>

  <body>
   <%
     /*获取界面提交的用户名和密码，封装到user对象。
       此处的User类使用5.1.2节中创建的JavaBean类User
     */
     String userName=request.getParameter("userName");
     String pass=request.getParameter("password");
     User user=new User(userName,pass);    //进行用户名和密码的校验
     //在User类中添加checkUser方法，校验用户名和密码
     boolean flag=user.checkUser();
     if(flag){
         %>
         <%--正确登录，跳转到欢迎页面，将用户名传递过去 --%>
         <jsp:forward page="welcome.jsp">
             <jsp:param value="<%=user.getUsername() %>" name="userName"/>
         </jsp:forward>
         <%
     }else{
         %>
         <jsp:forward page="login.jsp">
             <jsp:param value="login error!!!" name="errMsg"/>
         </jsp:forward>
         <%
     }
    %>
  </body>
</html>
```

在User类中添加校验用户名和密码是否正确的checkUser方法，方法代码如下。

```java
/**
 * 校验用户名和密码是否正确
 * @return
 */
public boolean checkUser(){
    if("zhangsan".equals(username)&&"pass123".equals(password)){
        return true;
    }else{
        return false;
    }
}
```

欢迎页面welcome.jsp代码如下。

```jsp
<%@ page language="java" import="java.util.*" pageEncoding="UTF-8"%>
<html>
  <head>
    <title>My JSP 'welcome.jsp' starting page</title>
  </head>
```

```
    <body>
        欢迎登录本系统！！！ <br>
        当前用户:<%=request.getParameter("userName") %>
    </body>
</html>
```

5.2.3 \<jsp:include>动作

\<jsp:include>动作

1. \<jsp:include>动作的作用

\<jsp:include>动作元素用来包含静态和动态的文件到当前页面中。如果被包含的文件为静态的文件，就只需单纯地加到 JSP 页面中，不用进行任何处理；如果被包含的文件为动态的文件，就要先进行处理，然后将处理的结果加到 JSP 页面中。例如，在一个 JSP 页面 1 中通过\<jsp:include>动作包含了另一个 JSP 页面 2，则先将被包含的 JSP 页面 2 进行转译为 servlet 类（一种 Java 类），然后编译为字节码文件，最后在运行页面 1 时才将页面 2 的运行结果包含到页面 1 中并动态地显示出来。因此，\<jsp:include>动作实现的包含也称为动态包含。

\<jsp:include>动作实现页面包含，作用和第 3 章讲解的<%@include 指令相似，但是在使用细节和处理细节上有很大不同，具体区别如表 5-1 所示。

表 5-1 动态包含和静态包含的区别

动态包含：\<jsp:include>动作	静态包含：<%@include>指令
include 动作是包含文件和被包含文件分别转译和编译，只有在客户端请求并执行包含文件时才会动态地编译载入	include 编译指令在 JSP 程序的转译时期就将 file 属性所指定的程序内容嵌入，再编译执行
生成多个 servlet 和 class 文件	只生成一个 servlet 和 class 文件
可以通过 param 动作传递参数	不能传参数
包含页面和被包含页面是不同的 request 对象	包含页面和被包含页面是同一个 request 对象

2. \<jsp:include>动作的语法

\<jsp:include>动作元素的语法格式如下。

```
<jsp: include page="包含文件 URL 地址"  flush=" true | false ">
```

属性说明如下。

\<jsp: include>动作元素包含两个属性： page 和 flush。

（1）page 属性：用来指定被包含文件的 URL 地址。

（2）flush 属性：缓冲区满时，用来指定是否进行清空。如果设置为 true，那么缓冲区满时将进行清空；反之则不进行。flush 属性的默认值为 false。

3. 实例：\<jsp:include>动作应用

（1）实例一：\<jsp:include>动作包含静态文件示例。

使用\<jsp:include>动作元素包含静态的文件，只是单纯地加到 JSP 页面中，不会进行任何处理。本例在 includeDemo01.jsp 页面中包含普通文本文件 content.txt，普通文件不作处理直接包含，文件代码如下（代码详见：\jspdemopro\WebRoot\ch5\includeDemo01.jsp、content.txt）。

```
<%@ page language="java" contentType="text/html;charset=UTF-8"%>
```

```
<html>
<head>
  <title>包含静态文件</title>
</head>
<body>
  使用jsp: include 动态元素包含静态文件<br>
  <jsp:include page="content.txt"></jsp:include>
</body>
</html>
```

上面的 JSP 页面中包含的普通文本文件 content.txt 内容如下。

content.txt
JSP 世界欢迎你

执行结果如图 5-8 所示。

（2）实例二：<jsp:include>动作包含动态文件的示例。

图 5-8 访问 includeDemo01.jsp 的结果

<jsp:include>动作包含动态文件时，先将被包含文件处理，然后再包含。本例在 includeDemo02.jsp 文件中通过<jsp:include>动作包含了动态文件 content.jsp，各文件代码如下（代码详见：\jspdemopro\ WebRoot\ch5\includeDemo02.jsp、content.jsp）。

includeDemo02.jsp 代码如下。

```
<%@ page language="java" import="java.util.*" pageEncoding="UTF-8"%>
<html>
  <head>
    <title>包含动态文件</title>
  </head>

  <body>
        使用jsp: include 动态元素包含动态文件<br>
    <jsp:include page="content.jsp"></jsp:include>
  </body>
</html>
```

被包含的动态文件 content.jsp 内容如下。

```
<%@ page language="java" import="java.util.*" pageEncoding="UTF-8"%>
<html>
  <head>
    <title>被包含的 JSP 文件</title>
  </head>

  <body>
    <%=new Date()%>
  </body>
</html>
```

运行结果如图 5-9 所示。

注意：<jsp:include>包含动态文件，先将被包含文件进行转译和编译，再在运行时包含结果。因此，本例中的包含文件 includeJsp.jsp 和

图 5-9 访问 includeDemo02.jsp 文件的结果

被包含文件 content.jsp 是分别转译和编译的，在运行阶段才动态包含。用户在 tomcat 的 work 目录下也可以看到两个文件分别转译成 java 文件和编译成 class 文件的结果，这些文件在 tomcat 下的具体路径为 apache-tomcat-6.0.20\work\Catalina\localhost\jspdemopro\ org\apache\jsp\ch5，如图 5-10 所示。

文件名	日期	类型	大小
content_jsp.class	2017/11/22 15:09	CLASS 文件	4 KB
content_jsp.java	2017/11/22 15:09	JAVA 文件	3 KB
includeDemo02_jsp.class	2017/11/22 15:09	CLASS 文件	4 KB
includeDemo02_jsp.java	2017/11/22 15:09	JAVA 文件	3 KB

图 5-10 includeDemo02.jsp 和 content.jsp 分别转译和编译的结果

（3）实例三：<jsp:include>动态包含传递参数的示例。

本例在 includeDemo03.jsp 页面动态包含 includeDemo03_01.jsp，在动态包含时通过<jsp:param>动作传递参数，在被包含页面中获取参数的值。本例源代码如下（代码详见：jspdemopro\WebRoot\ch5\includeDemo03.jsp、includeDemo03_01.jsp）。

includeDemo03.jsp 代码如下。

```
<%@ page language="java" import="java.util.*" pageEncoding="UTF-8"%>
<html>
  <head>
    <title>包含动态文件</title>
  </head>

  <body>
        使用jsp：include 动态元素包含动态文件<br>
    <jsp:include page="includeDemo03_01.jsp">
        <jsp:param value="zhangsan" name="name"/>
    </jsp:include>
  </body>
</html>
```

includeDemo03_01.jsp 代码如下。

```
<%@ page language="java" import="java.util.*" pageEncoding="UTF-8"%>
<!DOCTYPE HTML PUBLIC "-//W3C//DTD HTML 4.01 Transitional//EN">
<html>
  <head>
    <title>My JSP 'includeDemo03_01.jsp' starting page</title>
  </head>

  <body>
        动态包含传递参数的案例<br>
    <%
      String name =  request.getParameter("name");
      out.println(name);
    %>
  </body>
</html>
```

访问结果如图 5-11 所示。

（4）实例四：<jsp:include>动作真实案例应用演示。

图 5-11 includeDemo03.jsp 的访问结果

本实例演示在真实企业级项目订单管理系统中使用<jsp:include>动作来抽取很多 JSP 页面中的共通部分,并包含进来,提高代码的重用性。

在订单管理系统项目中,很多 JSP 页面都包含头部显示系统名称和用户的信息、尾部的分页信息,图 5-12 所示的框里为很多页面的共通部分。

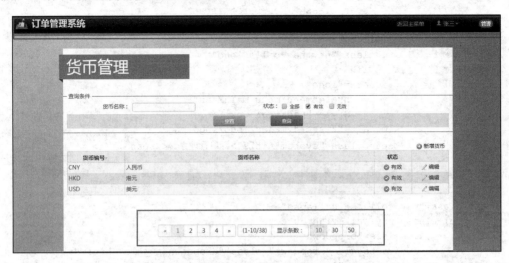

图 5-12 订单管理系统使用页面动态包含的示例

为了提高代码的重用性、减少代码量,可以将头部和尾部的信息提取出来作为公共部分,在其他 JSP 页面中动态包含使用。本示例部分代码如下(详细代码见第 13 章)。

头部公共信息提取为 includeHead.jsp,部分代码如下。

```
<%@ page contentType="text/html;charset=UTF-8" pageEncoding="UTF-8"%>
<!DOCTYPE html>
<%@ taglib prefix="s" uri="/struts-tags"%>
<%
String path = request.getContextPath();
String basePath = request.getScheme()+"://"+request.getServerName()+":"+request.
getServerPort()+path+"/";
%>
<html lang="zh">
   <head>
      <title id="title">订单管理系统</title>
      <base href="<%=basePath%>">
   </head>
   <body>
      <div id="loader_back"
         style="z-index: 100000; display: none; opacity: 0.5"
         class="modal-backdrop in"></div>
      <div id="loader_img" class="loading" style="display: none;">
         <div style="word-break: break-all;" id="loader_title"></div>
         <div>
            <img src="images/loading.gif"
               alt="Loading..." />
         </div>
      </div>
      <header>
      <div class="navbar navbar-inverse">
```

```html
                    <div class="navbar-inner">
                        <div class="container">
                            <button data-target=".nav-collapse" data-toggle="collapse"
                                class="btn btn-navbar" type="button">
                                <span class="icon-bar"></span>
                                <span class="icon-bar"></span>
                                <span class="icon-bar"></span>
                            </button>
                            <!--logo-->
                            <ul class="nav nav-pills logo">
                                <li>
                                <a class="logo"
                                    href="menu/menu_mainMenu"
                                    Style="padding: 0px;">
                                <img alt="" src="images/logo/logo.png">
                                <span class="system-title">订单管理系统</span> </a>
                                </li>
                            </ul>
                            <!--navi-->
    <div class="nav-collapse collapse">
        <ul class="nav pull-right user">
            <li class="dropdown">
                <a data-toggle="dropdown" class="dropdown-toggle" href="#">
                    <i class="icon-user icon-white unit"></i>${user.name}<b
                        class="caret"></b> </a>
                <ul class="dropdown-menu" style="z-index: 1000000;">
                            <li>
                                <a
        href="pages/common/resetPassword.html">修改密码</a>
                            </li>
                            <li class="divider"></li>
                            <li>
                                <a
                                    href="logout/userLogout_login">退出系统</a>
                            </li>
                        </ul>
                    </li>
                            <li class="" style="border-left-width: 0px;">
                                <a class="" style="border-left-width: 0px;"
                                    data-toggle="dropdown" href="#"> <s:if
                                        test="#session.user.ownerFlg =='M'">
                                        <span class="label user_owner_flg user_
management"> 管理
                                        </span>
                                    </s:if> <s:if test="#session.user.ownerFlg =='F'">
                                        <span class="label user_owner_flg user_finance">
财务 </span>
                                    </s:if> <s:if test="#session.user.ownerFlg =='S'">
                                        <span class="label user_owner_flg user_
salesman"> 业务 </span>
                                    </s:if> </a>
                            </li>
                        </ul>
                        <s:if test="#session.isMain =='F'">
                            <ul class="nav pull-right navi">
```

```html
                    <li class="">
                        <a href="menu/menu_mainMenu">返回主菜单</a>
                    </li>
                </ul>
            </s:if>
        </div>
    </div>
</div>

<div class="container-fluid search disabled">
    <div class="row-fluid">
    </div>
</div>
</div>
</header>
```

尾部公共部分提取为 includeFooter.jsp，代码如下。

```jsp
<%@ page contentType="text/html;charset=UTF-8" pageEncoding="UTF-8"%>
<%@ taglib prefix="s" uri="/struts-tags"%>
<div id="pagination" style="align: center; margin-top: -10px;">
    <div id='project_pagination' class="pagination pagination-centered">
        <div class="pagination">
            <ul>
                <!-- 向前翻页的可用性 -->
                <li
                    <s:if test="pageBean.is_prev==true">
                class="disabled"
                </s:if>>
                    <a href="#" onclick="preButton();return false;">«</a>
                </li>
                <!-- 显示分页条 -->
                <li class="active">
                    <a href="#" onclick="goPageButton('1');return false;">1</a>
                </li>
                <s:if test="pageBean.totalPage>=0">
                    <s:set name="number" value="pageBean.totalPage" />
                    <s:bean name="org.apache.struts2.util.Counter" id="counter">
                        <s:param name="first" value="2" />
                        <s:param name="last" value="%{#number}" />
                        <s:iterator>
                            <li><a href="#" onclick="goPageButton('<s:property />');return false;"><s:property /> </a></li>
                        </s:iterator>
                    </s:bean>
                </s:if>
                <!-- 向后翻页的可用性 -->
                <li
                    <s:if test="pageBean.is_next==true">
                class="disabled"
                </s:if>>
                    <a href="#" onclick="nextButton();return false;">»</a>
                </li>
            </ul>
            <ul>
                <li>
```

```
                <span>(<s:property value="pageBean.start" />-<s:property
                        value="pageBean.lastRecordNo" />/<s:property
                        value="pageBean.totalCount" />)</span>
            </li>
            <li>
                <span>显示条数 : </span>
            </li>
        </ul>
        <ul>
            <li class="active">
                <a href="#" onclick="setPageSizeAndQuery('10');return false;">10</a>
            </li>
            <li class="">
                <a href="#" onclick="setPageSizeAndQuery('30');return false;">30</a>
            </li>
            <li class="">
                <a href="#" onclick="setPageSizeAndQuery('50');return false;">50</a>
            </li>
        </ul>
    </div>
</div>
</div>
<div class="bottom_block">
    <a class="btn btn-info btn-middle" style="" href="menu/menu_mainMenu">返回主菜单</a>
</div>
```

在货币管理的页面中使用<jsp:include>动作，包含头部和尾部提取出来的JSP页面，部分代码如下。

```
<%@ page language="java" pageEncoding="UTF-8"%>
<%
    String path = request.getContextPath();
    String basePath = request.getScheme() + "://"
            + request.getServerName() + ":" + request.getServerPort()
            + path + "/";
%>
<html lang="ja" class="">
<head>
    <base href="<%=basePath%>">
</head>
<body>
    <!-- 引入共通头文件 -->
    <jsp:include page="../../common/includeHead.jsp" />
    <!-- form 表单 -->
    <form action="currency/openList_currencyMaster" method="post">
        <div class="main">
            <div class="banner">
                <span>货币管理</span>
            </div>
            <div class="content">
                <!-- search-table 下面部分代码省略-->

                <!-- 下面是一览列表数据-->
                <tbody id="list">
                    <s:if test="pageBean.list==null||#pageBean.list.size==0">您
```

```
                    检索的数据不存在! </s:if>
          <s:if test="pageBean.list!=null &&pageBean.list.size!=0">
          <s:iterator var="currency" value="pageBean.list">
                    <tr>
                    <td>
                 <s:property value="#currency.currencyCd"/>
          </td>
          <td id="aa">
          <s:property value="#currency.currencyName" />
             </td>
          <td class="center_td">
          <s:if test='#currency.isValid=="T"'>
<i class="icon icon-effective"></i>
                    有效
                    </s:if>
          <s:if test='#currency.isValid=="F"'>
          <i class="icon icon-invalid"></i>
                                                           无效
                       </s:if>
          </td>
          <td class="center_td">
          <a class="icon icon-edit  link-hand-dialog"
data-toggle="modal" data-target="#currency_edit_modal">编辑</a>
                                                  </td>
                                       </tr>
                                 </s:iterator>
                              </s:if>

                       </tbody>
                </table>
             </div>
          <!--包含前后翻页共通页面: includeFooter.jsp -->
          <jsp:include page="../../common/includeFooter.jsp" />
      </div>
```

5.2.4 <jsp:useBean>动作

<jsp:useBean>
动作 1

1. <jsp:useBean>动作的作用

<jsp:useBean>动作用于在指定的域范围内查找指定名称的 JavaBean 对象。如果查找到，则直接返回该 JavaBean 对象的引用；如果未查找到，则实例化一个新的 JavaBean 对象并将它以指定的名称存储到指定的域范围中。

进行查找定位或实例化 Bean 对象时，<jsp:useBean>按照以下步骤执行。

步骤 1：尝试在 scope 属性指定的作用域使用指定的名称（id 属性值）定位 Bean 对象。

步骤 2：使用指定的名称（id 属性值）定义一个引用类型变量。

步骤 3：假如找到 Bean 对象，则将其引用给步骤 2 定义的变量。假如指定类型（type 属性），则赋予 Bean 对象该类型。

步骤 4：假如没找到，则实例化一个新的 Bean 对象，并将其引用给步骤 2 定义的变量。

步骤 5：假如<jsp:useBean>此次是实例化 Bean 对象而不是定位 Bean 对象，且它有体标记（body tags）或元素（位于<jsp:useBean>和</jsp:useBean>之间的内容，则执行该体标记。

<jsp:useBean>和</jsp:useBean>之间经常包含<jsp:setProperty>（此动作在 5.2.5 节中介绍），用来设置该 Bean 的属性值。正如步骤 5 所描述的，该元素仅在<jsp:useBean>实例化 Bean 对象时处理。假如 Bean 对象早已存在，<jsp:useBean>定位到它，则体标记不会执行。

2. <jsp:useBean>动作的语法

语法格式：

```
<jsp:useBean id="beanName"
class="package.class" scope="page|request|session|application"/>
```

或

```
<jsp:useBean id="beanName"
class="package.class" scope="page|request|session|application">
</jsp:useBean>
```

常用属性说明如下。

（1）"id"属性用于指定 JavaBean 实例对象的引用名称和其存储在域范围中的名称。

该名称大小写敏感，必须符合 JSP 页面中脚本语言的命名规则。该名称需遵守 Java 命名规范。假如该 Bean 对象已由其他<jsp:useBean>元素创建，则该值必须和实例化该 Bean 对象的<jsp:useBean>元素 id 属性值一致，才能实现定位到该 Bean 对象。

（2）"class"属性用于指定 JavaBean 的完整类名（即必须带有包名）。

该 class 必须不能是抽象的，必须有一个 public、无参的构造器。包名和类名称大小写敏感。

（3）"scope"属性用于指定 JavaBean 实例对象所存储的域范围，默认值为 page，各种范围说明如表 5-2 所示。

表 5-2   useBean 的 scope 属性取值说明

范围	说明
page	Bean 只能在使用页面时使用（仅涵盖使用 JavaBean 的页面）。当加载新页面时，就会将其销毁
request	有效范围仅限于使用 JavaBean 的请求，请求变化了，则 Bean 销毁
session	有效范围在用户整个连接过程中（整个会话过程均有效），会话关闭，则 Bean 销毁
application	有效范围涵盖整个应用程序，即对整个网站均有效。服务器关闭，则 Bean 销毁

3. 实例：<jsp:useBean>的应用

（1）实例一：<jsp:useBean>标签使用示例，使用 5.1 节创建的 Book.java，实例化两个 JavaBean 对象，代码如下（代码详见：\jspdemopro\WebRoot\ch5\useBeanDemo01.jsp）。

```
<%@ page language="java" import="java.util.*" pageEncoding="UTF-8"%>

<!DOCTYPE HTML PUBLIC "-//W3C//DTD HTML 4.01 Transitional//EN">
<html>
<head>
<title>useBean 使用示例</title>
</head>
<body>
    <!--创建一个 Book 类型的对象 book1，默认放到 page 范围中-->
    <jsp:useBean id="book1" class="com.inspur.ch5.Book">
```

```
    </jsp:useBean>
    <!--创建一个 Book 类型的对象 book2，放到 session 范围中-->
    <jsp:useBean id="book2" class="com.inspur.ch5.Book" scope="session">
    </jsp:useBean>
    <%
        //使用 get/set 方法为 JavaBean 对象属性赋值
        book1.setIsbn("9787111888994");
        book1.setBookName("Java 语言");
        book2.setIsbn("9787111888995");
        book2.setBookName("J2EE 框架技术");
        //打印书籍信息
        out.print("book1 ISBN:"+book1.getIsbn()+" 书名："+book1.getBookName());
        out.print("<br>");
        out.print("book2 ISBN:"+book2.getIsbn()+" 书名："+book2.getBookName());
    %>
    </body>
    </html>
```

运行结果如图 5-13 所示。

图 5-13　useBeanDemo01.jsp 的访问结果

（2）实例二：本例要求在 useBeanDemo02.jsp 页面中使用<jsp:useBean>动作查找或实例化两个 JavaBean 对象 book1 和 book2，并输出两个对象的属性信息，结果会怎样？注意：本实例需要在运行完上面实例一的基础上运行，才能看到效果，代码如下（代码详见：\jspdemopro\WebRoot\ch5\useBeanDemo02.jsp）。

<jsp:useBean>
动作 2

```
<%@ page language="java" import="java.util.*" pageEncoding="UTF-8"%>
<!DOCTYPE HTML PUBLIC "-//W3C//DTD HTML 4.01 Transitional//EN">
<html>
<head>
<title>useBean 使用示例</title>
</head>
<body>
    <!--查找或创建 book1 对象-->
    <jsp:useBean id="book1" class="com.inspur.ch5.Book">
    </jsp:useBean>
    <!--查找或创建 book2 对象-->
    <jsp:useBean id="book2" class="com.inspur.ch5.Book" scope="session">
    </jsp:useBean>
    <%
        //打印书籍信息
        out.print("book1 ISBN:"+book1.getIsbn()+" 书名："+book1.getBookName());
        out.print("<br>");
        out.print("book2 ISBN:"+book2.getIsbn()+" 书名："+book2.getBookName());
    %>
```

```
</body>
</html>
```

访问结果如图 5-14 所示。

通过上面的结果不难分析出，book1 对象和 book2 对象都在 useBeanDemo01.jsp 页面中实例化过，book1 的范围为 page，book2 的范围是 session。当 useBeanDemo01.jsp 页面访问完后，book1 对象销毁，但是只要 session 会话没关闭，book2 对象就不会销毁。所以，在 useBeanDemo02.jsp 中查找或实例化 book1 和 book2 对象时，book1 未查找到，则新建一个对象，book2 会直接从 session 中获取，打印出的信息为：book1 为新创建的对象未对属性赋值，ISBN 和书名打印出为 null，而 book2 的 ISBN 和书名和之前 useBean Demo01.jsp 中的一样。

图 5-14　useBeanDemo02.jsp 的访问结果

5.2.5　<jsp:getProperty>动作

1. <jsp:getProperty>动作的功能

<jsp:getProperty>动作用于读取 JavaBean 对象的属性。此动作标签底层是调用 JavaBean 对象的 getter 方法获取属性值，然后将读取的属性值转换成字符串，插入输出的响应正文中并显示到页面上。所以，要想使用此动作获取 JavaBean 对象的属性值，JavaBean 类中必须提供公有的 get 方法。

<jsp:getProperty>动作使用注意事项如下。

（1）在使用<jsp:getProperty>之前，必须用<jsp:useBean>来创建它。

（2）不能使用<jsp:getProperty>来检索一个已经被索引了的属性。

（3）能够和 JavaBeans 组件一起使用<jsp:getProperty>，但不能与 EJB 一起使用。

2. <jsp:getProperty>动作的语法

语法格式：

```
<jsp:getProperty name="beanInstanceName"
property="propertyName" />
```

或

```
<jsp:getProperty name="beanInstanceName"
="propertyName"></jsp:getProperty>
```

常用属性说明如下。

- name 属性用于指定 JavaBean 实例对象的名称，其值应与<jsp:useBean>标签的 id 属性值相同。
- property 属性用于指定 JavaBean 实例对象的属性名。

如果一个 JavaBean 实例对象的某个属性的值为 null，那么使用<jsp:getProperty>标签输出该属性的结果将是一个内容为"null"的字符串。

3. 实例：<jsp:getProperty>动作

在本实例中创建 getPropertyDemo.jsp，实现和 useBeanDemo01.jsp 一样的功能，代码和 useBeanDemo01.jsp 基本相似，只是把属性的获取和打印改成用<jsp:getProperty>来实现（代码详见：\jspdemopro\WebRoot\ch5\ getPropertyDemo.jsp）。

```
<%@ page language="java" import="java.util.*" pageEncoding="UTF-8"%>
<!DOCTYPE HTML PUBLIC "-//W3C//DTD HTML 4.01 Transitional//EN">
<html>
<head>
<title>getProperty 应用实例</title>
</head>
<body>
    <!--查找或创建 book1 对象-->
    <jsp:useBean id="book1" class="com.inspur.ch5.Book">
    </jsp:useBean>
    <!--查找或创建 book2 对象-->
    <jsp:useBean id="book2" class="com.inspur.ch5.Book" scope="session">
    </jsp:useBean>
    <%
        //使用 get/set 方法为 JavaBean 对象属性赋值
        book1.setIsbn("9787111888994");
        book1.setBookName("Java 语言");
        book2.setIsbn("9787111888995");
        book2.setBookName("J2EE 框架技术");
    %>
    <%-- 获取并显示书籍属性信息 --%>
    book1 ISBN:<jsp:getProperty property="isbn" name="book1"/>
        书名: <jsp:getProperty property="bookName" name="book1"/><br>
    book2 ISBN:<jsp:getProperty property="isbn" name="book2"/>
        书名: <jsp:getProperty property="bookName" name="book2"/>
</body>
</html>
```

运行结果如图 5-15 所示。

图 5-15 getPropertyDemo.jsp 的访问结果

5.2.6 <jsp:setProperty>动作

<jsp:setProperty>动作

1. <jsp:setProperty>动作的功能

<jsp:setProperty>动作用于设置 JavaBean 对象的属性。此动作标签底层是通过调用 JavaBean 对象的 set 方法给属性赋值，所以要想使用此动作给 JavaBean 对象的属性赋值，JavaBean 类中必须提供公有的 set 方法。

2. <jsp:setProperty>动作的语法

<jsp:setProperty>动作有三种使用方法，语法格式如下。

格式一：通过 value 属性，使用常量或表达式值给 JavaBean 属性赋值。

```
<jsp:setProperty name="beanName" property="propertyName" value="{string | <%= expression %>}" />
```

格式二：通过 param 属性，使用指定的参数值给 JavaBean 属性赋值。

`<jsp:setProperty name="beanName" property="propertyName" param="parameterName"/>`

格式三：通过通配符*，使用同名表单元素的值给 JavaBean 的属性赋值。

`<jsp:setProperty name="beanName" property= "*"  />`

常用属性说明如下。

- name 属性用于指定 JavaBean 对象的名称。
- property 属性用于指定 JavaBean 实例对象的属性名。
- value 属性用于指定 JavaBean 对象的某个属性的值，value 的值可以是字符串，也可以是表达式。为字符串时，该值会自动转化为 JavaBean 属性相应的类型，如果 value 的值是一个表达式，那么该表达式的计算结果必须与所要设置的 JavaBean 属性的类型一致。
- param 属性用于将 JavaBean 实例对象的某个属性值设置为一个请求参数值，该属性值同样会自动转换成要设置的 JavaBean 属性的类型。

3. 实例：<jsp:setProperty>动作使用

（1）实例一：使用常量值给 JavaBean 的属性赋值。

在本例中创建 setPropertyDemo01.jsp，代码和 useBeanDemo01.jsp 功能一样，只是将给属性赋值的 Java 脚本换成使用<jsp:setProperty>来实现（代码详见：\jspdemopro\WebRoot\ch5\ setPropertyDemo01.jsp）。

```jsp
<%@ page language="java" import="java.util.*" pageEncoding="UTF-8"%>
<!DOCTYPE HTML PUBLIC "-//W3C//DTD HTML 4.01 Transitional//EN">
<html>
<head>
<title>setProperty 应用实例</title>
</head>
<body>
    <!--查找或创建book1对象-->
    <jsp:useBean id="book1" class="com.inspur.ch5.Book">
    </jsp:useBean>
    <!--查找或创建book2对象-->
    <jsp:useBean id="book2" class="com.inspur.ch5.Book" scope="session">
    </jsp:useBean>

    <%--使用<jsp:setProperty>动作给属性赋值 --%>
    <jsp:setProperty property="isbn" name="boo1" value="9787111888994"/>
    <jsp:setProperty property="bookName" name="book1" value="Java 语言"/>
    <jsp:setProperty property="isbn" name="book2" value="9787111888995"/>
    <jsp:setProperty property="bookName" name="book2" value="J2EE 框架技术"/>
    <%-- 获取并显示书籍属性信息 --%>
    book1 ISBN:<jsp:getProperty property="isbn" name="book1"/>
        书名: <jsp:getProperty property="bookName" name="book1"/><br>
    book2 ISBN:<jsp:getProperty property="isbn" name="book2"/>
        书名: <jsp:getProperty property="bookName" name="book2"/>
</body>
</html>
```

访问结果如图 5-16 所示。

图 5-16　setPropertyDemo01.jsp 的访问结果

（2）实例二：使用参数给 JavaBean 的属性赋值。

在本例中创建 book.html 静态页面用于填写图书的基本信息，本页面中的表单提交给 displayBook.jsp，使用 book.html 中的表单元素的值给 JavaBean 对象的属性赋值，实现图 5-17 和图 5-18 所示的效果。

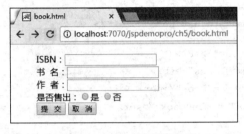

图 5-17　book.html 的访问结果　　　　图 5-18　提交表单跳转到 displayBook.jsp 的结果

代码如下（代码详见：\jspdemopro\WebRoot\ch5\book.html、displayBook.jsp）。

book.html 代码如下。

```html
<!DOCTYPE html>
<html>
  <head>
    <title>book.html</title>
  </head>

  <body>
    <form action="displayBook.jsp">
     <ul type="none">
       <li>ISBN: <input type="text" name="isbn"/></li>
       <li>书  名: <input type="text" name="bookName"></li>
       <li>作  者: <input type="text" name="author"></li>
    <li>是否售出:
      <input type="radio" value="true" name="status">是
      <input type="radio" value="false" name=" status ">否
      </li>
      <li><input type="submit" value="提　交"/>
         <input type="reset" value="取　消"/>
      </li>
     </ul>

    </form>
  </body>
</html>
```

displayBook.jsp 代码如下。

```
<%@ page language="java" import="java.util.*" pageEncoding="UTF-8"%>
<!DOCTYPE HTML PUBLIC "-//W3C//DTD HTML 4.01 Transitional//EN">
<html>
  <head>
    <title>My JSP 'displayBook.jsp' starting page</title>
  </head>

  <body>
    <!-- 利用useBean 动作实例化对象 book -->
    <jsp:useBean id="book" class="com.inspur.ch5.Book" scope="session"></jsp:useBean>
    <%--使用setProperty 动作利用表单元素参数给book 属性赋值 --%>
    <jsp:setProperty property="isbn"  param="isbn" name="book"/>
    <jsp:setProperty property="bookName"  param="bookName" name="book"/>
    <jsp:setProperty property="bookAuthor"  param="author" name="book"/>
    <jsp:setProperty property="saleStatus"  param="status" name="book"/>

    isbn:<jsp:getProperty property="isbn" name="book"/><br>
    书名：<jsp:getProperty property="bookName" name="book"/><br>
    作者：<jsp:getProperty property="bookAuthor" name="book"/><br>
    是否售出：<jsp:getProperty property="saleStatus" name="book"/><br>
  </body>
</html>
```

（3）实例三：通过通配符*，使用同名表单元素的值自动给JavaBean 的属性赋值。

本例中的页面和实例2 中的页面功能一样。创建book2.html 静态页面用于填写图书的基本信息，本页面中表单元素的名称（name 属性）和Book.java 类的属性名称保持一致，本页面中的表单提交给displayBook2.jsp，book2.html 中表单元素的值自动给JavaBean 对象的同名属性赋值，代码如下（代码详见：\jspdemopro\WebRoot\ch5\book2.html、displayBook2.jsp）。

book2.html 的代码如下。

```
<!DOCTYPE html>
<html>
  <head>
    <title>book.html</title>
  </head>

  <body>
    <form action="displayBook.jsp">
      <ul type="none">

        <li>ISBN: <input type="text" name="isbn"/></li>
        <li>书  名: <input type="text" name="bookName"></li>
        <li>作  者: <input type="text" name="bookAuthor"></li>
        <li>是否售出: <input type="radio" value="true" name="saleStatus">是
            <input type="radio" value="false" name="saleStatus">否
        </li>
        <li><input type="submit" value="提   交"/>
            <input type="reset" value="取   消"/>
        </li>
      </ul>
```

```
    </form>
  </body>
```

displayBook2.jsp 的代码如下。

```
<%@ page language="java" import="java.util.*" pageEncoding="UTF-8"%>
<!DOCTYPE HTML PUBLIC "-//W3C//DTD HTML 4.01 Transitional//EN">
<html>
  <head>
    <title>My JSP 'displayBook.jsp' starting page</title>
  </head>

  <body>
    <!-- 利用useBean动作实例化对象book -->
    <jsp:useBean id="book" class="com.inspur.ch5.Book" scope="session"></jsp:useBean>

    <%--表单元素的值自动给同名的book属性赋值 --%>
    <jsp:setProperty property="*"  name="book"/>

    isbn:<jsp:getProperty property="isbn" name="book"/><br>
    书名:<jsp:getProperty property="bookName" name="book"/><br>
    作者:<jsp:getProperty property="bookAuthor" name="book"/><br>
    是否售出: <jsp:getProperty property="saleStatus" name="book"/><br>
  </body>
</html>
```

5.2.7 <jsp:plugin>动作

1. <jsp:plugin>动作的功能

<jsp:plugin>动作允许在页面中使用普通的 HTML 标记<applet...></applet>让客户下载运行一个 Java applet 程序。该动作标记指示 JSP 页面加载 Java Plugin，该插件由客户负责下载，并使用该插件来运行 Java applet 程序。

2. <jsp:plugin>动作的语法

```
<jsp:plugin   type="bean | applet"   code="classFileName"
              height="displayPixels"   width="displayPixels"
              jreversion="JREVersionNumber">
    <jsp:fallback> text message for user </jsp:fallback>
</jsp:plugin>
```

主要属性说明如下。

- type：程序类型。
- code：小应用程序的字节码文件。
- height：小程序宽度值。
- width：小程序高度值。
- <jsp:fallback>：此子标记用来提示用户的浏览器是否支持插件下载。

3. <jsp:plugin>动作实例

因目前 Java Web 开发中此动作实际应用少，本书不进行实例演示。

5.3 本章小结

本章详细介绍了 JavaBean 组件的概念、优点，以及 JSP 页面中 JavaBean 的使用方法；详细讲解并演示了 JSP 的 6 个常用标准动作的使用，包括 jsp:useBean、jsp:getProperty、jsp:setProperty、jsp:forward、jsp:param 和 jsp:include，同时通过大量实例展示了标准动作的用法。

习 题

1. 下列不属于 JSP 操作指令的是_____。
   A. <jsp:param>　　　B. <jsp:plugin>　　　C. <jsp:useBean>　　　D. <jsp:javaBean>
2. JSP 的_____允许页面使用者自定义标签库。
   A. Include 指令　　　B. Taglib 指令　　　C. Include 指令　　　D. Plugin 指令
3. JavaBean 需要通过相关标签进行调用。_____不是 JavaBean 可以使用的标签。
   A. <jsp:useBean>　　　　　　　　　　　B. <jsp:setProperty>
   C. <jsp:getProperty>　　　　　　　　　D. <jsp:setParameter>
4. 关于 JavaBean，下列的叙述不正确的是_____。
   A. JavaBean 的类必须是具体的和公共的，并且具有无参数的构造器
   B. JavaBean 的类属性是私有的，要通过公共方法进行访问
   C. JavaBean 和 Servlet 一样，使用之前必须在项目的 web.xml 中注册
   D. JavaBean 属性和表单控件名称能很好地耦合，得到表单提交的参数
5. 什么是 Javabean？

上 机 指 导

1. 编写一个 UserJsp.jsp 页面向用户显示姓名，页面使用 useBean 标准动作。要求同时使用 setProperty 动作将用户姓名设置为 anne。getProperty 动作用于获取 anne 的名字 。
2. 创建一个 JavaBean，用来接受汽车的颜色，以及表示汽车是否安装了空调的布尔值。如果布尔值为真，则汽车安装了空调；如果布尔值为假，则汽车未安装空调。该 JavaBean 返回颜色和布尔值（完成 JavaBean，创建一个页面显示结果）。

第 6 章　JSP 表达式语言

学习目标
- 理解 EL 概念、作用和基本语法
- 掌握 EL 获取数据的方法
- 掌握 EL 运算符的用法
- 掌握常用的 EL 隐式对象（内置对象）
- 掌握 EL 的应用

EL 简介和基本语法

6.1　EL 简介和基本语法

1. 概念

表达式语言（Expression Language，EL）是在 JSP 2.0 版本中引入的特性，用来替代 JSP 页面中复杂的 scriptlet 代码，以符号"$"开头（JSP 2.1 之后也可以使用"#"开头），类似 ${expression} 这样的代码行。通常用来简化数据的访问操作，可用来代替传统的基于"<%="和"%>"形式的 Java 表达式，以及部分基于"<%"和"%>"形式的 Java 程序片段，提供更清晰的视图层实现，使业务逻辑处理层和视图层尽可能的低耦合。

在 EL 出现之前，开发 Java Web 应用程序时，经常需要将大量的 Java 代码片段嵌入 JSP 页面中，这会使得页面看起来很乱。例如在页面中显示保存在 session 中的变量 username，并将其输出到页面中，代码如下。

```
<%
    if(session.getAttribute("username") != null){
        out.print(session.getAttribute("username").toString();
    }
%>
```

如果使用 EL，则只需一句代码即可实现。

```
${username}
```

可见，使用 EL 比较简洁。因此，EL 在 Web 开发中比较常用，通常与 JSTL 一起使用。

2. 语法结构

EL 的语法结构非常简单：${expression}。其中，expression 必须是有效表达式，有效表达式可以包含常量、操作符、变量（对象引用）和函数调用。

EL 中的常量说明如表 6-1 所示。

表 6-1 EL 中常量说明

常量类型	常量的值
Boolean	true 和 false
Integer	与 Java 类似。可以包含任何正数或负数，例如 24、-45、567
Floating Point	与 Java 类似。可以包含任何正的或负的浮点数，例如-1.8E-45、4.567
String	任何由单引号或双引号限定的字符串。对于单引号、双引号和反斜杠，使用反斜杠字符作为转义序列。必须注意，如果在字符串两端使用双引号，则单引号不需要转义
null	null 代表空对象

EL 中的操作符说明如表 6-2 所示。

表 6-2 EL 中操作符的说明

类型	定义
算术型	+、-（二元）、*、/、div、%、mod、-（一元）
逻辑型	and、&&、or、||、!、not
关系型	==、eq、!=、ne、<、lt、>、gt、<=、le、>=、ge。可以与其他值进行比较，或与布尔型、字符串型、整型或浮点型文字进行比较
空	empty 空操作符是前缀操作，可用于确定值是否为空
条件型	A?B:C，根据 A 的结果来返回 B 或 C 的值

EL 隐含（隐式）对象：EL 中定义了 11 个隐含对象，所谓隐含对象是指不需要声明，在 EL 中可以直接使用的对象。使用这些隐含对象可以很方便地获取 Web 开发中的一些常见对象，并读取这些对象的数据。

EL 中使用隐含对象语法为：${隐含对象名称}。

常用的隐含对象如表 6-3 所示。

表 6-3 EL 中隐含对象说明

序号	隐含对象名称	描述
1	pageContext	对应于 JSP 页面中的 pageContext 对象（注意：取的是 pageContext 对象）
2	pageScope	代表 page 域中用于保存属性的 Map 对象
3	requestScope	代表 request 域中用于保存属性的 Map 对象
4	sessionScope	代表 session 域中用于保存属性的 Map 对象
5	applicationScope	代表 application 域中用于保存属性的 Map 对象
6	param	表示一个保存了所有请求参数的 Map 对象
7	paramValues	表示一个保存了所有请求参数的 Map 对象，它对于某个请求参数，返回的是一个 string[]
8	header	表示一个保存了所有 http 请求头字段的 Map 对象。注意：如果头里面有"-"，例如 Accept-Encoding，需写为 header["Accept-Encoding"]，而不能使用 header.Accept-Encoding 来获取 Accept-Encoding 的值
9	headerValues	表示一个保存了所有 http 请求头字段的 Map 对象，它对于某个请求参数，返回的是一个 string[] 数组。注意：如果头里面有"-"，例如 Accept-Encoding，需写为 headerValues["Accept-Encoding"]，而不能使用 headerValues.Accept-Encoding 来获取 Accept-Encoding 的值
10	cookie	表示一个保存了所有 cookie 的 Map 对象
11	initParam	表示一个保存了所有 Web 应用初始化参数的 map 对象

例如，${username}意思是获取某一范围中名称为 username 的变量。因为并没有指定哪一个范围的 username，所以它会依序从 page、request、session、appliaction 范围查找；假如途中找到 username，就直接返回该变量的值，不再继续找下去；假如全部的范围都没有找到，就返回空字符串。

3. 运算符

EL 提供点运算符 "."和方括号运算符 "[]"两种运算符来存取数据。

点运算符和方括号运算符可以实现某种程度的互换，如${student.name}等价于${student["name"]}，用于获取并显示 student 对象的 name 属性值到页面上。

当要存取的属性名称中包含一些特殊字符，如 "."或 "?"等并非字母或数字的符号时，就一定要使用[]。例如，${user.My-Name}应改为${user["My-Name"]}

如果要动态取值，就可以用"[]"来做，而"."无法做到动态取值。例如，${sessionScope.student[data]}中的 data 是一个变量。

6.2 EL 常见应用

1. 获取数据

EL 主要用于替换 JSP 页面中的脚本表达式，从各种类型的 Web 域中检索 Java 对象、获取数据（例如获取某个 Web 域中的对象，访问 JavaBean 的属性、访问 List 集合、访问 Map 集合、访问数组）。

2. 执行运算

利用 EL 可以在 JSP 页面中执行一些基本的关系运算、逻辑运算和算术运算。以在 JSP 页面中完成一些简单的逻辑运算为例，如${user==null}，判断 user 是否为空，如果为空，该表达式的执行结果为 true，否则为 false。

3. 获取 Web 开发常用对象

EL 定义了一些隐式对象，利用这些隐式对象，Web 开发人员可以轻松获得对 Web 常用对象的引用，从而获得这些对象中的数据。

4. 调用 Java 方法

EL 允许用户开发定义 EL 函数，可以在 JSP 页面中通过 EL 函数调用 Java 类的方法。简单来说，在一个类中的某个方法，可以使用 EL 进行调用，这个能被 EL 调用的方法称之为 EL 函数，但是这种方式必须满足以下两点要求。

- 在 EL 中调用的只能是 Java 类的静态方法。
- 这个 Java 类的静态方法需要另外在自定义的 TLD 文件中描述。

以上两点必须同时满足才能被 EL 调用。

EL 获取数据

6.2.1 EL 获取数据

（1）使用 EL 获取数据语法："${标识符}"。EL 语句在执行时，会调用 pageContext.findAttribute 方法，用标识符为关键字，分别从 page、request、session、application 四个域中查找相应的对象，找到则返回相应对象，找不到则返回""（注意，不是 null，而是空字符串）。

EL 可以很轻松获取 JavaBean 的属性，或获取数组、Collection、Map 类型集合的数据，如表 6-4 所示。

表 6-4　EL 中获取数据语法格式及示例说明

类型	示例	对应的调用方法
JavaBean	${user.userName} ${user["userName"]} ${user['userName']}	获取 user 对象中 userName 属性值 user.getUserName()
数组	${users[1]} ${users['1']} ${users["1"]}	获取数组 users 中下标为 1 的元素信息 users[1]
List	${userList[1]} ${userList['1']} ${userList["1"]}	获取 List 集合 userList 中下标为 1 的元素信息 userList[1]
Map	${userMap["userName"]} ${ userMap ['userName']} ${ userMap.userName}	获取 Map 集合 userMap 中 key 值为 userName 的 value 值 userMap.get("userName");

（2）实例：EL 获取数据的案例如下（代码详见：\jspdemopro\WebRoot\ch6\elDemo01.jsp）。

```jsp
<%@ page language="java" import="java.util.*,com.inspur.ch5.Person" pageEncoding="UTF-8"%>
<!DOCTYPE HTML PUBLIC "-//W3C//DTD HTML 4.01 Transitional//EN">
<html>
  <head>
    <title>EL 获取数据的案例演示</title>
  </head>
  <body>
  <%
    pageContext.setAttribute("user", "zhangsan");
  %>
  <!-- 从四个 Web 域中取信息，page、request、session、application
    等价于：pageContext.findAttribute("user")
    1. 获取普通的属性信息
  -->
  ${user}
  <hr>
  <%
    //这段 JSP 脚本代码等价于${user}
    out.println(pageContext.findAttribute("user"));
  %>
  <hr>
  <!-- 2. EL 获取 JavaBean 的属性信息 -->
  <%
    Person person = new Person();
    person.setPersonName("中国人");
    pageContext.setAttribute("person1", person);
  %>
  ${person1}<br>
  ${person1.personName }
  <hr>
  <!-- 3. EL 获取数组信息 -->
```

```jsp
<%
  String names[] = new String[3];
  names[0]="zhangsan1";
  names[1]="zhangsan2";
  names[2]="zhangsan3";
  pageContext.setAttribute("names", names);
%>
${names}<br>
${names[0]}  ${names[1]}  ${names[2]}
<hr>
<!-- 4. EL 获取 collection 信息 -->
<%
  List<String> namesList = new ArrayList<String>();
  namesList.add("lisi1");
  namesList.add("lisi2");
  request.setAttribute("namesList", namesList);
%>
${namesList}<br>
${namesList[0]} ${namesList[1]}
<!-- 5. EL 获取 map 信息 -->
<hr>
<%
  Map<String,String> scoreMap = new HashMap<String,String>();
  scoreMap.put("english", "80");
  scoreMap.put("math", "90");
  session.setAttribute("scoreMap", scoreMap);
%>
${scoreMap}<br>
${scoreMap.english} ${scoreMap.math}<br>
${scoreMap["english"]} ${scoreMap["math"]}

<hr>
<!-- 在 list 中存放 Person 类型的对象，然后利用 EL 获取对象信息 -->
<%
  Person p1 = new Person();
  p1.setPersonName("wangwu");
  Person p2 = new Person();
  p2.setPersonName("maliu");
  List<Person> personList = new ArrayList<Person>();
  personList.add(p1);
  personList.add(p2);
  session.setAttribute("personList", personList);
  //el 取动态的值
  int i = 1;
  pageContext.setAttribute("i", i);
%>
${personList[0].personName}<br>
${personList[1].personName}<br>
${personList[i].personName}
  </body>
</html>
```

页面运行后的结果如图 6-1 所示。

```
zhangsan

zhangsan

com.inspur.ch6.Person@203e1bc8
中国人

[Ljava.lang.String;@7564debb
zhangsan1 zhangsan2 zhangsan3

[lisi1, lisi2]
lisi1 lisi2

{math=90, english=80}
80 90
80 90

wangwu
maliu
maliu
```

图 6-1　EL 获取数据的案例运行结果

6.2.2　EL 执行运算

EL 执行运算语法：${运算表达式}，EL 支持的运算符见表 6-2。下面是 EL 实现各类运算的案例演示。

EL 执行运算 1

（1）实例一：EL 执行运算——算术运算（代码详见：\jspdemopro\WebRoot\ch6\elDemo02.jsp）。

```
<%@ page language="java" import="java.util.*" pageEncoding="UTF-8"%>
<html>
  <head>
    <title>EL算术运算符的实例</title>
  </head>
  <body>
    <!-- 下面这两行代码是在客户端显示EL，而不是计算EL -->
  \${10+10 }= \${10+10 }<br>
  "$"{10+10 }= "$"{10+10 }<br>
  <%
    pageContext.setAttribute("a","10");
    pageContext.setAttribute("b","20");// EL 运算时会自动进行类型转换
    //pageContext.setAttribute("b","20a");//运算自动类型转换时报错
  %>
  <!-- 在EL算术运算中没有字符串运算，运算时将内容转换数字 -->
  \${a+b }=${a+b }<br>
  \${10+10 }= ${10+10 }<br>
  \${10-10 }= ${10-10 }<br>
  \${10*10 }= ${10*10 }<br>
  \${10/10 }= ${10/10 }<br>
  \${10 div 10 }= ${10 div 10 }<br>
  \${10%3 }= ${10%3 }<br>
  \${10 mod 3 }= ${10 mod 3 }<br>
  \${10/0 }= ${10/0 }<br>
  \${10 div 10 }= ${10 div 0 }<br>
  </body>
</html>
```

页面运行后的结果如图 6-2 所示。

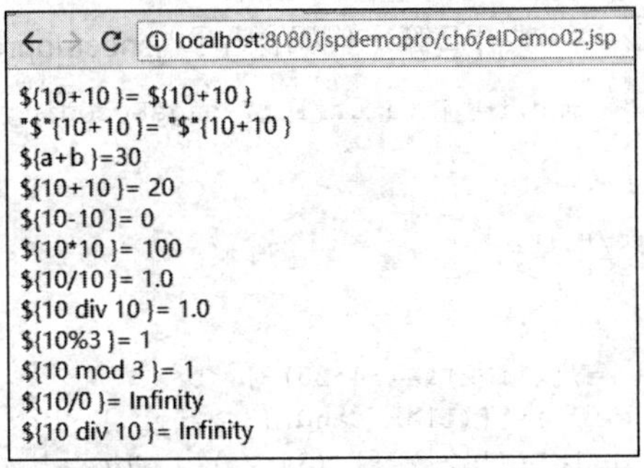
localhost:8080/jspdemopro/ch6/elDemo02.jsp
${10+10 }= ${10+10 }
"$"{10+10 }= "$"{10+10 }
${a+b }=30
${10+10 }= 20
${10-10 }= 0
${10*10 }= 100
${10/10 }= 1.0
${10 div 10 }= 1.0
${10%3 }= 1
${10 mod 3 }= 1
${10/0 }= Infinity
${10 div 10 }= Infinity

图 6-2 实例一运行结果

（2）实例二：EL 执行运算——关系运算（代码详见：\jspdemopro\WebRoot\ch6\elDemo03.jsp）。

```
<%@ page language="java" import="java.util.*" pageEncoding="UTF-8"%>
<html>
  <head>
    <title>EL 的关系运算符的实例</title>
  </head>
  <body>
      \${100>200 }=${100>200 } <br>
      \${100 gt 200 }=${100 gt 200 } <br>
      \${100>=200 }=${100>=200 }  <br>
      \${100 ge 200 }=${100 ge 200 }<br>
      \${100<200 }=${100<200 } <br>
      \${100 lt 200 }=${100 lt 200 } <br>
      \${100<=200 }=${100<=200 } <br>
      \${100 le 200 }=${100 le 200 } <br>
      \${100==200 }=${100==200 } <br>
      \${100 eq 200 }=${100 eq 200 } <br>
      \${100!=200 }=${100!=200 } <br>
      \${100 ne 200 }=${100 ne 200 } <br>
      \${eee > asss}=${eee > asss} <br>
      \${eee < asss}=${eee < asss} <br>
      \${'eee' > 'asss'}=${'eee' > 'asss'} <br>
      \${eee==asss}=${eee==asss} <br>
  </body>
</html>
```

页面运行后的结果如图 6-3 所示。

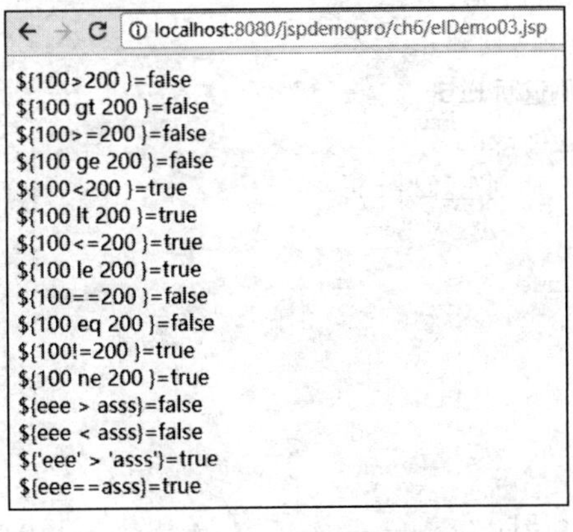
localhost:8080/jspdemopro/ch6/elDemo03.jsp
${100>200 }=false
${100 gt 200 }=false
${100>=200 }=false
${100 ge 200 }=false
${100<200 }=true
${100 lt 200 }=true
${100<=200 }=true
${100 le 200 }=true
${100==200 }=false
${100 eq 200 }=false
${100!=200 }=true
${100 ne 200 }=true
${eee > asss}=false
${eee < asss}=false
${'eee' > 'asss'}=true
${eee==asss}=true

图 6-3 实例二运行结果

（3）实例三：EL 执行运算——逻辑运算（代码详见：\jspdemopro\WebRoot\ch6\elDemo04.jsp）。

EL 执行运算2

```jsp
<%@ page language="java" import="java.util.*" pageEncoding="UTF-8"%>
<html>
  <head>
    <title>EL 的逻辑运算符</title>
  </head>
  <body>
    \${(11>2)&&(34>25) }=${(11>2)&&(34>25) } <br>
    \${(11>2) and (34>25) }=${(11>2) and (34>25) } <br>
    \${(11>2) || (34<25) }=${(11>2) || (34<25) } <br>
    \${(11>2) or (34<25) }=${(11>2) or (34<25) } <br>
    \${!(11>2) }=${!(11>2) } <br>
    \${not(11>2)}=${not(11>2)} <br>
  </body>
</html>
```

页面运行后的结果如图 6-4 所示。

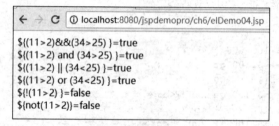

图 6-4　实例三运行结果

（4）实例四：EL 执行运算——Empty 运算（代码详见：\jspdemopro\WebRoot\ch6\elDemo05.jsp）。

```jsp
<%@ page language="java" import="java.util.*" pageEncoding="UTF-8"%>
<!-- 在 JSP 中禁用 EL 表达式 isELIgnored="true"-->
<%@ page isELIgnored="false" %>
<html>
  <head>
      <title>检查是否是空值的运算符</title>
  </head>
  <h1>Empty 运算符</h1>
<%--
  1. 若 key 为 null 时, 则返回 true
  2. 若 key 为空 String 时, 则返回 true
  3. 若 key 为空 Array 时, 则返回 true
  4. 若 key 为空 Map 时, 则返回 true
  5. 若 key 为空 Collection 时, 则返回 true
  6. 否则, 返回 false
  另外: 对象不存在时, 返回 true
--%>
    <%
    String key1=null;
    String key2="";
    String key3=" ";
    int[] key4= new int[5];
    int[] key5= null;
```

```
    Map key6=new HashMap();
    Map key7=null;
    ArrayList key8=new ArrayList();
    ArrayList key9=null;
    pageContext.setAttribute("key1",key1);
    pageContext.setAttribute("key2",key2);
    pageContext.setAttribute("key3",key3);
    pageContext.setAttribute("key4",key4);
    pageContext.setAttribute("key5",key5);
    pageContext.setAttribute("key6",key6);
    pageContext.setAttribute("key7",key7);
    pageContext.setAttribute("key8",key8);
    pageContext.setAttribute("key9",key9);
 %>
<body>
    \${empty key1}=${empty key1}<br>
    \${empty key2}=${empty key2}<br>
    \${empty key3} =${empty key3}<br>
    \${empty key4}=${empty key4}<br>
    \${empty key5}=${empty key5}<br>
    \${empty key6}=${empty key6}<br>
    \${empty key7}=${empty key7}<br>
    \${empty key8}=${empty key8}<br>
    \${empty key9}=${empty key9}<br>
    <!--对象不存在返回true-->
    \${empty s }=${empty s } <br/>
    <h1>三元表达式</h1>
    \${(empty list)?"list 集合中没有元素":"list 集合不为空" }=${(empty list)?"list 集合中没有元素":"list 集合不为空" }<br>
    \${(empty key4)?"key4 中没有元素":"key4 不为空" }=${(empty key4)?"key4 中没有元素":"key4 不为空" }<br>
  </body>
</html>
```

页面运行后的结果如图 6-5 所示。

图 6-5　实例四运行结果

6.2.3 EL 获得 Web 开发常用对象

EL 获得 Web 开发常用对象

EL 中定义了 11 个隐含对象（见表 6-3），使用这些隐含对象可以很方便地获取 Web 开发中的一些常见对象，并读取这些对象的数据，例如获取 session 中信息、获取请求信息、获取请求参数信息、获取响应头信息等。

语法：${隐式对象名称}，获得对象的引用。

实例：EL 获取 Web 开发常用对象（代码详见：\jspdemopro\WebRoot\ch6\elObjectDemo01.jsp）。

```
<%@ page language="java" import="java.util.*" pageEncoding="UTF-8"%>
<!DOCTYPE HTML PUBLIC "-//W3C//DTD HTML 4.01 Transitional//EN">
<html>
  <head>
    <title>EL 隐式对象的案例演示</title>
  </head>
  <body>
    <!-- 1. pageContext 代表的 JSP 中 pageContext 对象 -->
    ${pageContext}<br>
    <%=pageContext %>
    <hr>
    <!-- 2. pageScope、requestScope、sessionScope、applicationScope -->
    <%
      pageContext.setAttribute("pageName", "zhangsanPage");
    %>
    ${pageScope.pageName}
    <hr>
    <%
      request.setAttribute("requestName", "zhangsanRequest");
    %>
    ${requestScope["requestName"]}
    <hr>
    <%
      session.setAttribute("sessionName", "zhangsanSession");
    %>
    ${sessionScope["sessionName"]}
    <hr>
    <!-- 3. param  paramValues
      共同点：封装的是请求参数信息 map 类型
      区别：paramValues 某一个请求参数信息，string[] 而 param 是 String
    -->
    ${param.username } ${param.password }
    <br>
    ${paramValues.username[0]} ${paramValues.password[0]}<br>
    ${paramValues.like[0] } ${paramValues.like[1] }
    <!-- 4. header headerValues -->
    <hr>
    ${header["accept-language"]}<br>
    ${headerValues["accept-language"][0] }
    <hr>
    <!-- 5. initParam Web 应用程序初始化参数的信息 -->
```

```
        ${initParam.username }
        <hr>
        <!-- cookie -->
        ${cookie }
        <br>
        ${cookie.JSESSIONID }
        <hr>
        <!-- 获取 request session 对象等 -->
        ${pageContext.request }<br>
        <%=request %><br>
        ${pageContext.session }<br>
        <%=session %>
        <hr>
    </body>
</html>
```

其中${initParam.username }，获取 Web 应用程序初始化参数的信息，Web 应用程序初始化参数信息在 web.xml 中通过<context-param>进行配置。

```
<context-param>
    <param-name>username</param-name>
    <param-value>scott</param-value>
</context-param>
<context-param>
    <param-name>password</param-name>
    <param-value>tiger</param-value>
</context-param>
```

页面运行后的结果如图 6-6 所示。

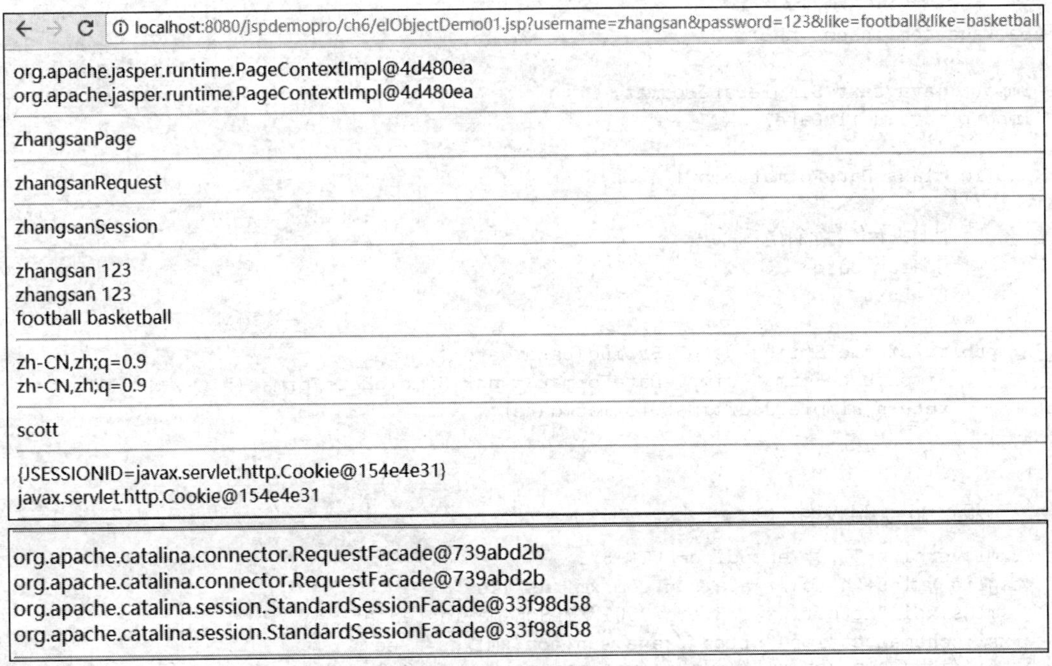

图 6-6 EL 获取 Web 开发常用对象的实例运行结果

6.2.4 使用 EL 调用 Java 方法

EL 语法允许通过 EL 调用 Java 类的方法，这些方法组成 EL 函数库。EL 函数库是第三方对 EL 的扩展，本节介绍的 EL 函数库是由 JSTL 提供的。关于 JSTL 的介绍，将在后面章节进行详解。EL 函数库定义了一些有返回值的静态方法，然后通过 EL 表达式来调用它们，JSTL 可以定义 EL 函数库，用户自己也可以自定义 EL 函数库。

使用 EL 调用 Java 方法 1

EL 调用函数库的语法：${prefix: method(params)}，其中，prefix 是前缀。
- 在 EL 中调用的只能是 Java 类的静态方法。
- 这个 Java 类的静态方法需要在 TLD 文件中描述，才可以被 EL 调用。
- EL 自定义函数用于扩展 EL 表达式的功能，这样可以让 EL 完成普通 Java 程序代码所能完成的功能。

1. 自定义 EL 函数库

函数的定义和使用分为以下三个步骤。

（1）编写一个 Java 类，并在该类中编写公用的静态方法，用于实现自定义 EL 函数的具体功能。

（2）编写标签库描述文件，对函数进行声明。该文件的扩展名为.tld，被保存到 Web 应用的 WEB-INF 文件夹下。

（3）在 JSP 页面中引用标签库，并调用定义的 EL 函数，实现相应的功能。

下面通过一个具体的实例介绍自定义 EL 函数库的定义和使用方法。

实例：编写日期转化字符串的方法，自定义 EL 函数信息，然后在 JSP 页面中利用 EL 进行使用，分为三步完成（代码详见：\jspdemopro\src\com\inspur\ch6\DateFormatDemo.java；\jspdemopro\WebRoot\WEB-INF\elFunctionDemo.tld；\jspdemopro\WebRoot\ch6\ elFunctionDemo01.jsp）。

第一步：编写 Java 类。

```
package com.inspur.ch6;

import java.text.SimpleDateFormat;
import java.util.Date;

public class DateFormatDemo {
    /**
     * 把日期转化为字符串
     * @param date
     * @return
     */
    public static String dateToString(Date date){
        SimpleDateFormat simpleDateFormat = new SimpleDateFormat("yyyy-MM-dd");
        return simpleDateFormat.format(date);
    }
}
```

第二步：编写 tld 文件。

```
<?xml version="1.0" encoding="UTF-8"?>
<taglib xmlns="http://java.sun.com/xml/ns/j2ee"
  xmlns:xsi="http://www.w3.org/2001/XMLSchema-instance"
  xsi:schemaLocation="http://java.sun.com/xml/ns/j2ee
http://java.sun.com/xml/ns/j2ee/web-jsptaglibrary_2_0.xsd"
  version="2.0">
  <description>自定义的 EL 函数库信息</description>
```

```xml
<display-name>JSTL functions</display-name>
<tlib-version>1.0</tlib-version>
<short-name>myFn</short-name>
<uri>/myElFn</uri>
<function>
  <!-- 函数名信息 -->
  <name>dataToString</name>
  <!-- 函数的处理类信息 -->
  <function-class>com.inspur.ch6.DateFormatDemo</function-class>
  <!-- 方法的签名信息,包括返回值、方法名、方法的参数信息,且参数类型之间用逗号进行分割 -->
  <function-signature>java.lang.String dateToString(java.util.Date)</function-signature>
</function>
</taglib>
```

第三步：在 JSP 中使用自定义的 EL 函数。

```jsp
<%@ page language="java" import="java.util.*" pageEncoding="UTF-8"%>
<!-- 使用的是自定义的 EL 函数库 -->
<%@ taglib uri="/myElFn" prefix="myFn" %>
<!DOCTYPE HTML PUBLIC "-//W3C//DTD HTML 4.01 Transitional//EN">
<html>
  <head>
    <title>EL 函数的案例演示</title>
  </head>
  <body>
    <%
      Date now = new Date();
      pageContext.setAttribute("now", now);
    %>
    ${myFn:dataToString(now)}
  </body>
</html>
```

页面运行后的结果如图 6-7 所示。

图 6-7 调用自定义 EL 函数的案例运行结果

使用 EL 调用 Java 方法 2

2. JSTL 中 EL 函数库的使用

由于在 JSP 页面中显示数据时,经常需要对显示的字符串进行处理,针对一些常见的处理定义了一套 EL 函数库供开发者使用,如表 6-5 所示。

表 6-5 有关字符串处理常用的 EL 函数说明

函数	作用
fn:trim	删除字符串的首尾空格
fn:length	返回集合、数组的大小,或返回字符串的字符个数
fn:split	以指定字符串分割字符串
fn:join	以字符串为分隔符将一个字符串数组以分隔符的形式连接起来,如果第二个参数为空字符串,就将字符串整个连起来
fn:indexof	返回指定字符串在一个字符串中首次出现的位置。如果没有包含,则返回-1,如果第二个参数为空字符串,则返回 0
fn:startsWith	检测一个字符串是否以指定字符串开始

实例：利用 EL 获取字符串的字符个数信息（代码详见：\jspdemopro\src\com\inspur\ch6\elFunctionDemo02.jsp）。

```
<%@ page language="java" import="java.util.*" pageEncoding="UTF-8"%>
<!-- 使用 sun 提供的 EL 函数库 -->
<%@ taglib uri="http://java.sun.com/jsp/jstl/functions" prefix="fn"%>
<!DOCTYPE HTML PUBLIC "-//W3C//DTD HTML 4.01 Transitional//EN">
<html>
  <head>
    <title>EL函数的案例演示</title>
  </head>
  <body>
    ${fn:length("dddddddd") }
  </body>
</html>
```

页面运行后的结果如图 6-8 所示。

说明：在 JSP 页面中使用 JSTL 的 EL 函数库，前提是项目中需要有相关的 jar 包（使用的是 jstl-1.2.jar），以及相关的 tld 文件（fn.tld 文件）。

图 6-8 使用 JSTL 中的 EL 函数库的案例运行结果

6.3 综合案例

某在线销售系统，商品详情页面如图 6-9 所示。

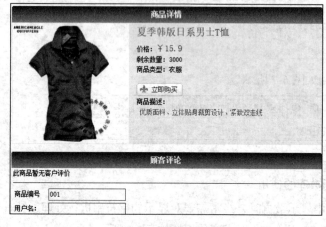

图 6-9 商品详情界面

goods.jsp 核心代码如下。

```
<table border="0">
    <tr>
      <td class="goodsname">${requestScope.goods.goodsName }</td>
            </tr>
    <tr >
        <td>价格：<font class="goodsprice">￥${requestScope.goods.goodsPrice }</font>
        </td>
    </tr>
    <tr>
```

```
            <td>剩余数量: ${requestScope.goods.goodsQuantity }</td>
        </tr>
        <tr >
             <td>商品类型: ${requestScope.goods.goodsType }</td>
        </tr>
        <tr>
             <td>
                商品描述: <br />
                <div class="goodsdescription">
                          ${requestScope.goods.goodsDescription }
                 </div>
             </td>
         </tr>
</table>
```

goods 对象是通过 GoodsDetailsServlet 调用 service 层进行获取,并放置在 request 范围中。GoodsDetailsServlet.java 核心代码如下。

```
GoodsServices goodsServices=new GoodsServices();
Goods goods=goodsServices.getGoodsDetails(goodsID);
if (goods != null) {
    request.setAttribute("goods", goods);
    page = "goods.jsp";
    // 查询关于该商品的留言
    CustomerServices customerServices = new CustomerServices();
    Message[] messages = customerServices.getMessages(goodsID);
    if (messages != null) {
        request.setAttribute("message1", messages[0]);
        request.setAttribute("message2", messages[1]);
    }
}
else {
    request.setAttribute("message", "查询指定商品出现错误! ");
}
RequestDispatcher dispatcher=request.getRequestDispatcher(page);
dispatcher.forward(request, response);
```

Goods.java 类成员属性如下。

```
private String goodsID;           //商品编号
private String goodsName;         //商品名称
private double goodsPrice;        //商品价格
private int goodsQuantity;        //商品数量
private String goodsType;         //商品类型
private String goodsPicture;      //商品图片
private String goodsDescription;  //商品描述
```

6.4 本章小结

本章将 EL 的概念、语法格式、作用和用法进行了详细的讲解,包含 EL 简介、EL 基本语法、EL 常用应用三个部分。其中,EL 的常用应用是本章的重点也是难点,EL 可以获取数据、可以执行运算、可以进行对象的引用、可以调用 Java 的方法。每个知识点都通过案例进行了详细的演示,全方位剖析每个知识点的用法,让读者从根本上掌握 EL 的使用方法,并最终能够达到灵活运用。

习　题

1. 在 Web 应用程序中有以下程序代码，执行后转发至某个 JSP 网页

```
Map map = new HashMap();
map.put("user", "caterpillar");
map.put("role", "admin");
request.setAttribute("login", map);
```

可以正确地使用 EL 取得 map 中的值的是_____。

　　A. ${map.user}　　　B. ${map["role"]}　　　C. ${login.user}　　　D. ${login[role]}

2. 在 Web 应用程序中有以下程序代码，执行后转发至某个 JSP 网页

```
Map map = new HashMap();
map.put("local.role", "admin");
request.setAttribute("login", map);
```

可以正确地使用 EL 取得 map 中的值的是_____。

　　A. ${map.local.role}　　　　　　　　　B. ${login.local.role}

　　C. ${map["local.role"]}　　　　　　　 D. ${login["local.role"]}

3. 在 Web 应用程序中有以下程序代码，执行后转发至某个 JSP 网页

```
List names = new ArrayList();
names.add("caterpillar");
request.setAttribute("names", names);
```

可以正确地使用 EL 取得 List 中的值的是_____。

　　A. ${names.0}　　B. ${names[0]}　　C. ${names.[0]}　　D. ${names["0"]}

4. 不是 EL 隐含对象的是_____。

　　A. param　　　　B. request　　　　C. pageContext　　　D. cookie

5. 在 session 范围中以名称"bean"放置了一个 JavaBean 属性，JavaBean 上有个 getMessage()方法，呼叫 getMessage()以取得讯息并显示出来的是_____。

　　A. `<jsp:getProperty name="bean" property="message">`

　　B. ${requestScope.bean.message}

　　C. `<%= request.getBean().getMessage() %>`

　　D. ${bean.message}

上机指导

1. 编写一个使用 EL 的 JSP 程序，获取一名学生 5 门学科的分数。每门学科的得分均在 100 分以内。在同一个页面显示所有提交分数的总分和平均分。

2. 编写一个使用 EL 的 JSP 程序，比较两个自定义的整数值，并在同一个页面上显示比较结果。

3. 编写一个使用 EL 的 JSP 程序，该程序将使用用户输入的数据来操作当前页面的背景色、字号大小、表格宽度和边框。

4. 编写一个使用 EL 的 JSP 程序，输入一个数字，提交后输出该数字的九九乘法表。

第 7 章　JSP 中使用数据库

学习目标

- 掌握 JDBC 概念
- 掌握使用 JDBC 对数据库进行操作的步骤
- 掌握释放数据库资源的方法
- 掌握 JDBC 常用 API（Driver、DriverManager、Connection、Statement、ResultSet、PreparedStatement、CallableStatement、ResultSetMetaData）
- 掌握使用 JDBC 进行事务处理的方法

7.1　JDBC 概述

JDBC 概述

1. JDBC 介绍

Java 数据库连接（Java Database Connectivity，JDBC）是一种用于执行 SQL 语句的 Java API，由一组用 Java 编程语言编写的类和接口组成。

JDBC 为数据库开发人员提供了一组标准的 API，使他们能够用纯 Java API 来编写数据库应用程序。JDBC 可以使开发人员面向不同的数据库进行编程。

一旦有了 JDBC，向各种关系数据库发送 SQL 语句就是一件很容易的事。换言之，有了 JDBC API，就不必为访问 MySQL 数据库专门写一个程序，为访问 Oracle 数据库又专门写一个程序，等等。现在只需用 JDBC API 写一个程序就够了，它可向相应数据库发送 SQL 语句。而且，使用 Java 编程语言编写的应用程序，就无须考虑要为不同的平台编写不同的应用程序。将 Java 和 JDBC 结合起来，程序员只需写一遍程序就可让它在任何平台上运行。

JDBC 的具体情况如图 7-1 所示。

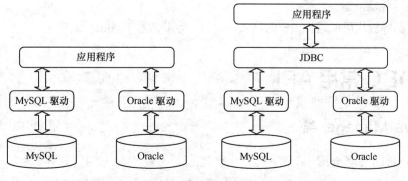

图 7-1　JDBC 可以使开发人员面向不同的数据库进行编程

图 7-1 中有 MySQL 驱动、Oracle 驱动，即安装好数据库之后，应用程序也是不能直接使用数据库的，必须要通过相应的数据库驱动程序，通过驱动程序去和数据库打交道。

2. 使用 JDBC 的目的

设计出一种通用的数据库访问接口，使 Java 程序员使用 JDBC 可以连接任何提供了 JDBC 驱动程序的数据库系统，这样就使程序员无须过多了解特定数据库系统的特点，从而大大简化和加快了开发过程。

3. JDBC 的用途

简单地说，JDBC 可做 3 件事：

（1）数据库建立连接。

（2）发送 SQL 语句。

（3）处理结果。

4. JDBC 的组成

JDBC 包括 java.sql 和 javax.sql（javax 是 java 扩展包）两个包。

开发 JDBC 应用除需要以上两个包的支持外，还需要导入相应 JDBC 的数据库实现（即数据库驱动）。例如，Oracle 数据库驱动为 ojdbc14.jar。

5. 使用 JDBC 对数据库进行操作

具体操作步骤如下。

（1）加载数据库驱动：通过 Class.forName 加载驱动程序。

（2）建立数据库连接：通过 DriverManager 类获得表示数据库连接的 Connection 类对象。

（3）创建用于向数据库发送 SQL 语句的 Statement 对象，并执行 SQL 语句。具体步骤为通过 Connection 对象绑定要执行的 SQL 语句，生成 Statement 类对象。通过 Statement 对象中的 executeQuery 方法完成查询，并返回 ResultSet 结果集。通过 Statement 对象中的 executeUpdate 完成添加、修改、删除等操作，并返回受影响的记录条数。

（4）释放数据库资源：必要的情况下关闭 ResultSet、Statement 和 Connection 等数据库资源。

6. 释放数据库资源

JDBC 程序运行完后，切记要释放程序在运行过程中，创建的那些与数据库进行交互的对象，这些对象通常是 ResultSet、Statement 和 Connection 对象。特别是 Connection 对象，它是非常稀有的资源，用完后必须马上释放。如果 Connection 不能及时、正确地关闭，极易导致系统出问题。Connection 的使用原则是尽量晚创建、早释放。

为确保资源释放代码能运行，资源释放代码也一定要放在 finally 语句中。

7.2 JDBC 常用 API

7.2.1 DriverManager 类

DriverManager 类

1. DriverManager 类介绍

DriverManager 类用来管理数据库中的所有驱动程序，是 JDBC 的管理层，作用于用户和驱动程序之间，跟踪可用的驱动程序，并在数据库的驱动程序之间建立连接。DriverManager 类中的方法都是静态方法，所以在程序中无须对它进行实例化，直接通过类名就可以调用。

2. 常用方法

- DriverManager.registerDriver(new Driver())：注册驱动。
- DriverManager.getConnection(String url, String user, String password)：获取数据库连接。

注意：在实际开发中并不推荐采用 registerDriver 方法注册驱动，主要原因有以下两方面：①查看 Driver 的源代码可以看到，如果采用此种方式，会导致驱动程序注册两次，也就是在内存中会有两个 Driver 对象；②程序依赖数据库驱动的 API，脱离数据库驱动的 jar 包，程序将无法编译，将来程序切换底层数据库时将会非常麻烦。

在实际开发中推荐使用以下方式（本节以 Oracle 数据库为例加载驱动），代码如下。

```
Class.forName("oracle.jdbc.driver.OracleDriver");
```

采用此种方式不会导致驱动对象在内存中重复出现，并且程序仅需要一个表示驱动类完整包名和类名的字符串，不需要依赖具体的驱动对象，程序的灵活性更高。

加载驱动类并在 DriverManager 驱动管理类中注册后，即可用来与数据库建立连接。当调用 DriverManager.getConnection 方法发出连接请求时，DriverManager 将检查每个驱动程序，查看它是否可以建立连接，并返回数据库连接对象。

JDBC url 用于标识一个被注册的驱动程序，驱动程序管理器通过这个 url 选择正确的驱动程序，从而建立与数据库的连接。

JDBC url 的标准由三部分组成，各部分间用冒号分隔。

```
jdbc:<子协议>:<子名称>
```

① 协议：JDBC url 中的协议总是 jdbc。
② 子协议：子协议用于标识一个数据库驱动程序。
③ 子名称：一种标识数据库的方法。子名称可以依据不同的子协议而变化，用子名称的目的是为了定位数据库提供足够的信息。

下面介绍几种常用数据库管理系统的 JDBC url。

- Oracle 的数据库连接 url：jdbc:oracle:thin:@localhost:1521:sid。
- SQL SERVER 的数据库连接 url：jdbc:microsoft:sqlserver//localhost:1433; DatabaseName=sid。
- MySQL 的数据库连接 url：jdbc:mysql://localhost:3306/sid。

3. 实例

应用 DriverManager 类创建 Oracle 数据库连接实例。

准备工作：在 Oracle 数据库中建立 orcl 数据库实例，解锁 scott 用户，使 scott 账号可用，scott 账号密码为 tiger。将 Oracle 驱动 jar 包（如 ojdbc14.jar）复制到 Web 项目的 WEB-INF/lib 目录下。

具体源代码如下所示（代码详见：\JdbcDemoPro\dao\DriverManagerDemo.java）。

```java
public class DriverManagerDemo {
 public static void main(String[] args) throws SQLException {

    Connection conn =null;
    // 加载驱动程序并自动注册连接实例
```

```
        try {
            Class.forName("oracle.jdbc.driver.OracleDriver");
            // 设置url
            String url = "jdbc:oracle:thin:@localhost:1521:orcl";
            // 设置用户名和密码
            String username = "scott";
            String password = "tiger";
            // 通过DriverManager向DB发出连接请求，获得连接对象
            conn = DriverManager.getConnection(url, username, password);
            if(conn!=null){
                System.out.println("连接数据库成功");
            }else{
                System.out.println("连接数据库失败");
            }

        } catch (ClassNotFoundException e) {
            e.printStackTrace();
        }
    }
}
```

运行程序：鼠标右键单击 DriverManagerDemo.java 文件，选择"Run As"菜单，再选择子菜单"1.JavaApplication"，运行后控制台显示如图 7-2 所示。

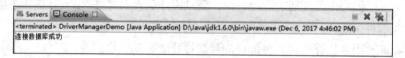

图 7-2　建立 Oracle 数据库连接实例

7.2.2　Connection 接口

1. Connection 接口介绍

Connection 接口用于代表数据库的链接，Collection 是数据库编程中最重要的一个对象，客户端与数据库所有交互都是通过 Connection 对象完成的。

2. 常用方法

- createStatement()：创建向数据库发送 sql 的 statement 对象。
- prepareStatement(sql)：创建向数据库发送预编译 sql 的 PrepareSatement 对象。
- prepareCall(sql)：创建执行存储过程的 callableStatement 对象。
- setAutoCommit(boolean autoCommit)：设置事务是否自动提交。
- commit()：提交对数据库的改动并释放当前连接持有的数据库的锁。
- rollback()：回滚当前事务中的所有改动并释放当前连接持有的数据库的锁。

7.2.3　Statement 接口

1. Statement 接口介绍

用于执行静态 SQL 语句并返回它所生成结果的对象。

Statement 接口

2. 常用方法

（1）executeQuery(String sql)：用于向数据发送查询语句，返回代表查询结果的 ResultSet 对象。

（2）executeUpdate(String sql)：用于向数据库发送 insert、update 或 delete 语句，并返回一个整数（即增删改语句导致了数据库几行数据发生了变化）。

（3）execute(String sql)：用于向数据库发送任意 SQL 语句。

（4）addBatch(String sql)：把多条 SQL 语句放到一个批处理中。

（5）executeBatch()：向数据库发送一批 SQL 语句执行。

3. Statement 综合实例

本部分介绍的几个实例，会综合应用到前面讲解的 DriverManager、Connection、ResultSet、Statement 等接口。

（1）实例一：查询员工信息，包括员工编号、姓名、工作。

准备工作：使用 scott 账号中的 emp 表。emp 表数据如图 7-3 所示。

	EMPNO	ENAME	JOB	MGR	HIREDATE	SAL	COMM	DEPTNO
1	7499	ALLEN	SALESMAN	7698	1981/2/20	1600.00	300.00	30
2	7521	WARD	SALESMAN	7698	1981/2/22	1250.00	500.00	30
3	7566	JONES	MANAGER	7839	1981/4/2	2975.00		20
4	7654	MARTIN	SALESMAN	7698	1981/9/28	1250.00	1400.00	30
5	7698	BLAKE	MANAGER	7839	1981/5/1	2850.00		30
6	7782	CLARK	MANAGER	7839	1981/6/9	2450.00		10
7	7788	SCOTT	ANALYST	7566	1987/4/19	3000.00		20
8	7839	KING	PRESIDENT		1981/11/17	5000.00		10
9	7844	TURNER	SALESMAN	7698	1981/9/8	1500.00	0.00	30
10	7876	ADAMS	CLERK	7788	1987/5/23	1100.00		20
11	7900	JAMES	CLERK	7698	1981/12/3	950.00		30
12	7902	FORD	ANALYST	7566	1981/12/3	3000.00		20
13	7934	MILLER	CLERK	7782	1982/1/23	1300.00		10

图 7-3　emp 表数据

具体源代码如下所示（代码详见：\JdbcDemoPro\src\dao\StatementDemo01.java）。

```java
public class StatementDemo01 {

    private Connection conn = null;
    private Statement stmt = null;
    private ResultSet result=null;

    /**
     * 查询所有员工的编号、姓名、工作
     */
    public void queryEmp(){

        //1. 加载驱动
        try {
            Class.forName("oracle.jdbc.driver.OracleDriver");
            //2. 创建数据库连接
            String url ="jdbc:oracle:thin:@localhost:1521:orcl";
            String username = "scott";
            String password = "tiger";
            conn = DriverManager.getConnection(url, username, password);
            //3. 创建 statement
            stmt = conn.createStatement();
            //从 emp 表中查询信息
            String selectStr = "select * from emp";
```

```
                result = stmt.executeQuery(selectStr);
                //4. 处理结果集
                System.out.println("员工编号: \t 员工姓名: \t 工作: ");
                while(result.next()){
            System.out.println(result.getString("EMPNO")+"\t\t"+result.getString("ENAME")+"\
t\t"+result.getString("JOB"));
                }
            } catch (ClassNotFoundException e) {
                e.printStackTrace();
            } catch(SQLException e){
                e.printStackTrace();
            } finally{
                //5. 关闭资源
                try {
                    if(result!=null){
                        result.close();
                        result=null;
                    }
                    if(stmt!=null){
                        stmt.close();
                        stmt=null;
                    }
                    if(conn!=null){
                        conn.close();
                        conn=null;
                    }
                } catch (SQLException e) {
                    e.printStackTrace();
                }
            }
        }

        public static void main(String[] args) {
            StatementDemo01 demo01=new StatementDemo01();
            demo01.queryEmp();
        }
    }
```

运行程序：鼠标右键单击 StatementDemo01.java 文件，选择"Run As"菜单，再选择子菜单"1.JavaApplication"，运行后控制台显示如图 7-4 所示。

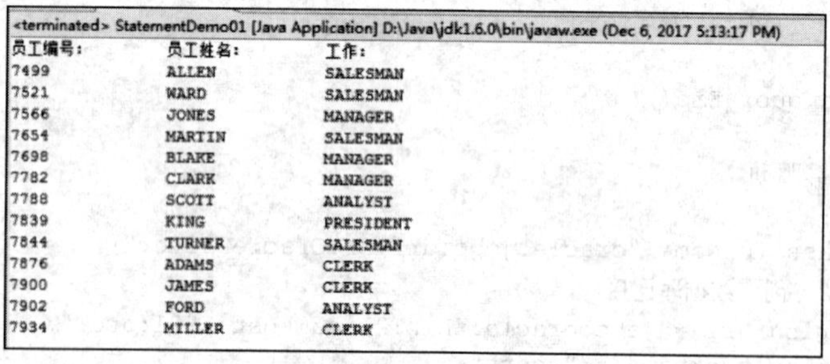

```
<terminated> StatementDemo01 [Java Application] D:\Java\jdk1.6.0\bin\javaw.exe (Dec 6, 2017 5:13:17 PM)
员工编号:    员工姓名:    工作:
7499         ALLEN       SALESMAN
7521         WARD        SALESMAN
7566         JONES       MANAGER
7654         MARTIN      SALESMAN
7698         BLAKE       MANAGER
7782         CLARK       MANAGER
7788         SCOTT       ANALYST
7839         KING        PRESIDENT
7844         TURNER      SALESMAN
7876         ADAMS       CLERK
7900         JAMES       CLERK
7902         FORD        ANALYST
7934         MILLER      CLERK
```

图 7-4 查询员工信息

（2）实例二：修改编号为 7499 的员工工资为 1500 元。

准备工作：使用 scott 账号中的 emp 表，数据如图 7-3 所示。

具体源代码如下所示（代码详见：\JdbcDemoPro\src\dao\StatementDemo01.java）。

```java
public class StatementDemo01 {

    private Connection conn = null;
    private Statement stmt = null;
    private

    /**
     * 修改员工信息
     */
    public void updateEmp(){
        //1. 加载驱动
        try {
            Class.forName("oracle.jdbc.driver.OracleDriver");
            //2. 创建数据库连接
            String url ="jdbc:oracle:thin:@localhost:1521:orcl";
            String username = "scott";
            String password = "tiger";
            conn = DriverManager.getConnection(url, username, password);
            //3. 创建 statement
            stmt = conn.createStatement();
            //4. 修改 emp 表的信息
            String updateStr = "update emp set sal=1500 where empno='7499'";
            int result = stmt.executeUpdate(updateStr);
            if(result>0){
                System.out.println("更新成功! ");
            }else{
                System.out.println("更新失败! ");
            }
        } catch (ClassNotFoundException e) {
            e.printStackTrace();
        } catch(SQLException e){
            e.printStackTrace();
        } finally{
            //5. 关闭资源
            try {
                if(stmt!=null){
                    stmt.close();
                    stmt=null;
                }
                if(conn!=null){
                    conn.close();
                    conn=null;
                }
            } catch (SQLException e) {
                e.printStackTrace();
            }
        }
    }

    public static void main(String[] args) {
        StatementDemo01 demo01=new StatementDemo01();
        demo01.updateEmp();
    }
}
```

运行程序：鼠标右键单击 **StatementDemo01.java** 文件，选择"Run As"菜单，再选择子菜单

"1.JavaApplication",运行后控制台显示如图 7-5 所示。

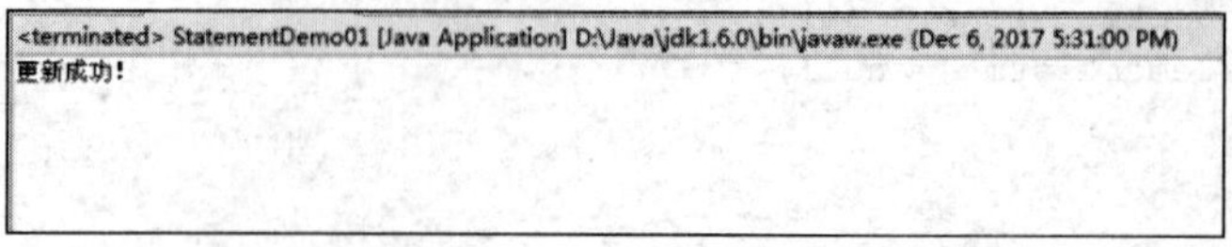

```
<terminated> StatementDemo01 [Java Application] D:\Java\jdk1.6.0\bin\javaw.exe (Dec 6, 2017 5:31:00 PM)
更新成功!
```

图 7-5　修改编号为 7499 的员工工资为 1500 元

(3)实例三:程序优化。

因实例二和实例三中 queryEmp()和 updateEmp()关于加载驱动、得到数据库对象、关闭资源等操作代码重复,可以将代码提取到工具类 ConnectionUtil.java 中,以优化程序。

具体源代码如下所示(代码详见:\JdbcDemoPro\src\common\util\ ConnectionPool.java; \JdbcDemoPro\src\dao\StatementDemo01.java)。

① ConnectionPool.java 的代码如下。

```java
/**
 * 工具类
 *
 */
public class ConnectionPool {
    public static Connection getConn() {
        Connection conn = null;
        try {
            Class.forName("oracle.jdbc.driver.OracleDriver");
            conn = DriverManager.getConnection(
                    "jdbc:oracle:thin:@localhost:1521:orcl", "scott", "tiger");
        } catch (SQLException e) {
            e.printStackTrace();
        } catch (ClassNotFoundException e) {
            e.printStackTrace();
        }
        return conn;
    }
    public static void close(Statement stmt, Connection conn) {
        try {
            if (stmt != null) {
                stmt.close();
            }
            if (conn != null) {
                conn.close();
            }
        } catch (SQLException e) {
            e.printStackTrace();

        }
    }

    public static void close(Statement stmt, ResultSet rs, Connection conn) {
        try {
            if (stmt != null) {
                stmt.close();
                stmt = null;
            }
            if (rs != null) {
```

```
                rs.close();
            }
            if (conn != null) {
                conn.close();
            }
        } catch (SQLException e) {
            e.printStackTrace();
        }
    }
}
```

② StatementDemo01.java 的代码如下。

```java
public class StatementDemo01 {
    private Connection conn = null;
    private Statement stmt = null;
    private ResultSet result=null;
    /**
     * 查询所有员工的编号、姓名、工作
     */
    public void queryEmp(){

        //1. 加载驱动
        try {

            conn = ConnectionPool.getConn();
            stmt = conn.createStatement();
            //2. 从 emp 表中查询信息
            String selectStr = "select * from emp";
            result = stmt.executeQuery(selectStr);
            //3. 处理结果集
            System.out.println("员工编号：\t员工姓名：\t工作：");
            while(result.next()){
    System.out.println(result.getString("EMPNO")+"\t\t"+result.getString("ENAME")+"\t\t"+result.getString("JOB"));
            }
        } catch(SQLException e){
            e.printStackTrace();
        } finally{
            //4、释放资源
            ConnectionPool.close(stmt, result, conn);
        }
    }

    /**
     * 修改员工信息
     */
    public void updateEmp(){
        //1. 加载驱动
        try {
            conn = ConnectionPool.getConn();
            //2. 创建 statement;
            stmt = conn.createStatement();
            //3. 修改 emp 表的信息
            String updateStr = "update emp set sal=1500 where empno='7499'";
            int result = stmt.executeUpdate(updateStr);
            if(result>0){
```

```
                System.out.println("更新成功! ");
            }else{
                System.out.println("更新失败! ");
            }
        }catch(SQLException e){
            e.printStackTrace();
        } finally{
            //4. 释放资源
            ConnectionPool.close(stmt,conn);
        }
    }
    public static void main(String[] args) {
        StatementDemo01 demo01=new StatementDemo01();
        demo01.queryEmp();
        demo01.updateEmp();
    }
}
```

7.2.4 ResultSet 接口

1. ResultSet 介绍

ResultSet 结果集代表 Sql 语句的执行结果。Resultset 封装执行结果时，采用类似于表格的方式。ResultSet 对象维护了一个指向表格数据行的游标 cursor，初始的时候，游标在第一行之前，调用 ResultSet.next() 方法，可以使游标指向具体的数据行，进而调用方法获取该行的数据，当 ResultSet 对象中没有下一行数据时 next 方法返回 false，所以可以在 while 循环中使用它来迭代结果集。

遍历 ResultSet 结果集样例如图 7-6 所示。

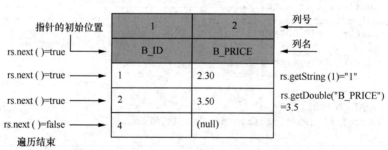

图 7-6 遍历查询结果集

2. 常用方法

ResultSet 接口了一系列的 get 方法用于从当前行检索列值（例如 getBoolean、getLong 等）。可以使用列的索引编号或列的名称作为参数来检索列值。一般情况下，使用列索引较为高效。列从 1 开始编号。为了获得最大的可移植性，应该按从左到右的顺序读取每行中的结果集列，而且每列只能读取一次。下面介绍部分常用的 get 方法。

（1）获取任意类型的数据的方法如下：
- getObject(int index)：根据索引编号检索列值。
- getObject(string columnName)：根据列名称检索列值。

（2）获取指定类型的数据的方法（如获取 String 类型数据的方法）如下：
- getString(int index)：根据索引编号检索列值。
- getString(String columnName)：根据列名称检索列值。

（3）获取 int 类型数据的方法：
- getInt(int index)：根据索引编号检索列值。
- getInt(String columnName)：根据列名称检索列值。

获取其他数据类型的方法类似。

7.2.5 ResultSetMetaData 接口

1. ResultSetMetaData 介绍

结果集元数据提供了有关从数据库查询返回的结果集对象和数据库的相关的额外信息，由 ResultSetMetaData 对象提供。

2. 常用方法

int getColumnCount()：返回此 ResultSet 对象中的列数。

7.2.6 PreparedStatement 接口

1. PreparedStatement 接口介绍

PreparedStatement 接口扩展了 Statement 接口，PreparedStatement 实例包含已编译的 SQL 语句。就是说使 SQL 语句 "准备好"。包含于 PreparedStatement 对象中的 SQL 语句可具有一个或多个 IN 参数。IN 参数的值在 SQL 语句创建时未被指定。相反，该语句为每个 IN 参数保留一个问号（"？"）作为占位符。每个问号的值必须在该语句执行之前，通过适当的 setXXX 方法来提供。

2. 创建 PreparedStatement 对象

以下的代码段（其中 con 是 Connection 对象）创建包含带两个 IN 参数占位符的 SQL 语句的 PreparedStatement 对象：

```
PreparedStatement pstmt = con.prepareStatement("UPDATE table4 SET m = ? WHERE x = ?");
```

pstmt 对象包含语句 "UPDATE table4 SET m = ? WHERE x = ?"，它已发送给 DBMS，并为执行作好了准备。

3. 使用 PreparedStatement 对象

（1）如果发送的 SQL 文中有输入参数则在执行 PreparedStatement 对象之前，必须设置每个 ? 参数的值。

这可通过调用 setXXX 方法来完成，其中 XXX 是与该参数相应的类型。例如，以下代码将第一个参数设为 123456789，第二个参数设为 100000000：

```
pstmt.setLong(1, 123456789);
pstmt.setLong(2, 100000000);
```

一旦设置了给定语句的参数值，就可用它多次执行该语句，直到调用 clearParameters 方法清除它为止。在连接的缺省模式下（启用自动提交），当语句完成时将自动提交或还原该语句。

（2）执行 SQL 文则用继承自 Statement 接口中方法 executeQuery、executeUpdate。

比较 PreparedStatement 与 Statement，有三方面不同，如图 7-7 所示。

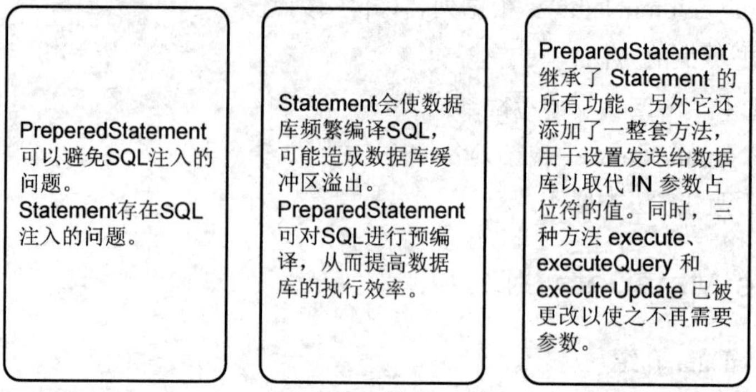

```
PreperedStatement
可以避免 SQL 注入的
问题。
Statement 存在 SQL
注入的问题。
```

```
Statement 会使数据
库频繁编译 SQL，
可能造成数据库缓
冲区溢出。
PreparedStatement
可对 SQL 进行预编
译，从而提高数据
库的执行效率。
```

```
PreparedStatement
继承了 Statement 的
所有功能。另外它还
添加了一整套方法，
用于设置发送给数据
库以取代 IN 参数占
位符的值。同时，三
种方法 execute、
executeQuery 和
executeUpdate 已被
更改以使之不再需要
参数。
```

图 7-7　PreparedStatement 与 Statement 的不同点

实例：添加新用户信息。

准备工作：新建 t_user 表。t_user 表结构如图 7-8 所示。

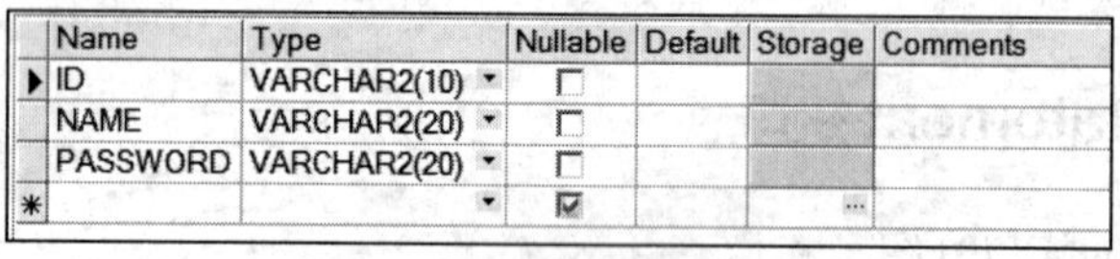

Name	Type	Nullable	Default	Storage	Comments
ID	VARCHAR2(10)	☐			
NAME	VARCHAR2(20)	☐			
PASSWORD	VARCHAR2(20)	☐			
*		☑			

图 7-8　t_user 表结构

具体源代码如下所示（代码详见\JdbcDemoPro\src\dao\PreparedStatementDemo01.java;\JdbcDemoPro\src\entity\User.java）。

① User.java 代码如下所示。

```java
public class User {
/**
 * 用户编号
 */
private String id;
/**
 * 用户姓名
 */
private String name;
/**
 * 用户密码
 */
private String password;
public String getId() {
    return id;
}
public void setId(String id) {
    this.id = id;
}
public String getName() {
    return name;
}
```

```
    public void setName(String name) {
        this.name = name;
    }
    public String getPassword() {
        return password;
    }
    public void setPassword(String password) {
        this.password = password;
    }
}
```

② PreparedStatementDemo01.java 代码如下所示。

```
public class PreparedStatementDemo01 {
    private Connection conn;
    private PreparedStatement stmt;

    public void insertUser(User user) {
        try {
            conn = ConnectionPool.getConn();
            stmt = conn.prepareStatement("insert into t_user(id,name, password) values(?,?,?)");
            // 在执行 PreparedStatement 对象之前，必须设置每个 ? 参数的值。
            stmt.setString(1,user.getId());
            stmt.setString(2,user.getName());
            stmt.setString(3, user.getPassword());
            // 使用 prepareStatement
            int cout = stmt.executeUpdate();
            // 处理结果
            if (cout >= 1) {
                System.out.println("添加成功");
            } else {
                System.out.println("添加成功");
            }
        } catch (SQLException ex) {
            ex.printStackTrace();
        } finally {
            ConnectionPool.close(stmt, conn);
        }
    }
    public static void main(String[] args) {
    //模拟新用户信息
        User user=new User();
        user.setId("3");
        user.setName("王亚婧");
        user.setPassword("123456");
        PreparedStatementDemo01 demo01=new PreparedStatementDemo01();
        demo01.insertUser(user);
    }
}
```

运行程序：选中 PreparedStatementDemo01.java 文件，鼠标右键单击选择"Run As"菜单，再选择子菜单"1.JavaApplication"，运行后控制台如图 7-9 所示，数据库表 t_user 中添加了关于王亚婧的用户信息，如图 7-10 所示。

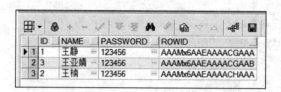

图 7-9　添加新用户信息实例

图 7-10　数据库表 t_user 中添加了关于王亚婧的用户信息

7.2.7　CallableStatement 接口

1. CallableStatement 接口介绍

CallableStatement 对象为所有的 DBMS 提供了一种以标准形式调用存储过程的方法。

存储过程储存在数据库中，对存储过程的调用是 CallableStatement 对象所含的内容。这种调用是用一种换码语法来写的，有两种形式：一种形式带结果参数，另一种形式不带结果参数。结果参数是一种输出（OUT）参数，是存储过程的返回值。两种形式都可带有数量可变的输入（IN 参数）、输出（OUT 参数）或输入和输出（INOUT 参数）的参数。"?"将用作参数的占位符。

CallableStatement 除了继承 Statement 的方法（它们用于处理一般的 SQL 语句），还继承了 PreparedStatement 的方法（它们用于处理 IN 模式的参数）。

2. 创建 CallableStatement 对象

在创建 CallableStatement 对象时，需要先明确调用的存储过程。JDBC 中调用储存过程的 SQL 文的写法有两种。

（1）带参数的储存过程调用：{call 过程名[(?, ?, ...)]}。

（2）不带参数的存储过程调用：{call 过程名}。

注意：其中"?"占位符为存储过程的参数，参数模式分为 IN（输入）、OUT（输出）和 INOUT（输入和输出）3 种，每个参数是何种模式取决于存储过程的定义。

CallableStatement 对象是用 Connection 方法 prepareCall 创建的。下例为创建 CallableStatement 的实例 cstmt，其中含有对存储过程 INSERTPRO_T1T2 调用。

```
String sql2 ="{call INSERTPRO_T1T2(?,?)}";
CallableStatement cstmt = conn.prepareCall(sql2);
```

3. 使用 CallableStatement 对象

CallableStatement 对象是通过 setXXX 方法完成给存储过程 IN 模式的参数赋值。这些 setXXX 方法继承自 PreparedStatement。所传入参数的类型决定了所用的 setXXX 方法（例如，用 setFloat 来传入 float 值等）。

如果存储过程返回 OUT 参数，则在执行 CallableStatement 对象以前必须先注册每个 OUT 参数的 JDBC 类型（这是必需的，因为某些 DBMS 要求 JDBC 类型）。注册 JDBC 类型是用 registerOutParameter 方法来完成的。

语句执行完后，CallableStatement 的 getXXX 方法将取回参数值。正确的 getXXX 方法是为各参数所注册的 JDBC 类型所对应的 Java 类型。

换言之，registerOutParameter 使用的是 JDBC 类型（因此它与数据库返回的 JDBC 类型匹配），而 getXXX 将之转换为 Java 类型。

（1）实例一：将员工编号为 7499 的员工姓名修改为张理。

该实例通过 Java 代码调用带有 IN 类型参数的存储过程。

准备工作：需要用 scott 账号的 emp 表，表数据如图 7-3 所示；需要编写存储过程 updateEmpInfor，如图 7-11 所示。

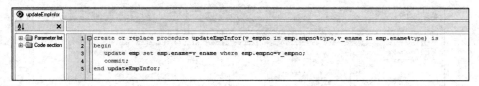

图 7-11 存储过程 updateEmpInfor

具体源代码如下所示（代码详见：\JdbcDemoPro\src\dao\CallableStatementDemo01.java）。

```java
public class CallableStatementDemo01 {
private Connection conn;
private CallableStatement cstmt;

    /**
     * 修改员工编号为7499的姓名为张理
     */
    public void updateEmpInfor(String empno, String ename) {

        try {
            conn = ConnectionPool.getConn();
            // 利用创建好的连接来发送SQL语句
            String sqlStr = "{call updateEmpInfor(?,?)}";
            cstmt = conn.prepareCall(sqlStr);
            cstmt.setString(1, empno);
            cstmt.setString(2, ename);
            cstmt.executeUpdate();
        } catch (SQLException ex) {
            ex.printStackTrace();
        } finally {
            ConnectionPool.close(cstmt, conn);
        }
    }

    public static void main(String[] args) {
        CallableStatementDemo01 c = new CallableStatementDemo01();
        c.updateEmpInfor("7499", "张理");
    }
}
```

运行程序：鼠标右键单击 CallableStatementDemo01.java 文件，选择"Run As"菜单，再选择子菜单"1.JavaApplication"，运行后数据库表 emp 中员工编号为 7499 的姓名已经修改为张理，如图 7-12 所示。

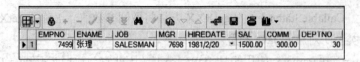

图 7-12 修改后的数据库表 emp 中员工编号为 7499 的员工详细信息

（2）实例二：查询员工姓名为 SCOTT 的工资。

该实例通过 Java 代码调用带有 IN 和 OUT 类型参数的存储过程。

准备工作：需要用 scott 账号的 emp 表，表数据如图 7-3 所示；需要编写存储过程 getEmpInfor，如图 7-13 所示。

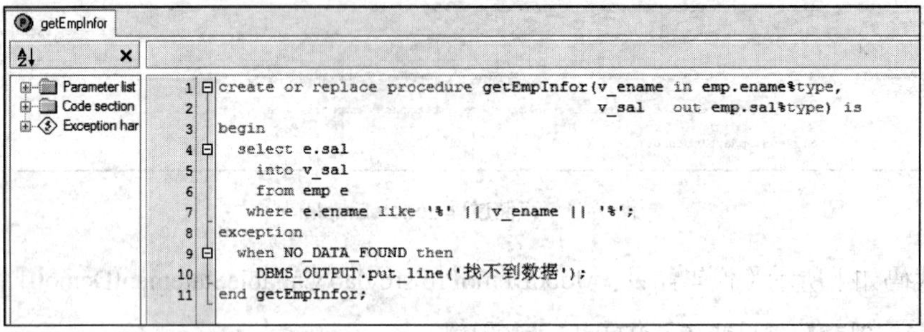

图 7-13 存储过程 getEmpInfor

具体源代码如下所示（代码详见：\JdbcDemoPro\src\dao\CallableStatementDemo02.java）。

```java
public class CallableStatementDemo02 {
    private Connection conn;
    private CallableStatement cstmt;

    /**
     * 查询员工姓名为 SCOTT 的工资
     */
    public void getEmpInfor(String ename){
        try{
            conn=ConnectionPool.getConn();
            //利用创建好的连接来发送 SQL 语句
            String sqlStr = "{call getEmpInfor(?,?)}";
            cstmt = conn.prepareCall(sqlStr);
            cstmt.setString(1,ename);
            cstmt.registerOutParameter(2, java.sql.Types.VARCHAR);
            cstmt.execute();
            System.out.println("员工"+ename+"的工资为: \t"+cstmt.getDouble(2));
        }catch(SQLException ex){
            ex.printStackTrace();
        }finally{
            ConnectionPool.close(cstmt, conn);
        }
    }
    public static void main(String[] args) {
        CallableStatementDemo02 c = new CallableStatementDemo02();
        c.getEmpInfor("SCOTT");
    }
}
```

运行程序：鼠标右键单击 CallableStatementDemo02.java 文件，选择"Run As"菜单，再选择子

菜单"1.JavaApplication",运行后数据库表 emp 中员工姓名为 SCOTT 的工资显示,如图 7-14 所示。

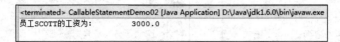

图 7-14　查询员工姓名为 SCOTT 的工资

（3）实例三：综合实例——完成货币管理。

具体功能如下。

① 查询货币：可以在查询货币界面上输入货币名称进行模糊查询,查询列表中显示符合条件的货币信息,包括货币编号、货币名称、状态。单击查看货币查询界面中的新增货币,迁移到新增的货币界面上。

查询货币界面如图 7-15 所示。

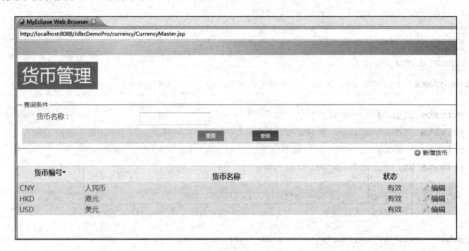

图 7-15　查询货币界面

② 新增货币：在新增货币界面上填写货币编号、货币名称,单击"保存"按钮,完成货币保存,界面迁移到查询货币界面上并显示所有货币信息。

新增货币界面运行如图 7-16 所示。

图 7-16　新增货币界面

准备工作如下。

- 需要用 scott 账号,新建 m_currency 表,表结构如图 7-17 所示。
- m_currency 表数据录入如图 7-18 所示。

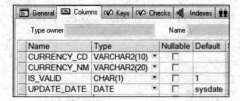

图 7-17　m_currency 表结构　　　　　　　图 7-18　m_currency 表数据

具体源代码如下所示（代码详见：\JdbcDemoPro\src\common\util\ConnectionPool.java）

\ JdbcDemoPro\dao\ AdminCurrencyDaoImpl.java;
\ JdbcDemoPro\entity\AdminCurrency.java;
\ JdbcDemoPro\currency\CurrencyMaster.jsp;
\ JdbcDemoPro\currency\CurrencyMasterConfirm.jsp;
\ JdbcDemoPro\currency\InsertCurrencyMaster.jsp)。

5 个核心代码分别如下。

① AdminCurrency.java 如下。

```java
public class AdminCurrency {

    private String currency_cd;//货币 CD
    private String currency_nm;//货币名
    private String is_valid;//是否有效
    private String update_date;//更新时间

    public String getCurrency_cd() {
        return currency_cd;
    }
    public void setCurrency_cd(String currency_cd) {
        this.currency_cd = currency_cd;
    }
    public String getCurrency_nm() {
        return currency_nm;
    }
    public void setCurrency_nm(String currency_nm) {
        this.currency_nm = currency_nm;
    }
    public String getIs_valid() {
        return is_valid;
    }
    public void setIs_valid(String is_valid) {
        this.is_valid = is_valid;
    }
    public String getUpdate_date() {
        return update_date;
    }
    public void setUpdate_date(String update_date) {
        this.update_date = update_date;
    }
}
```

② AdminCurrencyDaoImpl.java 如下。

```java
public class AdminCurrencyDaoImpl{
    private Connection conn=null;
```

```java
    private PreparedStatement pstmt=null;
    private ResultSet rs=null;

    /**
     * 按照检索条件得到检索结果列表
     */
    public List<AdminCurrency> getComponentPageList(String currencyName) {
        List<AdminCurrency> currList=new ArrayList<AdminCurrency>();
        //1.获取连接
        conn=ConnectionPool.getConn();
        //2.创建sql
        String sql="SELECT currency_cd,currency_nm,is_valid FROM m_currency WHERE currency_nm like '%'||?||'%'";

        try {
            //3.给占位符赋值
            pstmt=conn.prepareStatement(sql);
            pstmt.setString(1,currencyName);
            //4.发送执行sql
            rs=pstmt.executeQuery();
            //5.从结果集中取数据
            while(rs.next())
            {
                AdminCurrency currency=new AdminCurrency();
                currency.setCurrency_cd(rs.getString("currency_cd"));
                currency.setCurrency_nm(rs.getString("currency_nm"));
                currency.setIs_valid(rs.getString("is_valid"));
                currList.add(currency);
            }
        } catch (SQLException e) {
            e.printStackTrace();
        }finally{
            ConnectionPool.close(pstmt, rs, conn);
        }

        return currList;
    }

    /**
     * 新增货币
     * @param currency
     * @return
     */
    public int insertCurrency(AdminCurrency currency){
        int count=0;
        //1.获取连接
        conn=ConnectionPool.getConn();
        //2.创建sql
        String sql="insert into m_currency(currency_cd,currency_nm,is_valid,update_date) values(?,?,?,sysdate)";
        try {
            pstmt=conn.prepareStatement(sql);
            pstmt.setString(1, currency.getCurrency_cd());
            pstmt.setString(2, currency.getCurrency_nm());
            pstmt.setString(3, currency.getIs_valid());
            count=pstmt.executeUpdate();
```

```
            } catch (SQLException e) {
                e.printStackTrace();
            }finally{
                ConnectionPool.close(pstmt,conn);
            }
        return count;
        }
    }
```

③ CurrencyMaster.jsp 如下。

```
<html>
    <head>
        <base href="<%=basePath%>">
        <script type="text/javascript">
        //点击查询
        function searchCurrency(){
          document.forms[0].action="currency/CurrencyMaster.jsp";
          document.forms[0].submit();
        }
        </script>
    </head>
    <body>
        <%
            String currencyNm = "";
            if (request.getParameter("currencyName") != null) {
                currencyNm = new String(request.getParameter("currencyName")
                    .getBytes("ISO-8859-1"), "UTF-8");
            }
            List<AdminCurrency> list = adminCurrencyDao.getComponentPageList(currencyNm);
        %>

        <!-- form 表单 -->
        <form action="" method="post">
            <div class="main">
                <div class="banner">
                    <span>货币管理</span>
                </div>
                <div class="content">
                    <!-- search-table -->
                    <div class="search-table" id="search_table">
                        <span
                            style="background-color: #FFFFFF; font-size: 14px; left: 10px; position: relative; top: 9px;"> 查询条件 </span>
                        <div
                            style="padding: 10px; border-width: 1px 0; border-style: solid; border-color: #0088CC;">
                            <table class="table-edit" style="width: 90%; margin: 0 auto;">
                                <tr>
                                    <td style="width: 100px" class="right_align">
                                        货币名称：
                                    </td>
                                    <td style="width: 260px">
                                        <input class="input-xlarge" type="text" name=
```

```
"currencyName"
                                                        style="width: 160px; text-align: left;"
value='<%=currencyNm %>'>
                                </td>
                            </tr>
                        </table>
                        <div class="search-foot-btn">
                            <a class="btn btn-warning btn-small" id="clear_input">
重置</a>
                            <a class="btn btn-success btn-small-aft" id="search"
                                onclick="searchCurrency()">查询</a>
                        </div>
                    </div>
                </div>

                <div class="">
                    <div id="" class="top-btn-bar">
                        <a id="tonewuser" class="icon icon-add"
                            href="currency/InsertCurrencyMaster.jsp" title="" style=
"margin-right: 10px">新增货币</a>
                    </div>
                    <div class="">
                        <table class="table table-striped table-bordered"
                            style="background-color: #E4F4CB;" id="currency_table">
                            <thead>
                                <tr>
                                    <th style="width: 15%; height: 21px;">
                                        <a class="sort">货币编号<span class="caret">
</span> </a>
                                    </th>
                                    <th width="65%">
                                        <a class="sort">货币名称</a>
                                    </th>
                                    <th width="10%">
                                        <a class="sort">状态</a>
                                    </th>
                                    <th width="10%"></th>
                                </tr>
                            </thead>
                            <!-- 下面是一览列表数据-->

                            <tbody id="list">
                                <%
                                    if (list == null || list.size() == 0) {
                                %>
                                您检索的数据不存在!
                                <%
                                    } else {

                                        for (AdminCurrency currency : list) {
                                %>
                                <tr>
                                    <td>
                                        <%=currency.getCurrency_cd()%>
                                    </td>
                                    <td>
                                        <%=currency.getCurrency_nm()%>
```

```jsp
                                    </td>
                                    <td class="center_td">
                                        <i class="icon icon-effective"></i>
                                        <%
                                            if (currency.getIs_valid().equals("T")) {
                                        %>
                                        有效
                                        <%
                                            } else {
                                        %>
                                        无效
                                        <%
                                            }
                                        %>
                                    </td>
                                    <td class="center_td">
                                        <a class="icon icon-edit   link-hand-dialog"
                                            data-toggle="modal" data-target=
"#currency_edit_modal">编辑</a>
                                    </td>
                                </tr>
                                <%
                                    }
                                %>
                            </tbody>
                        </table>
                    </div>
                </div>
        </form>
    </body>
</html>
```

④ InsertCurrencyMaster.jsp 如下。

```jsp
<%@page language="java" pageEncoding="UTF-8"%>
<%@page import="java.util.List,entity.AdminCurrency"%>
<jsp:useBean id="adminCurrencyDao" class="dao.AdminCurrencyDaoImpl"
    scope="session"></jsp:useBean>

<html>
    <head>
        <script type="text/javascript">

        //点击保存
        function saveCurrency(){
        document.forms[0].action="currency/CurrencyMasterConfirm.jsp";
        document.forms[0].submit();
        }

        </script>
    </head>
    <body>

        <!-- form 表单 -->
```

```html
            <form action="" method="post">
                <div class="container-fluid search disabled">
                    <div class="row-fluid">
                    </div>
                </div>

                <div class="main">
                    <div class="banner">
                        <span>新增货币</span>
                    </div>
<div id="customer_dialog" >
    <table class="table-edit table-bordered table-striped" style="width:100%;border-collapse:collapse;">
        <tbody>
            <tr>
                <td class="right_align"><div class="   ">货币编号：</div></td>
                <td><input style="ime-mode: disabled" class="span3 jq-placeholder must" type="text"  name="currencyCd"   size="10" /> </td>
            </tr>
            <tr>
                <td class="right_align"><div class="">货币名称：</div></td>
                <td><input  type='text' size="10" class="span3 jq-placeholder must" name="currencyName" ></td>
            </tr>

            <tr>
                <td class="right_align"><div class="">状态: </div></td>
                <td >
                <div >
                        <input type="radio" name="is_valid" value="T" checked style="width:40px"></input>有效
                        <input type="radio" name="is_valid" value="F" style="width:40px"></input>无效
                </div>
                </td>
            </tr>

        </tbody>
    </table>
    <div align="center" style="width:70%"> <a class="btn btn-primary btn-middle" id="save"  onclick="saveCurrency()"> 保 存 </a><a class="btn btn-inverse btn-middle btn-aft-middle" id="clear_input">取消</a></div>
</div>

            </form>
        </body>
</html>
```

⑤ CurrencyMasterConfirm.jsp 如下。

```
<%@ page language="java" pageEncoding="UTF-8"%>
<%@page import="java.util.List,entity.AdminCurrency"%>
<jsp:useBean id="adminCurrencyDao" class="dao.AdminCurrencyDaoImpl"
    scope="session"></jsp:useBean>
<html>
    <head>
    </head>
```

```
        <body>
            <%
            AdminCurrency currency=new AdminCurrency();
            currency.setCurrency_cd(request.getParameter("currencyCd"));
            currency.setCurrency_nm(new String(request.getParameter("currencyName").getBytes
("ISO-8859-1"),"UTF-8"));
            currency.setIs_valid(request.getParameter("is_valid"));
            int count=adminCurrencyDao.insertCurrency(currency);
        response.sendRedirect(request.getContextPath()+"/currency/CurrencyMaster.jsp");
            %>
        </body>
</html>
```

注意：以上是核心代码，具体详见源代码 JdbcDemoPro 项目。

页面运行（在浏览器中输入请求 url：http://localhost:8088/JdbcDemoPro/currency/CurrencyMaster.jsp），查看货币查询界面运行如图 7-15 所示。

7.3 使用 JDBC 进行事务处理

1. 事务的概念

事务指逻辑上的一组操作，组成这组操作的各个单元，或者全部成功，或者全部不成功。

例如：A 对 B 转账，对应以下 2 条 SQL 语句。

```
update from account set money=money-100 where name='a';
update from account set money=money+100 where name='b';
```

2. JDBC 控制事务语句

（1）语句介绍

当 Jdbc 程序向数据库获得一个 Connection 对象时，默认情况下，这个 Connection 对象会自动向数据库提交在它上面发送的 SQL 语句。

若想关闭这种默认提交方式，采用手动提交事务的方式，让多条 SQL 在一个事务中执行，则使用下列语句。

Connection.setAutoCommit(false)：相当于启动事务。

Connection.rollback()：回滚事务。

Connection.commit()：提交事务。

（2）实例

银行转账案例。

① 准备工作：银行账户表数据如图 7-19 所示。

	ACCOUNTNO	ACCOUNTNAME	MONEY
1	1345625678	张三	1100.00
2	1345625234	李四	3900.00

图 7-19 银行账户表

② 具体源代码如下所示（代码详见 \jspdemopro\src\com\inspur\ch7\ TransactionDemo.java）。

```
public class TransactionDemo {
    //数据库连接
```

第 7 章 JSP 中使用数据库

```java
public static Connection connection;
//创建数据库连接
static{
    try{
        //1. 加载驱动
        Class.forName("oracle.jdbc.driver.OracleDriver");
        //2. 创建数据库连接
        String url ="jdbc:oracle:thin:@localhost:1521:orcl";
        String db_username = "scott";
        String db_password = "tiger";
        connection = DriverManager.getConnection(url, db_username, db_password);
    }catch(ClassNotFoundException ex){
        ex.printStackTrace();
    }catch(SQLException ex){
        ex.printStackTrace();
    }
}

/**
 * 模拟银行转账
 * @param money
 */
public void transferMoney(double money,String outAccountNo,String inAccountNo){
    PreparedStatement pstm = null;
    try{
        connection.setAutoCommit(false);//开启事务
        String sql1 = "update  account set money=money-? where accountNo=?";
        String sql2 = "update  account set money=money+? where accountNo=?";
        pstm = connection.prepareStatement(sql1);
        pstm.setDouble(1, money);
        pstm.setString(2, outAccountNo);
        int a=pstm.executeUpdate();
        int r = 3/0;//模拟出现异常。
        pstm = connection.prepareStatement(sql2);
        pstm.setDouble(1, money);
        pstm.setString(2, inAccountNo);
        int b=pstm.executeUpdate();
        connection.commit();//提交事务
        if(a>0&&b>0){
            System.out.println("转账成功");
        }
    }catch(SQLException ex){
        ex.printStackTrace();
        try {
            connection.rollback();//回滚事务
        } catch (SQLException e) {
            e.printStackTrace();
        }
        System.out.println("转账失败");
    }catch(Exception ex){
        ex.printStackTrace();
        try {
            connection.rollback();//回滚事务
```

```
                } catch (SQLException e) {
                    e.printStackTrace();
                }
                System.out.println("转账失败");
            }
        }
        /**
         * @param args
         */
        public static void main(String[] args) {
            TransactionDemo t = new TransactionDemo();
            t.transferMoney(100,"1345625234","1345625678");
        }
    }
```

③ 分以下两种情况测试程序运行结果。
- 如果不添加 int r = 3/0,则语句模拟未出现异常,运行结果为转账成功,事务提交。
- 如果添加 int r = 3/0,则语句模拟出现异常,运行结果为转账不成功,事务回滚。

7.4 本章小结

本章对 JDBC 技术进行了详细的讲解,包含了 JDBC 概述、JDBC 常用的 API(Driver、DriverManager、Connection、Statement、ResultSet、PreparedStatement、CallableStatement、ResultSetMetaData),使用 JDBC 进行事务处理。

每个知识点都是从概念、语法到常用的方法的使用,最后利用项目案例进行详细的演示,全方位验证了 JDBC 技术的用法,使读者从根本上掌握对数据的增、删、改、查等常用操作。

习 题

1. 什么是 JDBC? JDBC 可以实现哪些功能?
2. 使用预处理语句的好处是什么?
3. 使用 JDBC 连接数据库的基本步骤是什么?

上 机 指 导

已知 Oracle 数据库中员工表(employee)的数据如图 7-20 所示。

	EMP_ID	EMP_NAME	JOB	SALARY	DEPT
1	1	王楠	clerk	4300.00	10
2	2	张敬	clerk	4300.00	10
3	3	李刚	manager	5000.00	20
▶ 4	4	马明	manager	5000.00	20

图 7-20 员工表

使用 JDBC 技术编程实现以下功能:
(1) 添加员工信息到表中;
(2) 修改员工的基本信息;
(3) 根据编号删除员工;
(4) 按照员工工作种类进行员工信息查询。

第 8 章 JSTL 概述

学习目标
- 理解 JSTL 的概念、作用、组成及分类等信息
- 掌握 JSTL 的使用方式
- 掌握 JSTL 核心标签库中常用的标签,并能够利用这些标签进行 Java Web 编程

8.1 JSTL 简介

JSTL 概念和标签库

8.1.1 JSTL 概念和标签库

1. JSTL 的概念

JSTL 全名为 JavaServer Pages Standard Tag Library,目前最新的版本为 1.2 版。JSTL 是由 JCP(Java Community Process)制定的标准规范,是一个实现 Web 应用程序中常见的通用功能的定制标记库集,这些功能包括迭代、条件判断、数据管理格式化、XML 操作以及数据库访问。这些标记库可以实现大量服务器端 Java 应用程序常用的基本功能。

2. JSTL 的作用

JSTL 的作用如下。
- 在应用程序服务器之间提供了一致的接口,最大程度地提高了 Web 应用在各应用服务器之间的移植。
- 简化了 JSP 和 Web 应用程序的开发。

3. JSTL 标签库的组成

一个标签库一般由两个部分组成:jar 文件包和 tld(taglib library description)文件。
- jar 文件包:这个部分是标签库的功能实现部分,由 Java 来实现。
- tld 文件:tld 是 taglib library description 的缩写,顾名思义,此文件是用来描述标签库的,其内容为标签库中所有标签的定义,包括标签名、功能类及各种属性。

4. JSTL 标签库的分类

JSTL 所提供的标签库主要分为 5 类:
- 核心标签库(Core tag library);
- I18N 格式标签库(I18N-capable formatting tag library);

- SQL 标签库（SQL tag library）;
- XML 标签库（XML tag library）;
- 函数标签库（Functions tag library）。

JSTL 标签库分类如表 8-1 所示。注意，该表中的 URI 针对的是 jstl1.1 版本。

表 8-1 JSTL 标签库分类

JSTL	前置名称	URI	范例
核心标签库	c	http://java.sun.com/jsp/jstl/core	<c:out>
I18N 格式标签库	fmt	http://java.sun.com/jsp/jstl/fmt	<fmt:formatDate>
SQL 标签库	sql	http://java.sun.com/jsp/jstl/sql	<sql:query>
XML 标签库	xml	http://java.sun.com/jsp/jstl/xml	<x:forBach>
函数标签库	fn	http://java.sun.com/jsp/jstl/functions	<fn:split>

8.1.2 JSTL 配置的方式

1. JSTL 配置的步骤

（1）步骤一

在项目中使用 JSTL 标签库的前提如下，JSTL 1.1 必须在支持 Servlet 2.4 且 JSP 2.0 以上版本的 Container 才可使用。使用 JSTL 标签库必须先有两样东西：两个 jar 包（jstl.jar、standard.jar）和标签库对应的 tld 文件。JSTL 是开源的，均可从 apache 官方网站免费下载。

（2）步骤二

解压下载的压缩包，将 lib 文件夹下的 jstl.jar、standard.jar 加入工程的 classpath 下，即将支持标签库的这两个 jar 包放到编译路径上。然后将 tld 文件夹复制到工程的 WEB-INF 目录下。这样工程就可以支持 JSTL 标签了。

（3）步骤三

接下来要做的就是在需要使用 JSTL 标签的 JSP 页面的开头部分将标签库引入。<%@ taglib prefix="c" uri="myJstl" %>这句话将 JSTL core 标签库引入 JSP 页面。

prefix="c"是为了使用方便而给该标签库起的一个别名，这样在使用时就不用每次都要把较长的标签库名写出来。

当某个标签库引入 JSP 文件时，<%@ taglib prefix="c" uri="myJstl" %>中的 uri 有两种写法。

- 自定义：如果使用了自定义 uri 的话，就需要在该工程的 web.xml 下加入以下信息。

```
<jsp-config>
    <taglib>
        <taglib-uri>myJstl</taglib-uri>
        <taglib-location>/WEB-INF/tld/c.tld</taglib-location>
    </taglib>
</jsp-config>
```

- 标准定义：在 JSTL1.1 中，核心标签库的 uri 默认为 http://java.sun.com/jsp/jstl/core。当打开一个 tld 文件时，在文件的头部会有一个<uri>节点，里面的内容即为 uri 的标准定义。

2. 实例：创建第一个 JSTL

在 JSP 页面中输出 "hello jstl"，具体源代码如下所示（代码详见：\jspdemopro\WebRoot\ch8\jstlDemo01.jsp）。

```
<%@ page contentType="text/html;charset=GB2312"%>
<%@ taglib uri="myJstl" prefix="c" %>
<html>
    <head>
        <title>测试你的第一个使用到 JSTL 的网页</title>
    </head>
    <body>
        <c:out value="hello jstl"></c:out>
    </body>
</html>
```

页面运行后的结果如图 8-1 所示。

图 8-1　创建第一个 JSTL 实例运行结果

8.2　核心标签库

核心标签库标签通常和 EL 一起使用，分类如表 8-2 所示。

核心标签库

表 8-2　核心标签库标签分类

分　类	功能分类	标签名称
Core	表达式操作	out set remove catch
	流程控制	if choose when otherwise
	迭代操作	forEach forTokens
	URL 操作	import url redirect

8.2.1　表达式操作

表达式操作包括 4 个标签：<c:out>、<c:set>、<c:remove>、<c:catch>。

1.<c:out>标签

（1）标签介绍

<c:out>标签的功能是用来显示数据对象（字符串、表达式）的内容或结果，即

表达式操作 1

将内容输出到 JSP 页面。

<c:out>标签的语法格式有以下两种情况。

- 没有本体内容。

```
<c:out value="value" [escapeXml="{true|false}"] [default="defaultValue"] />
```

- 有本体内容。

```
<c:out value="value" [escapeXml="{true|false}"]>
default value
</c:out>
```

<c:out>标签属性用法如表 8-3 所示。注意表中的 EL 字段，表示此属性的值是否可以为 EL。例如：Y 表示 attribute = "${表达式}" 为符合语法的，N 则反之。

表 8-3　<c:out>标签属性说明

名　称	说　　明	EL	类型	必须	默认值
value	需要显示出来的值	Y	object	是	无
default	如果 value 的值为 null，则显示 default 的值	Y	object	否	无
escapeXml	是否转换特殊字符，如：< 转换成&lt	Y	boolean	否	true

（2）实例

① 实例一：在 JSP 页面中输出表达式的值、默认值、特殊字符（代码详见：\jspdemopro\WebRoot\ch8\outDemo01.jsp）。

```
<%@ page contentType="text/html;charset=GB2312"%>
<%@ taglib uri="myJstl" prefix="c" %>
<html>
    <head>
        <title> out 标签的使用实例</title>
    </head>
    <body>
<c:out value="Hello JSP 2.0 !! " /> <br/>
    <!-- 和下面的代码等价 -->
    <%
      out.print("hello jsp2.0!!!");
    %>
<!-- 用 JSTL 标签可以尽可能少的在 JSP 中暴露 Java 逻辑代码 -->
<c:out value="${ 3 + 5 }" /> <br/>
    <!-- 和下面的代码等价 -->
    ${3+5 }
    <!-- out 标签可以完成一定的结果处理，当 value 值为空的时候，可以重新设定一个值 default。而 EL 表达式没有这个功能 -->
<c:out value="${ param.data }" default="No Data" /> <br/>
<c:out value="<B>有特殊字符</B>" /> <br/>
<c:out value="<B>有特殊字符</B>" escapeXml="false" />
    </body>
</html>
```

页面运行后的结果如图 8-2 所示。

② 实例二：在 JSP 页面中输出 page、request、session、application 作用域中的变量值（代码详见：\jspdemopro\WebRoot\ch8\outDemo02.jsp）。

```jsp
<%@ page language="java" import="java.util.*" pageEncoding="UTF-8"%>
<%@ taglib uri="myJstl" prefix="c" %>
<html>
    <head>
        <title>out 标签的使用实例</title>
  </head>
  <body>
<c:out value="111"></c:out>
<%//存放值 pageContext.setAttribute("username", "1111");
request.setAttribute("username", "222");
session.setAttribute("username", "333");
application.setAttribute("username", "444");%>
<!-- 取出值显示到浏览器端 -->
<c:out value="${pageScope.username}" /><br>
<c:out value="${requestScope.username}" /><br>
<c:out value="${sessionScope.username}" /><br>
<c:out value="${applicationScope.username}" />
  </body>
</html>
```

页面运行后的结果如图 8-3 所示。

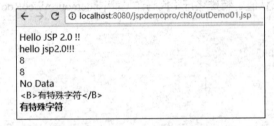

图 8-2 <c:out>标签实例一的运行结果

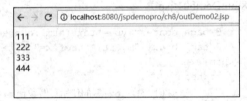

图 8-3 <c:out>标签实例二的运行结果

2．<c:set>标签

（1）标签介绍

<c:set>标签主要用来将变量储存至 JSP 范围中或是 JavaBean 的属性中。<c:set>标签的语法格式有以下 4 种情况。

表达式操作 2

- 将 value 的值储存至范围为 scope 的 varName 变量之中。

```
<c:set value="value" var="varName" [scope="{ page|request|session|application }"]/>
```

- 将本体内容的数据储存至范围为 scope 的 varName 变量之中。

```
<c:set var="varName" [scope="{ page|request|session|application }"]>
… 本体内容
</c:set>
```

- 将 value 的值储存至 target 对象的属性中。

```
<c:set value="value" target="target" property="propertyName" />
```

- 将本体内容的数据储存至 target 对象的属性中。

```
<c:set target="target" property="propertyName">
... 本体内容
</c:set>
```

<c:set>标签属性的用法如表 8-4 所示。

表 8-4 <c:set>标签属性说明

名 称	说 明	EL	类型	必须	默认值
value	要被储存的值	Y	Object	否	无
var	欲存入的变量名称	N	String	否	无
scope	var 变量的 JSP 范围	N	String	否	page
target	是一 JavaBean 或 java.util.Map 对象	Y	Object	否	无
property	指定 target 对象的属性	Y	String	否	无

（2）实例

在 JSP 页面中向 session 范围存放一个变量 name1，变量的值为 hello，并在页面输出；给 target 指定的 JavaBean 的属性赋值，并在页面输出。

具体源代码如下所示（代码详见：\jspdemopro\WebRoot\ch8\setDemo01.jsp）。

```jsp
<%@ page language="java" import="java.util.*" pageEncoding="UTF-8"%>
<%@ taglib uri="myJstl" prefix="c" %>
<html>
  <head>
    <title>set 标签用法实例</title>
  </head>
  <body>
    <ul>
<!--用法一：设置一个变量到 page 范围中 -->
<li><c:set var="username" value="123" />
<c:out value="${pageScope.username}" /></li>
    <!-- <li>向 session 范围中存放一个变量 name1,变量的值为 hello:<c:set value="hello"
var="name1" scope="session"></c:set></li> -->
    <!-- 和下面的写法等价 -->
    <li>向 session 范围中存放一个变量 name1,变量的值为 hello:<c:set var="name1" scope=
"session">hello</c:set></li>
    <li>从 sesion 中获取 name1 信息：${sessionScope.name1}</li>
    <!-- 给 target 指定的 JavaBean 属性赋值 -->
    <jsp:useBean id="person" class="com.inspur.ch6.Person"></jsp:useBean>
    <c:set target="${person}" property="name">zhangsan</c:set>
    <c:set target="${person}" property="age">20</c:set>
    <c:set target="${person}" property="sex">男</c:set>
    <%
      //上面的代码和下面的代码等价
      person.setName("zhangsan");
      person.setAge(20);
      person.setSex("男");
    %>
    <li>人的姓名:<c:out value="${person.name }">姓名为空</c:out></li>
    <li>人的年龄:<c:out value="${person.age }">年龄为空</c:out></li>
```

```
        <li>人的性别:<c:out value="${person.sex }">性别为空</c:out></li>
     </ul>
  </body>
</html>
```

页面运行后的结果如图 8-4 所示。

图 8-4 <c:set>标签实例运行结果

3. <c:remove>标签

（1）标签介绍

<c:remove>标签的功能主要用来移除变量。

<c:remove>标签的语法如下。

```
<c:remove var="varName" [scope="{ page|request|session|application }"] />
```

<c:remove>标签属性用法如表 8-5 所示。

表 8-5 <c:remove>标签属性说明

名 称	说 明	EL	类型	必须	默认值
var	欲移除的变量名称	N	String	是	无
scope	var 变量的 JSP 范围	N	String	否	page

注意：<c:remove>必须要有 var 属性，即要被移除的属性名称，scope 则可有可无。

将 number 变量从 session 范围中移除。若不设定 scope，则<c:remove>将会从 page、request、session 及 application 中顺序寻找是否存在名称为 number 的数据，若能找到，则将它移除，反之则不会做任何事情。

（2）实例

通过使用<c:remove>标签前后输出变量的值，验证<c:remove>标签的移除功能（代码详见：\jspdemopro\WebRoot\ch8\removeDemo01.jsp）。

```
<%@ page language="java" import="java.util.*" pageEncoding="UTF-8"%>
<%@ taglib uri="myJstl" prefix="c" %>
<html>
  <head>
    <title>remove 标签的实例</title>
  </head>
  <body>
    <c:set var="name" scope="session">zhangsan</c:set>
    <c:set var="age" scope="session">20</c:set>
    <c:set var="sex" scope="session">男</c:set>
    <!-- 在 remove 之前取出存放的信息，并在页面上进行显示 -->
    <li><c:out value="${name}"></c:out></li>
```

```
    <li><c:out value="${age}"></c:out></li>
    <li><c:out value="${sex}"></c:out></li>
    <!-- remove 来删除信息 -->
    <c:remove var="name" scope="session"/>
    <c:remove var="age"/>
    <!-- remove 之后的信息，并在页面上进行显示 -->
    <li><c:out value="${name}"></c:out></li>
    <li><c:out value="${age}"></c:out></li>
    <li><c:out value="${sex}"></c:out></li>
  </body>
</html>
```

页面运行后的结果如图 8-5 所示。

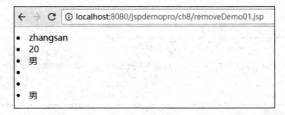

图 8-5 <c:remove>标签实例的运行结果

4. <c:catch>标签

（1）标签介绍

<c:catch>标签的功能主要是用来处理产生错误的异常状况，并且将错误信息储存起来。

<c:catch>标签的语法如下。

```
<c:catch [var="varName"] >
… 欲抓取错误的部分
</c:catch>
```

<c:catch>标签属性用法如表 8-6 所示。

表 8-6 <c:catch>标签属性说明

名 称	说 明	EL	类型	必须	默认值
var	用来储存错误信息的变量	N	String	否	无

注意：

- <c:catch>主要将可能发生错误的部分放在<c:catch>和</c:catch>之间。如果真的发生错误，就将错误信息储存至 varName 变量中。
- 当错误发生在<c:catch>和</c:catch>之间时，则只有<c:catch>和</c:catch>之间的程序会被中止忽略，但整个网页不会被中止。

（2）实例

当错误发生时，页面输出<c:catch>标签抓取的错误信息，并验证当错误发生在<c:catch>和</c:catch>之间时，只有<c:catch>和</c:catch>之间的程序会被中止忽略，但整个网页不会被中止（代码详见：\jspdemopro\WebRoot\ch8\catchDemo01.jsp）。

```
<%@ page contentType="text/html;charset=GB2312"%>
```

```
<%@ taglib uri="myJstl" prefix="c" %>
<html>
<body>
<c:catch var="error_Message">
<%
  String eFormat="not number";
  int i=Integer.parseInt(eFormat);
System.out.println("以下代码不会被执行");
%>
</c:catch>
${error_Message}
</body>
</html>
```

页面运行后的结果如图 8-6 所示。

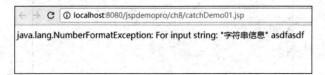

图 8-6 <c:catch>标签实例的运行结果

8.2.2 流程控制

流程控制标签包括 4 个标签：<c:if>、<c:choose>、<c:when>、<c:otherwise>。

1. <c:if>标签

（1）标签介绍

<c:if>标签的用途就和在程序中用的 if 一样。

<c:if>标签的语法如下。

① 没有本体内容。

```
<c:if test="testCondition" var="varName" [scope="{page|request|session|application}"]/>
```

② 有本体内容。

```
<c:if test="testCondition" [var="varName"] [scope="{page|request|session|application}"]>
```

<c:if>标签属性的用法如表 8-7 所示。

表 8-7 <c:if>标签属性说明

名称	说明	EL	类型	必须	默认值
test	如果表达式的结果为 true，则执行本体内容，false 则相反	Y	boolean	是	无
var	用来储存 test 运算后的结果，即 true 或 false	N	String	否	无
scope	var 变量的 JSP 范围	N	String	否	page

注意：

- <c:if>标签必须要有 test 属性，当 test 中的表达式结果为 true 时，则会执行显示或者执行本体内容（本体内容可以是文本，可以是 jsp 脚本元素，也可以是 html 代码等）；如果为 false，则不会执行。

- <c:if>的本体内容除了能放纯文字，还可以放任何 JSP 程序代码（Scriptlet）、JSP 标签或者 HTML 码。

（2）实例

在 JSP 页面中：

① 如果条件（test 属性的值）为 true，则显示或者执行本体信息（本体信息可以是文本，可以 jsp 脚本元素，也可以 html 代码等），否则不显示。

② 可以将 if 条件的逻辑结果存放在 var 指定的变量中，并把 var 指定的值输出。

③ 从请求中获取成绩信息，成绩在 90 分以上在页面上显示优秀，成绩在 80～90 分显示良好，60～80 分显示及格，其他显示不及格。

具体源代码如下所示：（代码详见：\jspdemopro\WebRoot\ch8\ifDemo01.jsp）。

```
<%@ page language="java" import="java.util.*" pageEncoding="UTF-8"%>
<%@ taglib uri="myJstl" prefix="c" %>
<html>
    <head>
<title>if 标签案例</title>
    </head>
    <body>
!-- 测试 c:if -->
<c:if test="true">
如果条件为 true,则输出该结果</c:if><br/>
<c:if test="false">
 如果条件为 false,不执行该本体内容</c:if><br/>
<!-- 将 if 条件的逻辑结果存放在 var 指定的变量中，并把 var 指定的值输出 -->
<c:if test="${4>3}" var="flag" scope="request">4>3</c:if><br/>
<c:out value="${requestScope.flag}" /><br/>
    <hr>
    <!-- 从请求中获取成绩信息，成绩如果为 90 分以上，则在页面上显示优秀，成绩在 80～90 分显示良好，60～
80 分显示及格，其他显示不及格 -->

    <c:if test="${param.score>=90}">
            优秀
    </c:if>
    <c:if test="${param.score>=80&&param.score<90}">
            良好
    </c:if>
    <c:if test="${param.score>=60&&param.score<80}">
            及格
    </c:if>
    <c:if test="${param.score<60}">
            不及格
    </c:if>
</body>
</html>
```

页面运行后的结果如图 8-7 所示。

2. <c:choose>标签

<c:choose>标签本身只当作<c:when>和<c:otherwise>的父标签。

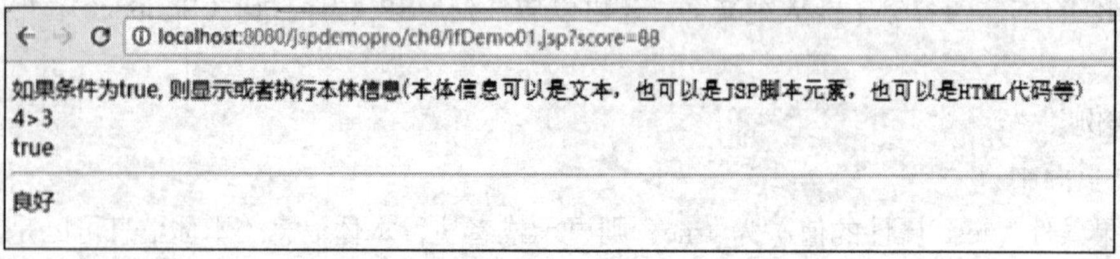

图8-7 <c:if>标签实例的运行结果

<c:choose>标签的语法如下。

```
<c:choose>
    :
    <c:when>
    </c:when>
    :
    <c:otherwise>
    </c:otherwise>
    :
</c:choose>
```

注意:
- <c:choose>的本体内容只有以下3种情况: 空白; 1或多个<c:when>; 0或多个<c:otherwise>。
- <c:when>的用途就和一般在程序中用的when一样。
- <c:when>必须有test属性, 当test中的表达式结果为true时, 则会执行本体内容; 如果为false时, 则不会执行。

```
<c:when test="testCondition" >
本体内容
</c:when>
```

- 在同一个<c:choose>中时, <c:when>必须在 <c:otherwise> 之前。

<c:when>标签属性的用法如表8-8所示。

表8-8 <c:when>标签属性说明

名 称	说 明	EL	类型	必须	默认值
test	如果表达式的结果为true, 则执行本体内容, false则相反	Y	boolean	是	无

3. <c:otherwise>标签

<c:otherwise>是<c:choose>标签的子标签, 在同一个<c:choose>中, 当所有<c:when>的条件都没有成立时, 则执行<c:otherwise>的本体内容。

<c:otherwise>标签的语法如下。

```
<c:otherwise>
    本体内容
</c:otherwise>
```

流程控制2

注意: 在同一个<c:choose>中时, <c:otherwise>必须为最后一个标签。

4. 实例

从请求中获取成绩信息,成绩在 90 分以上在页面上显示优秀,成绩在 80~90 分显示良好,60~80 分显示及格,其他显示不及格(代码详见:\jspdemopro\WebRoot\ch8\chooseDemo01.jsp)。

```
<%@ page language="java" import="java.util.*" pageEncoding="UTF-8"%>
<%@ taglib uri="myJstl" prefix="c" %>
<html>
  <head>
    <title>choose when otherwise 标签案例</title>
  </head>
  <body>
<!-- 从请求中获取成绩信息,成绩在 90 分以上在页面上显示优秀,成绩在 80~90 分显示良好,60~80 分显示及格,其他显示不及格 -->
    <c:choose>
      <c:when test="${param.score>=90}">
                优秀
      </c:when>
      <c:when test="${param.score>=80&&param.score<90}">
              良好
      </c:when>
      <c:when test="${param.score>=60&&param.score<80}">
              及格
      </c:when>
      <c:otherwise>
          不及格
      </c:otherwise>
    </c:choose>
  </body>
</html>
```

页面运行后的结果如图 8-8 所示。

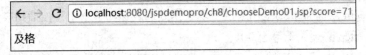

图 8-8 <c:choose>等标签实例的运行结果

8.2.3 迭代操作

迭代操作包括两个标签:<c:forEach>和<c:forTokens>。

1. <c:forEach>标签

(1)标签介绍

<c:forEach>标签的功能为循环控制,它可以将集合(collection)中的成员循序浏览一遍。运作方式为当条件符合时,就会持续重复执行<c:forEach>的本体内容。

迭代操作

<c:forEach>标签的语法如下。

- 迭代一集合对象之所有成员。

```
<c:forEach [var="varName"] items="collection" [varStatus="varStatusName"] [begin="begin"]
[end="end"] [step="step"]>
```

```
    本体内容
</c:forEach>
```

- 迭代指定的次数。

```
<c:forEach [var="varName"] [varStatus="varStatusName"] begin="begin" end="end" [step="step"]>
    本体内容
</c:forEach>
```

<c:forEach>标签属性的用法如表 8-9 所示。

表 8-9　<c:forEach>标签属性说明

名　　称	说　　明	EL	类型	必须	默认值
var	用来存放现在指到的成员	N	String	否	无
items	被迭代的集合对象	Y	Arrays Collection Iterator Enumeration Map String	否	无
varStatus	用来存放现在指到的相关成员信息	N	String	否	无
begin	开始的位置	Y	int	否	0
end	结束的位置	Y	int	否	最后一个成员
step	每次迭代的间隔数	Y	int	否	1

注意：

① <c:forEach>除了支持数组之外，还有标准 J2SE 的集合类型，如 ArrayList、List、LinkedList、Vector、Stack、Set 等；另外还包括 java.util.Map 类的对象，如 HashMap、Hashtable、Properties、Provider 和 Attributes。

② <c:forEach>还有 begin、end 和 step 这 3 种属性：begin 主要用来设定在集合对象中开始的位置（注意：假若有 begin 属性时，begin 必须大于等于 0）；end 用来设定结束的位置（假若有 end 属性时，必须大于 begin）；而 step 则是用来设定现在指到的成员和下一个将被指到成员之间的间隔（假若有 step 属性时，step 必须大于等于 0）。

③ 另外，<c:forEach>标签还提供 varStatus 属性，主要用来存放现在指到之成员的相关信息。例如，写成 varStatus="s"，那么将会把信息存放在名称为 s 的属性当中。varStatus 属性还有另外 4 个属性，用法如表 8-10 所示。

表 8-10　varStatus 属性说明

属　　性	类　　型	意　　义
index	number	现在指到成员的索引
count	number	总共指到成员的总数
first	boolean	现在指到的成员是否为第一个成员
last	boolean	现在指到的成员是否为最后一个成员

（2）实例

在 JSP 页面中有 3 个<c:forEach>标签示例，分别如下。

① 利用 forEach 来控制迭代次数。

② 利用 forEach 来遍历输出集合信息。
③ 以美化的表格形式遍历输出人的信息。
具体源代码如下所示（代码详见：\jspdemopro\WebRoot\ch8\forEachDemo01.jsp）。

```jsp
<%@ page language="java" import="java.util.*,com.inspur.ch6.Person" pageEncoding="UTF-8"%>
<%@ taglib uri="myJstl" prefix="c" %>
<html>
  <head>
    <title>foreach 案例</title>
</head>
  <body>
    <!--1. 利用 forEach 来控制迭代次数 -->
    <!-- begin\end\step 支持 EL 表达式 -->
    <%
       int i=1;
       pageContext.setAttribute("i", i);
    %>
    <!-- 等价于下面的代码 -->
    <c:set var="i" value="1" scope="page"></c:set>
    <!-- <c:forEach begin="0" end="3" step="1">
      文本信息<br>
    </c:forEach> -->
    <c:forEach begin="${i }" end="3" step="1">
      文本信息<br>
    </c:forEach>
    <!-- 2. 利用 forEach 来遍历输出集合信息 -->
    <%
      String names[] = new String[3];
      names[0]="zhangsan";
      names[1]="lisi";
      names[2]="wangwu";
      pageContext.setAttribute("names", names);
    %>
    <c:forEach var="name" items="${names}">
      <c:out value="${name}"></c:out>
    </c:forEach><br/>
<%
//存放测试值（Map）
Map map = new HashMap();
map.put("zhangsan", "200.0");
map.put("lisi", "2000.0");
request.setAttribute("map", map);
%>
<c:forEach items="${map}" var="entry">
<c:out value="${entry.key}" />
<c:out value="${entry.value}" /></c:forEach><br/>
    <!-- 遍历输出人的信息 -->
    <%
      ArrayList<Person> personList = new ArrayList<Person>();
      Person p1 = new Person();
      p1.setName("zhangsan1");
      p1.setAge(20);
      p1.setSex("男");
      Person p2 = new Person();
```

```
              p2.setName("zhangsan2");
              p2.setAge(21);
              p2.setSex("男");
              Person p3 = new Person();
              p3.setName("zhangsan3");
              p3.setAge(22);
              p3.setSex("男");
              personList.add(p1);
              personList.add(p2);
              personList.add(p3);
          %>
          <c:set var="personList" value="<%=personList%>" scope="session"></c:set>
          <%-- <table border="1px" width="100%">
          <c:forEach var="p" items="${personList}" varStatus="s">
            <tr>
              <td><c:out value="${s.index}"></c:out></td>
             <td><c:out value="${s.count}"></c:out></td>
              <td><c:out value="${s.first}"> </c:out></td>
              <td><c:out value="${s.last}"></c:out></td>
              <td><c:out value="${p.name}"></c:out></td>
              <td><c:out value="${p.age}"></c:out></td>
              <td><c:out value="${p.sex}"></c:out></td>
            </tr>
          </c:forEach>
          </table> --%>
          <!-- 把上面的表格信息进行美化，完成隔行变色的效果 -->
          <table border="1px" width="100%">
          <c:forEach var="p" items="${personList}" varStatus="s">
            <%-- <tr bgcolor="${s.count%2==0?red:yellow}"> --%>
            <c:if test="${s.count%2==0 }">
              <tr bgcolor="red">
            </c:if>
            <c:if test="${s.count%2!=0}">
              <tr bgcolor="yellow">
            </c:if>
              <td><c:out value="${s.index}"></c:out></td>
              <td><c:out value="${p.name}"></c:out></td>
              <td><c:out value="${p.age}"></c:out></td>
              <td><c:out value="${p.sex}"></c:out></td>
            </tr>
          </c:forEach>
          </table>
        </body>
    </html>
```

页面运行后的结果如图 8-9 所示。

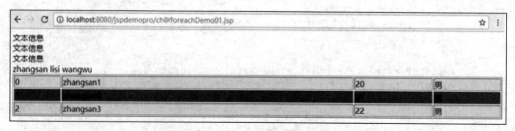

图 8-9　<c:forEach>等标签实例的运行结果

2. <c:forTokens>标签

（1）标签介绍

<c:forTokens>标签将字符串分隔为一个子串数组，然后迭代它们，用来浏览一字符串中所有的成员，其成员是由定义符号（delimiters）分隔的。

<c:forTokens>标签的语法如下。

```
<c:forTokens items="stringOfTokens" delims="delimiters" [var="varName"]
        [varStatus="varStatusName"] [begin="begin"] [end="end"] [step="step"]>
    本体内容
</c:forTokens>
```

<c:forTokens>标签属性的用法如表8-11所示。

表8-11 <c:forTokens>标签属性说明

名称	说明	EL	类型	必须	默认值
var	用来存放现在指到的成员	N	String	否	无
items	被迭代的字符串	Y	String	是	无
delims	定义用来分割字符串的字符	N	String	是	无
varStatus	用来存放现在指到的相关成员信息	N	String	否	无
begin	开始的位置	Y	int	否	0
end	结束的位置	Y	int	否	最后一个成员
step	每次迭代的间隔数	Y	int	否	1

（2）实例

在JSP页面中使用<c:forTokens>标签：

- 获取输出字符串中用"_"分割的所有的子字符串；
- 获取输出字符串中用","分割的所有的子字符串。

```
<%@ page contentType="text/html;charset=GB2312"%>
<%@ taglib uri="myJstl" prefix="c" %>
<html>
  <head>
    <title>forTokens 标签的使用</title>
</head>
  <body>
<%String strings = "AAA_BBB_CCC_DDD";
request.setAttribute("strings", strings);
String strings1 = "AAA,BBB,CCC,DDD";
request.setAttribute("strings1", strings1);%>
<c:forTokens items="${strings}" delims="_" var="token">
    <c:out value="${token}" />
</c:forTokens><br>
    <c:forTokens items="${strings1}" delims="," var="token">
    <c:out value="${token}" /></c:forTokens>
  </body>
</html>
```

页面运行后的结果如图8-10所示。

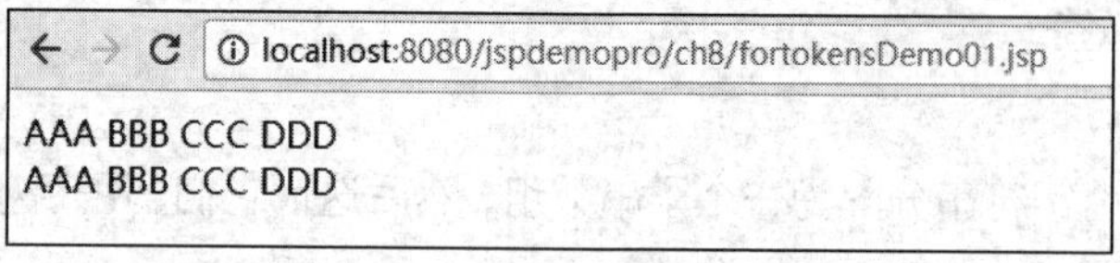

图 8-10　<c:forTokens>等标签实例的运行结果

8.2.4　URL 操作

JSTL 包含 3 个与 URL 操作有关的标签，分别为<c:import>、<c:redirect>、<c:url>。<c:import>标签可以用来将其他文件的内容包含起来，<c:redirect>标签用来进行网页的导向，<c:url>标签用来产生 url。

URL 操作 1

1．<c:import>标签

（1）标签介绍

<c:import> 可以把其他静态或动态文件包含至本身 JSP 网页，它和 JSP Action 的<jsp:include>很相似。它们最大的差别在于<jsp:include>只能包含和自己同一个 Web Application 下的文件；而<c:import>除了能包含和自己同一个 Web Application 的文件外，还可以包含不同 Web Application 或者是其他网站的文件。

<c:import>标签的语法如下。

```
<c:import url="url" [context="context"] [var="varName"]
    [scope="{page|request|session|application}"]
        [charEncoding="charEncoding"]>
本体内容
</c:import>
```

或

```
<c:import url="url" [context="context"]
        varReader="varReaderName" [charEncoding="charEncoding"]>
本体内容
</c:import>
```

<c:import>标签属性的用法如表 8-12 所示。

表 8-12　<c:import>标签属性说明

名　　称	说　　明	EL	类型	必须	默认值
url	一文件被包含的地址	Y	String	是	无
context	相同 Container 下，其他 Web 站台必须以 "/" 开头	Y	String	否	无
var	储存被包含的文件的内容（以 String 类型存入）	N	String	否	无
scope	var 变量的 JSP 范围	N	String	否	Page
charEncoding	被包含文件之内容的编码格式	Y	String	否	无
varReader	储存被包含的文件的内容（以 Reader 类型存入）	N	String	否	无

注意：

- <c:import>中必须要有 url 属性，它是用来设定被包含网页的地址。它可以为绝对地址或是相对地址，使用绝对地址的写法示例如下。

```
<c:import url="http://www.hands-on.com.cn" />
```

- <c:import>也支持 ftp 协议，示例如下。

```
<c:import url="ftp://www.hands-on.com.cn/data.txt" />
```

- 使用<c:import>的网页存在于同一个 webapps 的文件夹中，示例如下。

```
<c:import url="Hello.jsp" />
```

- 在同一个服务器上，但并非同一个 Web 站台的文件，示例如下。

```
<c:import url="/jsp/index.html" context="/others" />
```

在通过<c:import>标签引入在同一个服务器上且不是同一个 Web 站台的文件时，需要注意被包含文件的 Web 站台必须在 server.xml 中被定义过，且<Context>的 crossContext 属性值必须为 true，这样一来，上例中的 others 目录下的文件才可以被其他 Web 站台调用。

server.xml 的设定范例如下。

```
<Context path="/others" docBase="others" debug="0"
reloadable="true" crossContext="true"/>
```

- <c:import>也提供 var 和 scope 属性。当 var 属性存在时，虽然同样会把其他文件的内容包含进来，但是它并不会输出至网页上，而是以 String 的类型储存至 varName 中。scope 则是设定 varName 的范围。储存之后的数据可以在需要用时取出来。

```
<c:import url="/images/hello.txt" var="s" scope="session" />
```

常重复使用的商标、欢迎语句或者是版权声明可以用此方法储存起来，想输出在网页上时，再将其导入进来。假若想要改变文件内容时，可以只改变被包含的文件，不用修改其他网页。

- <c:import>的本体内容中可以使用<c:param>，它的功能主要是将参数传递给被包含的文件。<c:param>标签属性的用法如表 8-13 所示。

表 8-13 <c:param>标签属性说明

名称	说明	EL	类型	必须	默认值
name	参数名称	Y	String	是	无
value	参数的值	Y	String	否	本体内容

<c:param>标签可以作为<c:import>等标签的子标签进入参数传递，代码如下。

```
<c:import url="http://www.hands-on.com.cn" >
<c:param name="test" value="1234" />
</c:import>
```

等价于

```
http://www.hands-on.com.cn?test=1234
```

（2）实例

① 实例一：在页面中验证<c:import>标签的 url 属性可以是相对路径和绝对路径，验证 context 属性的用法（代码详见：\jspdemopro\WebRoot\ch8\importDemo01.jsp）。

```
<%@ page language="java" import="java.util.*" pageEncoding="UTF-8"%>
<%@ taglib uri="myJstl" prefix="c" %>
<html>
  <head>
```

```
        <title>import 标签案例演示 url 和 context 属性</title>
      </head>
    <body>
      <!-- url 属性可以是相对路径和绝对路径 -->
      <h1>当前页面包含百度首页资源信息(绝对路径案例)</h1>
      <%-- <c:import url="http://www.baidu.com"/> --%>
      <h1>相对路径案例</h1>
      <c:import url="aa.txt" charEncoding="gbk"></c:import> <br/>
      <!-- "/"开头表示应用的根目录， webroot 根目录 -->
      <c:import url="/bb.txt" charEncoding="gbk"></c:import> <br/>
      <!-- context 属性 用于在访问其他 Web 应用的文件时，指定根目录
          注意：1. context 的值，需要在前面加上符号 "/"
          2. 需要配置 Web 项目的 crossContext 属性值为 true，注意是区分大小写的（tomcat server.xml 中
配置）-->
      <c:import url="/index.jsp" context="/jspdemo"></c:import>
    </body>
</html>
```

页面运行后的结果如图 8-11 所示。

图 8-11 <c:import>标签实例一的运行结果

② 实例二：在页面中验证<c:import>标签的 var 属性的用法，验证<c:import>标签中嵌套子标签 <c:param>来传递参数（代码详见：\jspdemopro\WebRoot\ch8\importDemo02.jsp）。

```
<%@ page language="java" import="java.util.*" pageEncoding="UTF-8"%>
<%@ taglib uri="myJstl" prefix="c" %>
<html>
  <head>
    <base href="<%=basePath%>">
    <title>import 标签案例 var 和 scope</title>
    </head>
  <body>
     <!-- 如果有 var 属性，则包含进来的信息不会在页面上显示，而是存储到 var 指定的变量中。存储的范围
通过 scope 进行指定 -->
     <c:import url="a1.txt" var="helloInfor" scope="session" charEncoding="gbk"></c:import>
     <!-- 存储之后，用的时候随时取出 -->
     <h1>${sessionScope.helloInfor}</h1>
     <c:import url="http://www.inspur.com"  charEncoding="utf-8">
        <c:param name="username" value="zhangsan"></c:param>
        <c:param name="password" value="123"></c:param>
     </c:import>
   </body>
</html>
```

页面运行后的结果如图 8-12 所示。

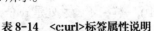

图 8-12 <c:import>标签实例二的运行结果

2. <c:url>标签

（1）标签介绍

<c:url>标签主要用来产生一个 URL。

<c:url>标签的语法如下。

- 没有本体内容。

```
<c:url value="value" [context="context"] [var="varName"]
    [scope="{page|request|session|application}"] />
```

- 有本体内容。

```
<c:url value="value" [context="context"] [var="varName"]
    [scope="{page|request|session|application}"] >
    <c:param> 标签
</c:url>
```

URL 操作 2

<c:url>标签属性的用法如表 8-14 所示。

表 8-14 <c:url>标签属性说明

名 称	说 明	EL	类型	必须	默认值
value	执行的 URL	Y	String	是	无
context	相同 Container 下，其他 Web 站台必须以 "/" 开头	Y	String	否	无
var	储存被包含文件的内容（以 String 类型存入）	N	String	否	无
scope	var 变量的 JSP 范围	N	String	否	Page

<c:url>也可以搭配<c:param>使用。

```
<a href="<c:url value="http://www.inspur.com " >
<c:param name="param" value="value"/>
</c:url>">浪潮优派</a>
```

相当于

```
<a href=http:// http://www.inspur.com? param=value>浪潮优派</a>
```

（2）实例

在 JSP 页面中，验证通过<c:url>标签来产生一个 URL（代码详见：\jspdemopro\WebRoot\ch8\urlDemo01.jsp）。

```
<%@ page language="java" import="java.util.*" pageEncoding="UTF-8"%>
<%@ taglib uri="myJstl" prefix="c" %> <html>
<head>
    <title>url 实例演示</title>
</head>
  <body>
    <!-- 通过超链接,来访问 tomcat 首页面 -->
    <!-- 动态生成 url 地址信息 -->
    <c:url value="http://localhost:8080/" var="tomcatIndex" scope="page"></c:url>
    <a href="${tomcatIndex}">访问 tomcat 首页面</a>
<hr/>
<!--   <c:url value="页面的url" context="/项目名" var="存放产生的url" scope="var的范围" />  -->
<c:url var="myurl" value="/index.jsp" context="/ch5"><c:param name="uname" value="zhangsan">
</c:param></c:url> ${myurl}
  </body>
</html>
```

页面运行后的结果如图 8-13 所示。

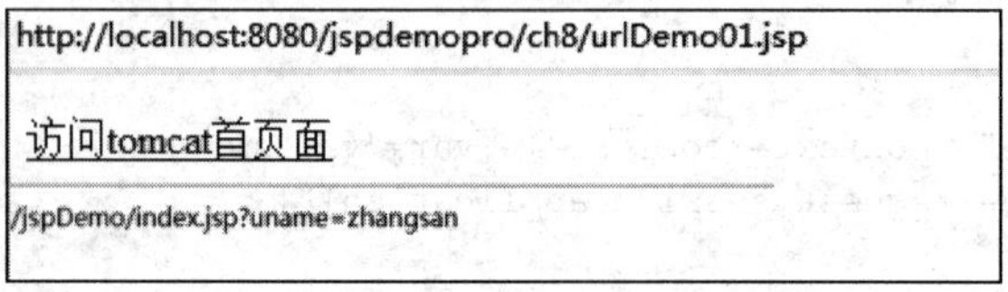

图 8-13 <c:url>标签实例的运行结果

3. <c:redirect>标签

（1）标签介绍

<c:redirect>标签可以将客户端的请求从一个 JSP 网页导向到其他文件。此标签实现请求重定向，它的作用和 response.sendRedirect("url");一样，不同之处是 redirect 还可以重定向到其他项目的页面。

<c:redirect>标签的语法如下。

① 没有本体内容。

```
<c:redirect url="url" [context="context"] />
```

② 有本体内容。

```
<c:redirect url="url" [context="context"]>
    <c:param>标签
</c:redirect>
```

<c:redirect>标签的属性用法如表 8-15 所示。

表 8-15 <c:redirect>标签属性说明

名 称	说 明	EL	类型	必须	默认值
url	导向的目标地址	Y	String	是	无
context	相同 Container 下，其他 Web 站台必须以 "/" 开头	Y	String	否	无

注意：

- url 就是设定要被导向到的目标地址，它可以是相对或绝对地址，如：

```
<c:redirect url="http://www.hands-on.com.cn" />
<c:redirect url="/index.jsp" />
```

- 加上 context 这个属性，用来导向至其他 Web 站台上的文件，重定向到其他项目的页面，如：

```
<c:redirect url="/jsp/index.html" context="/others" />
```

- <c:redirect>的功能不仅可以导向网页，还可以传递参数给目标文件。

（2）实例

在 JSP 页面中，验证通过<c:redirect>标签转向其他页面（代码详见：\jspdemopro\WebRoot\ch8\redirectDemo01.jsp）。

```
<%@ page language="java" import="java.util.*" pageEncoding="UTF-8"%>
<%@ taglib uri="http://java.sun.com/jsp/jstl/core" prefix="c" %>
<html>
  <head>
    <title>redirect 标签用法案例</title>
  </head>
  <body>
    <!-- 在此位置进行页面的重定向,重定向到 tomcat 的首页面 -->
    <c:redirect url="http://localhost:8080/"></c:redirect>
    <%--<c:import url="http://localhost:8080/"></c:import>--%>
    <!-- 重定向和页面资源包含的区别：
    页面资源包含时是在本页面中插入其他页面，而重定向是请求的转发，等于在页面中重新输入了一次 url，当重定向到某一个页面时，浏览器中的地址会发生变化
    -->
    <!--redirect 标签等价于 response.sendRedirect 方法,区别是 response 中方法只能重定向到当前 Web 项目中的资源，而
        redirect 可以重定向到其他 Web 项目中的资源
    -->
<%response.sendRedirect("/ch5/index.jsp");%>
<c:redirect url="/index.jsp" context="/ch5" />

  </body>
</html>
```

页面运行后的结果如图 8-14 所示。

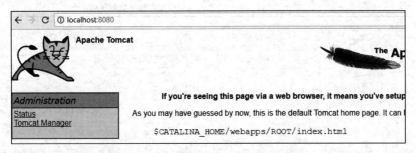

图 8-14 <c:redirect>标签实例的运行结果

8.3 本章小结

本章将 JSTL 的概念、作用、组成、分类、使用方式，以及 JSTL 核心标签库中常用的标签进行

了详细的讲解，重点需要掌握的标签有<c:set>、<c:if>、<c:forEach>等。每个知识点都是从概念、语法格式到使用方式，最后利用案例进行详细的演示，全方位剖析每个知识点的用法，让读者从根本上掌握JSTL，并最终能够达到灵活运用。

习 题

1. 如果打算使用 request 对象的 setCharacterEncoding()方法设定字符编码处理方式，则可以使用_____JSTL 标签。

   A. <c:if>　　　　　B. <c:set>　　　　　C. <c:out>　　　　　D. <c:url>

2. 如果 taglib 设定如下：

   ```
   <%@taglib prefix="x" uri="http://openhome.cc/magic/x"%>
   ```

   则以下使用自定义标签的正确方式是_____。

   A. <x:if>　　　　　B. <magic:forEach>　　　C. <if/>　　　　　D. <x:if/>

3. 可用来实现 Java 程序中 if、if…else 的功能的 JSTL 标签是_____。

   A. <c:if>　　　　　B. <c:else>　　　　　C. <c:when>　　　　　D. <c:otherwise>

4. 核心标签库包括哪几类操作？

5. 核心标签库中表达式操作有哪几种？分别描述每种的作用。

6. 迭代操作包括哪几种标签？它们各自的作用及其之间的区别是什么？

上 机 指 导

编写一个 JSP 页面，实现将表 8-16 所示的内容存储在 Map 中，并使用 forEach 进行遍历输出。

表 8-16　JSP 页面输出信息

百度	http://www.baidu.com/
雅虎	http://cn.yahoo.com/
谷歌	http://www.google.com/

09 第 9 章 Servlet 概述

学习目标
- 了解 Servlet
- 掌握 Servlet 实现
- 掌握 Servlet 的生命周期

9.1 Servlet 简介

9.1.1 认识 Servlet

要掌握 JSP，就必须了解它的底层技术 Java Servlet。Servlet 是一种可以扩展 Web 服务器功能的 Java 类，可以用于生成动态的网页。Servlet 运行在 Servlet 容器中，负责 Servlet 的加载和卸载。Web 服务器将 http 请求传导给 Servlet，并将 Servlet 生成的内容传回给客户端。

目前常见的 Servlet 容器有 Tomcat、Jetty、Resin 等。用户访问 Servlet 的流程如图 9-1 所示。

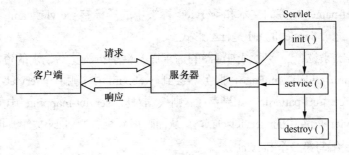

图 9-1 用户访问 Servlet 的流程

9.1.2 实现 Servlet

Servlet 是一个标准的 Java 类，它符合 Java 类的一般规则。和一般的 Java 类的不同之处在于 Servlet 可以处理 HTTP 请求。在 Servlet API 中提供了大量的方法，可以在 Servlet 中调用。它是用 Java 语言的 Servlet API 来编写特殊的 Java 类。当把这些 Java 类的字节码文件放到 Servlet 容器的相应目录时，它们就可以接受客户端的响应了。

实现一个 Servlet 主要包含两个步骤：①编写 Servlet 类；②配置 web.xml 文件。

1. Servlet 的继承结构

Servlet 的继承结构如图 9-2 所示。Servlet 接口中定义每一个 Servlet 都必须有的行为、规范。GenericServlet 是一个抽象类，实现了 Servlet 接口，提供了 Servlet 接口的基本实现。实际上，GenericServlet 的方法实现都很简单，因为通常在写 Servlet 时都是通过继承 HttpServlet 类来实现的。HttpServlet 是专门用于 HTTP 服务的类，它实现了 GenericServlet 类的 service()方法。

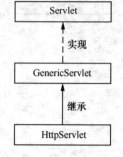

图 9-2 Servlet 的继承结构

2. 认识 web.xml 文件

服务器接收到客户端的请求，应该映射到哪个 Servlet 去处理，是在 web.xml 中进行配置的。通常，一个简单的 web.xml 应该至少具备以下内容。

```xml
<servlet>
    <servlet-name>servletDemoPage</servlet-name>
    <servlet-class>com.inspur.ch9.ServletDemoPage</servlet-class>
</servlet>
  <servlet-mapping>
    <servlet-name>servletDemoPage</servlet-name>
    <url-pattern>/servletDemoPage</url-pattern>
  </servlet-mapping>
```

对于已经了解过 XML 相关技术的读者来说，这段 XML 代码不算陌生。这里将简单介绍<servlet>相关标签和服务器之间是如何协同工作的。<servlet>标签必须包含<servlet-name>和<servlet-class>标签。<servlet-name>的作用是为这个 Servlet 配置一个名称，这个名称开发人员可以自拟，但是通常希望能够代表某种含义；<servlet-class>的作用是配置这个 Servlet 相关的类。

另外还有<servlet-mapping>标签，这个标签很重要，也是必须的。<servlet-mapping>就是 Servlet 映射，<servlet-name>标签的文本和<servlet>标签中的子标签<servlet-name>应该一致，<url-pattern>标签中规定了这个 Servlet 的 url 是什么形式。

对于服务器来说，当接收到浏览器的请求后，会解析浏览器请求的资源。例如 http://localhost:8080/jspdemopro/servletDemoPage，服务器会到 web.xml 中找哪个 Servlet 配置中存在<url-pattern>/servletDemoPage </url-pattern>，如果存在，则根据对应<servlet-mapping>中配置的<servlet-name>，找到相关的<servlet>配置中的<servlet-class>，从而映射到相关的 class 文件，创建 Servlet 实例。

3. 实例：编写第一个 Servlet

具体源代码如下所示（代码详见：/jspdemopro/src/com/inspur/ch9/ServletDemoPage.java）。

```java
package com.inspur.ch9;

import java.io.IOException;
import java.io.PrintWriter;
import java.util.Date;
import javax.servlet.ServletException;
import javax.servlet.http.HttpServlet;
import javax.servlet.http.HttpServletRequest;
import javax.servlet.http.HttpServletResponse;
import java.text.SimpleDateFormat;
```

```java
public class ServletDemoPage extends HttpServlet{
    @Override
    protected void service(HttpServletRequest req, HttpServletResponse resp)
            throws ServletException, IOException {
        resp.setContentType("text/html; charset=gbk");
        //通过打印流来向客户端相应html信息
        PrintWriter out = resp.getWriter();
        out.print("<html>");
        out.print("<head><title>servlet 开发动态页面的案例演示</title><meta http-equiv=\"charset\" content=\"gbk\"></head>");
        out.print("<body><h1>servlet 开发动态页面案例</h1>");
        Date now = new Date();
        String nowDateString = new SimpleDateFormat("yyyy-MM-dd hh:mm:ss").format(now);
        out.print(nowDateString);
        out.print("</body>");
        out.print("</html>");
    }
}
```

运行效果如图 9-3 所示。

图 9-3　第一个 Servlet 的运行结果

9.1.3　Servlet 的生命周期

Servlet 运行在 Servlet 容器中，Servlet 的生命周期就是指创建 Servlet 实例之后其存在的时间以及何时消失。

1. 生命周期的三个阶段

Servlet 的生命周期分为三个阶段，如图 9-4 所示。

（1）init()方法

在 Servlet 的生命周期中，仅执行一次 init 方法，是在服务器装入 Servlet 时执行的。默认的 init()方法设置了 Servlet 的初始化参数，并用它的 ServletConfig 对象参数来启动配置。

（2）service()方法

service()方法是 Servlet 的核心，在调用 service()方法之前，应确保已完成 init()方法。每当一个客户请求一个 HttpServlet 对象，该对象的 service()方法就被调用。默认的服务功能是调用与 Http 请求方法相应的 do 功能：当一个客户通过 HTML 表单发出一个 HTTP POST 请求时，doPost()方法被调用；

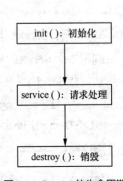

图 9-4　Servlet 的生命周期

当一个客户通过 HTML 表单发出一个 HTTP GET 请求或者直接请求一个 URL 时，doGet()方法被调用。

（3）destroy()方法

当关掉服务器或在指定的时间间隔过后调用 destroy()方法。

2. 生命周期三个阶段中方法的调用

一个浏览器从发起 Http 请求到获得 Web 服务器响应的过程，如图 9-5 所示。

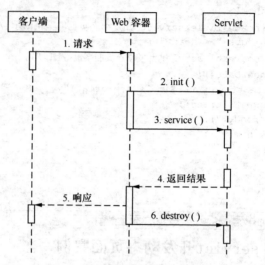

图 9-5　生命周期的各个阶段时序图

生命周期的各个阶段所调用的方法和它们的作用如图 9-6 所示。

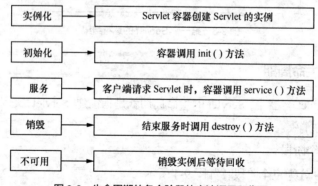

图 9-6　生命周期的各个阶段的方法调用和作用

3. 实例：Servlet 生命周期的演示

编写一个 Servlet，在它的各个生命周期对应的方法中加入相应的控制台输出，启动 Tomcat 服务器后访问此 Servlet，在控制台上查看输出的结果。

（1）创建一个 Servlet，具体源代码如下所示（代码详见：/jspdemopro/src/com/inspur/ch9/ServletLifeDemo01.java）。

```
package com.inspur.ch9;

import java.io.IOException;
import javax.servlet.ServletConfig;
```

```java
import javax.servlet.ServletException;
import javax.servlet.http.HttpServlet;
import javax.servlet.http.HttpServletRequest;
import javax.servlet.http.HttpServletResponse;

public class ServletLifeDemo01 extends HttpServlet{
    //整个生命周期中执行多次，根据请求次数不同来执行
    @Override
    protected void service(HttpServletRequest req, HttpServletResponse resp)
            throws ServletException, IOException {
        System.out.println("service方法.......");
    }
    //整个生命周期中执行一次
    @Override
    public void destroy() {
        System.out.println("destory方法.......");
    }

    //整个生命周期中执行一次
    @Override
    public void init(ServletConfig config) throws ServletException {
        System.out.println("init方法.......");
        System.out.println(config.getInitParameter("username"));
    }

}
```

（2）在 web.xml 中声明新创建的 Servlet。

```xml
<?xml version="1.0" encoding="UTF-8"?>
<web-app version="2.5"
    xmlns="http://java.sun.com/xml/ns/javaee"
    xmlns:xsi="http://www.w3.org/2001/XMLSchema-instance"
    xsi:schemaLocation="http://java.sun.com/xml/ns/javaee
    http://java.sun.com/xml/ns/javaee/web-app_2_5.xsd">
  <display-name></display-name>
  <servlet>
    <servlet-name>servletLifeDemo01</servlet-name>
    <servlet-class>com.inspur.ch9.ServletLifeDemo01</servlet-class>
    <init-param>
      <param-name>username</param-name>
      <param-value>zhangsan</param-value>
    </init-param>
  </servlet>
  <servlet-mapping>
    <servlet-name>servletLifeDemo01</servlet-name>
    <url-pattern>/servletLifeDemo01</url-pattern>
  </servlet-mapping>
  <welcome-file-list>
    <welcome-file>index.jsp</welcome-file>
  </welcome-file-list>
</web-app>
```

（3）启动 Tomcat，在浏览器中输入请求 url:http://localhost:8080/jspdemopro/servletDemo01，访问 Servlet，然后关闭 Tomcat，查看控制台的输出，显示结果如图 9-7 所示。

图 9-7　Servlet 生命周期的演示结果

9.2　使用 MyEclipse 演示 Servlet

使用 MyEclipse 演示 Servlet

本实例为用户登录的实现。使用 Servlet 开发动态的网页，可以进行简单的用户验证，实现页面的跳转。

实现步骤如下。

（1）创建登录界面使用的 Servlet:Login.java，使用 Servlet 开发登录的页面，在 service 方法中使用 PrintWriter 的实例输出登录表单的内容；表单的 action 属性指向用户验证的 Servlet。具体源代码如下所示（代码详见：/jspdemopro/ src/com/inspur/ch9/Login.java）。

```java
public class Login extends HttpServlet{

    @Override
    protected void service(HttpServletRequest req, HttpServletResponse resp)
            throws ServletException, IOException {
        resp.setContentType("text/html;charSet=utf-8");
        PrintWriter out = resp.getWriter();

        out.print("<html>");
        out.print("<head><title>用户登录界面</title></head>");
        out.println("<body><form action='loginControl'>用 户 名 : <input type='text' name='userName'" +
                "/><br>密码: <input type='password' name='password'/>" +
                "<input type='submit' value='登录'/></form></body>");
```

```
        out.print("</html>");
    }
}
```

（2）创建进行用户验证的 Servlet：LoginControl.java，首先使用 HttpServletRequest 的实例 getParameter 获取表单的数据，然后进行验证，再调用此实例的 getRequestDispatcher 方法进行页面的跳转：验证通过，转向欢迎界面对应的 Servlet；验证失败，转回登录界面对应的 Servlet。具体源代码如下所示（代码详见：/jspdemopro/src/com/inspur/ch9/LoginControl.java）。

```java
public class LoginControl extends HttpServlet {
    @Override
    protected void service(HttpServletRequest req, HttpServletResponse resp)
            throws ServletException, IOException {
        //1.接受从登录界面发送过来的用户名信息和密码信息
        String userName = req.getParameter("userName");
        String password = req.getParameter("password");
        //2.校验用户名和密码是否满足条件,假设当用户名和密码分别是张三和 123 时,认为校验通过,否则校验不合法
        if("zhangsan".equals(userName)&&"123".equals(password)){//合法
            //getRequestDispatcher 参数可以相对路径和绝对路径, "/"代表 Web 项目的根路径
            req.getRequestDispatcher("/welcome").forward(req, resp);
        }else{//不合法
            req.getRequestDispatcher("/login").forward(req, resp);
        }
    }
}
```

（3）创建欢迎界面对应的 Servlet：Welcome.java，使用 Servlet 开发欢迎页面，在 service 方法中使用 PrintWriter 的实例输出网页的内容。具体源代码如下所示（代码详见：/jspdemopro/src/com/inspur/ch9/Welcome.java）。

```java
public class Welcome extends HttpServlet {
    @Override
    protected void service(HttpServletRequest req, HttpServletResponse resp)
            throws ServletException, IOException {
        resp.setContentType("text/html;charset=utf-8");
        PrintWriter out = resp.getWriter();
        out.print("欢迎进入我们主界面....");
    }
}
```

（4）配置 web.xml。使用<servlet>和<servlet-class>标签完成三个 Servlet 的定义和映射。

```xml
<?xml version="1.0" encoding="UTF-8"?>
<web-app version="2.5"
    xmlns="http://java.sun.com/xml/ns/javaee"
    xmlns:xsi="http://www.w3.org/2001/XMLSchema-instance"
    xsi:schemaLocation="http://java.sun.com/xml/ns/javaee
    http://java.sun.com/xml/ns/javaee/web-app_2_5.xsd">
<servlet>
    <servlet-name>login</servlet-name>
    <servlet-class> com.inspur.ch9.Login</servlet-class>
```

```xml
    </servlet>
    <servlet>
        <servlet-name>loginControl</servlet-name>
        <servlet-class>com.inspur.ch9.LoginControl</servlet-class>
    </servlet>
    <servlet>
        <servlet-name>welcome</servlet-name>
        <servlet-class>com.inspur.ch9.Welcome</servlet-class>
    </servlet>
    <servlet-mapping>
        <servlet-name>login</servlet-name>
        <url-pattern>/login</url-pattern>
    </servlet-mapping>
    <servlet-mapping>
        <servlet-name>loginControl</servlet-name>
        <url-pattern>/loginControl</url-pattern>
    </servlet-mapping>
    <servlet-mapping>
        <servlet-name>welcome</servlet-name>
        <url-pattern>/welcome</url-pattern>
    </servlet-mapping>
</web-app>
```

运行结果如图 9-8 所示。

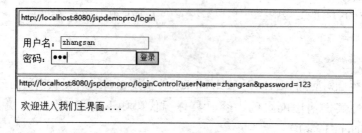

图 9-8　用户登录的运行结果

9.3　本章小结

本章介绍了 Servlet 的基本概念，描述了 Servlet 的工作机制。详细讲解了实现一个 Servlet 的具体步骤，并进行了具体案例的演示。对于 Servlet 的生命周期，讲述了三个回调方法的执行时机和具体作用。最后利用案例进行详细演示，全方位剖析每个知识点的用法，使读者从根本上理解 Servlet 的作用和实现方式，并最终能够达到灵活运用。

习　题

1. 描述 Serlvet 的生命周期。
2. 实现 Servlet 有几种方法？每种方法都有哪些特点？
3. 如何配置 Serlvet?

上机指导

1. 编写一个 Serlvet 程序，可显示该 Servlet 被访问的次数。
2. 编写一个 Servlet 程序，在 doGet 方法中显示一个 form 表单，用户可以输入姓名和电子邮件地址，用户提交该表单后，doPost 方法动态读出请求参数，并输出这些参数。

第 10 章　Servlet API

学习目标

- 了解 Servlet 规范
- 理解 HTTP Servlet 的相关基础知识，包括 HttpServlet 类介绍、Web 服务器处理 HTTP 请求的基本流程
- 掌握常用的 Servlet API
- 掌握 cookie 技术

10.1　Servlet 规范和 HTTP Servlet 基础知识

什么是规范？规范可以理解为一对对的接口及其功能的描述，具体的实现则不进行限制。这类似要求某人从北京到上海，具体是坐火车还是飞机没有进行要求一样。

Servlet 规范定义了 Servlet API 的实现和 Servlet 如何在企业应用中部署。

Servlet API 定义了 Servlet 和服务器之间的一个标准接口，这使 Servlet 具有跨应用服务器的特性。

Servlet 规范和 HTTP Servlet 基础知识

通过使用 Servlet API，开发人员不必关心服务器的内部运作方式，可以得到请求中的数据信息、处理请求、设置响应中的头信息等。

1. HttpServlet 类介绍

HttpServlet 类是重要的一个 Servlet API。在 javax.servlet.http 包中定义了采用 HTTP 通信协议的 HttpServlet 类。

HttpServlet 类是一个抽象类，用来创建 HTTP Servlet 的具体对象。

自定义的 Servlet 类 HelloServlet 继承了 HttpServlet。HttpServlet 类中包括 doGet 方法处理客户端发出的 GET 请求，doPost 方法处理客户端发出的 post 请求。HelloServlet 类需要重写 doGet 方法或者 doPost 方法分别来处理 get 请求或 post 请求，如图 10-1 所示。

```
public class HelloServlet extends HttpServlet {}

public void doGet (HttpServletRequestreq, HttpServletResponse res)

doGet() 方法处理客户端发出的 GET 请求。

public void doPost(HttpServletRequest req, HttpServletResponse res)

doPost() 方法处理客户端发出的 POST 请求。
```

图 10-1　HelloServlet 类结构

2. 处理 HTTP 请求的基本流程

Web 服务器处理 HTTP 请求的基本流程如下。

（1）用户发出 HTTP 请求，Web 服务器接收到对某个 Servlet 请求，形成 HttpServletRequest 对象。

（2）当 Servlet 容器接收到 HTTP 请求后，将会调用 Servlet 的 service()方法。

（3）service()方法会解析 HTTP 请求的内容，由此判断其 HTTP 请求为何种形式。

（4）根据用户端的 HTTP 请求的形式，service()方法会调用相对应的 doXXX()方法。举例来说，如果用户是以 GET 形式传送 HTTP 请求的，service()方法就会调用 doGet()方法。Web 服务器把 servlet 的处理结果形成 HttpServletResponse 对象，响应用户的请求。

3. HTTP 请求形式和 Servlet 类相对应的方法

HTTP 的请求方式包括 GET、POST、PUT、HEAD、DELETE、OPTIONS 和 TRACE，在 Http Servlet 类中分别提供了相应的服务方法，它们是 doGet()、doPost()、doPut()、doHead()、doDelete()、doOptions() 和 doTrace()，如表 10-1 所示。

表 10-1　HTTP 请求方式

基本的 HTTP 请求形式	Servlet 内相对应的方法	方 法 说 明
GET	doGet()	调用服务器的资源，并将其作为响应返回给客户端
POST	doPost()	它用于把客户端的数据传给服务端
PUT	doPut()	调用和 doPost()相似，并且它允许客户端把真正的文件存放在服务器上，而不仅仅是传送数据
HEAD	doHead()	它用于处理客户端的 Head 调用，并且返回一个 response。当客户端只需要响应的 Header 时，它就发出一个 Header 请求。这种情况下，客户端往往关心响应的长度和响应的 MIME 类型
DELETE	doDelete()	它允许客户端删除服务器端的文件或者 Web 页面。它的使用非常少
OPTIONS	doOptions()	它用于处理客户端的 Options 调用，通过这个调用，客户端可以获得此 Servlet 支持的方法
TRACE	doTrace()	返回 TRACE 请求中的所有头部信息

需要注意的有以下几点。

（1）doXXX()方法必须传入两个对象：HttpServletRequest 与 HttpServletResponse，这两个对象是由 Servlet 容器自动产生的。

语法格式为：

```
public void doXXX (HttpServletRequest request, HttpServletResponse response)
{
```

```
// 方法主体
}
```

（2）doGet()调用在 URL 里显示正在传送给 Servlet 的数据，这可能会给系统的安全方面带来一些问题。例如，用户登录时，表单里的用户名和密码需要发送到服务器端，doGet()调用会在浏览器的 URL 里显示用户名和密码。

（3）一般项目建议以隐藏方式给服务器端发送数据，post 适合发送大量数据。post 发送方式在项目中比较常用。

10.2 Servlet API

1. Servlet API 的组成

Servlet API 由两个软件包组成：javax.servlet 包和 javax.servlet.http 包。

javax.servlet 包是存放与 HTTP 协议无关的一般性 Servlet 类，javax.servlet.http 包存放与 HTTP 协议相关的功能的类，如图 10-2 所示。

图 10-2　javax.servlet 包和 javax.servlet.http 包中主要的类和接口

注意：这两个软件包位于 Tomcat 的 servlet-api.jar 中。

2. javax.servlet 包中的主要接口及类

（1）javax.servlet 包中的主要接口，包括 ServletConfig 接口、ServletContext 接口、ServletRequest 接口、ServletResponse 接口。

各接口介绍如图 10-3 所示。

图 10-3　javax.servlet 包的接口

（2）javax.servlet 包中的主要类包括：ServletInputStream 类、ServletOutputStream 类、ServletException 类、UnavailableException 类。各类介绍如图 10-4 所示。

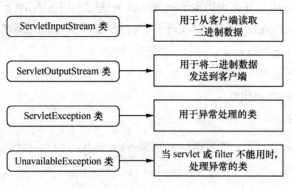

图 10-4　javax.servlet 包中的类

3. javax.servlet.http 包中的主要接口及类

（1）javax.servlet.http 包中的主要接口包括：HttpServletRequest 接口、HttpServletResponse 接口、HttpSession 接口。

各接口介绍如图 10-5 所示。

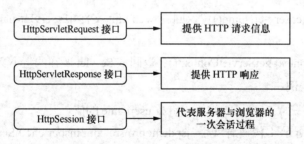

图 10-5　javax.servlet.http 包中的主要接口

（2）javax.servlet.http 包的主要类为 cookie 类。

cookie 类的介绍如图 10-6 所示。

图 10-6　cookie 类的介绍

10.3　ServletConfig 接口

1. ServletConfig 接口介绍

ServletConfig 是一个由 Servlet 容器使用的 servlet 配置对象，用于在 servlet 初始化时向它传递信息。

需要在 web.xml 中的 Servlet 的配置文件中，使用一个或多个<init-param>标签为 Servlet 配置一

ServletConfig 接口

些初始化参数。

当 Servlet 配置了初始化参数后,Web 容器在创建 Servlet 实例对象时,会自动将这些初始化参数封装到 ServletConfig 对象中,并在调用 servlet 的 init 方法时,将 ServletConfig 对象传递给 servlet。进而,程序员通过 ServletConfig 对象就可以得到当前 servlet 的初始化参数信息。

ServletConfig 相关方法介绍如下。

(1) 获得 ServletConfig 对象方法

① 直接使用 getServletConfig()方法。

```
ServletConfig config = getServletConfig();
```

② 覆盖 Servlet 的 init()方法,把容器创建的 ServletConfig 对象保存到一个成员变量中。

```
public void init(ServletConfig config){
super.init(config);
this.config = config;
}
```

(2) ServletConfig 的其他常用方法

① public String getInitParameter(String name):返回指定名称的初始化参数值。

② public Enumeration getInitParameterNames():返回一个包含所有初始化参数名的 Enumeration 对象。

③ public String getServletName():返回在 web.xml 文件中<servlet-name>元素指定的 Servlet 名称。

④ public ServletContext getServletContext():返回该 Servlet 所在的上下文对象。

2. ServletConifg 实例

通过 ServletConfig 获取 Servlet 的初始化参数 username 的值。

具体源代码如下所示(代码详见:\jspdemopro\src\com\inspur\ch10\ServletConfigDemo01.java;\jspdemopro\WebRoot\WEB-INF\web.xml)。

(1) ServletConfigDemo01.java 的代码如下。

```java
package com.inspur.ch10;

import java.io.IOException;
import java.io.PrintWriter;

import javax.servlet.ServletConfig;
import javax.servlet.ServletException;
import javax.servlet.http.HttpServlet;
import javax.servlet.http.HttpServletRequest;
import javax.servlet.http.HttpServletResponse;

public class ServletConfigDemo01 extends HttpServlet{

    private ServletConfig config;//定义成员变量

    //有参数的初始化方法
    public void init(ServletConfig config) throws ServletException {
```

```java
        this.config = config;
    }

//doGet 方法
    public void doGet(HttpServletRequest request, HttpServletResponse response) throws
ServletException, IOException {

        response.setContentType("text/html;charSet=utf-8");
        PrintWriter out = response.getWriter();
        out.println("<!DOCTYPE HTML PUBLIC \"-//W3C//DTD HTML 4.01 Transitional//EN\">");
        out.println("<HTML>");
        out.println("  <HEAD><TITLE>A Servlet</TITLE></HEAD>");
        out.println("  <BODY>");
        out.print("    This is ");
        out.print(config.getInitParameter("username"));
        out.println(", using the GET method");
        out.println("  </BODY>");
        out.println("</HTML>");
        out.flush();
        out.close();
    }


//destroy方法
    public void destroy() {
        super.destroy(); // Just puts "destroy" string in log
    }
}
```

（2）web.xml 的代码如下。

```xml
<?xml version="1.0" encoding="UTF-8"?>
<web-app version="2.5"
    xmlns="http://java.sun.com/xml/ns/javaee"
    xmlns:xsi="http://www.w3.org/2001/XMLSchema-instance"
    xsi:schemaLocation="http://java.sun.com/xml/ns/javaee
      http://java.sun.com/xml/ns/javaee/web-app_2_5.xsd">
  <servlet>
    <servlet-name>servletConfigDemo01</servlet-name>
    <servlet-class>
        com.inspur.ch10.ServletConfigDemo01
    </servlet-class>
    <init-param>
     <param-name>username</param-name>
     <param-value>zhangsan</param-value>
    </init-param>
  </servlet>
  <servlet-mapping>
    <servlet-name>servletConfigDemo01</servlet-name>
    <url-pattern>/servletConfigDemo01</url-pattern>
  </servlet-mapping>
</web-app>
```

页面运行后（在浏览器中输入请求 url：http://localhost:8080/jspdemopro/servletConfigDemo01），显示结果如图 10-7 所示。

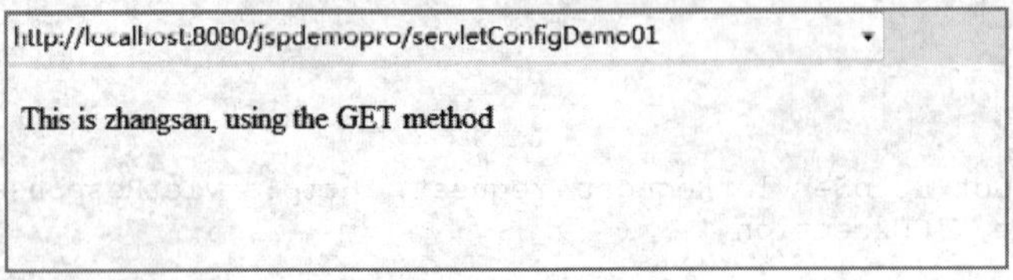

图 10-7 获取 Servlet 的初始化参数的运行结果

10.4 ServletContext 接口

1. ServletContext 接口介绍

Web 容器在启动时，它会为每个 Web 应用程序都创建一个对应的 Servlet Context 对象，它代表当前 Web 应用程序对象。

ServletContext 对象是在 Web 应用程序装载时初始化的。就像 Servlet 具有初始化参数一样，ServletContext 也有初始化参数。Servlet 上下文初始化参数指定应用程序范围内的信息。

在 web.xml 中配置初始化参数如下。

```
<context-param>
    <param-name>adminEmail</param-name>
    <param-value>webmaster</param-value>
</context-param>
```

注意：<context-param>元素是针对整个应用的，所以并不嵌套在某个<servlet>元素中，该元素是<web-app>元素的直接子元素。

ServletConfig 对象中维护了 ServletContext 对象的引用，开发人员在编写 servlet 时，可以通过 ServletConfig.getServletContext 方法获得 ServletContext 对象。

一个 Web 应用中的所有 Servlet 共享同一个 ServletContext 对象，因此，Servlet 对象之间可以通过 ServletContext 对象来实现通信。ServletContext 对象通常也被称之为 context 域对象。

注意：ServletContext 对任何 servlet、任何人，在任何时间都有效，是真正的全局对象。

ServletContext 相关的方法介绍如下。

（1）获取 ServletContext 对象的两种方法

① 直接调用 getServletContext()方法。

`ServletContext context = getServletContext();`

② 使用 ServletConfig 应用，再调用它的 getServletContext()方法。

`ServletContext context = getServletConfig.getServletContext();`

（2）通过 ServletContext 获得应用程序的初始化参数的方法

① public String getInitParameter（String name）：返回指定参数名的字符串参数值，没有则返回 null。

② public Enumeration getInitParameterNames()：返回一个包含多有初始化参数名的 Enumeration 对象。

（3）通过 ServletContext 对象实现数据共享的方法

① public void setAttribute(String name,Object object)：把一个 Java 对象和一个属性名绑定，并存放到 ServletContext 中，参数 name 指定属性名，参数 Object 表示共享数据。

② public Object getAttribute(String name)：根据参数给定的属性名，返回一个 Object 类型的对象。

③ public Enumeration getAttributeNames()：返回一个 Enumeration 对象，该对象包含了所有存放在 ServletContext 中的属性名。

④ public void removeAttribute(String name)：根据参数指定的属性名，从 servletContext 对象中删除匹配的属性。

（4）利用 ServletContext 对象读取资源文件

① public String getRealPath（String path）：用这个方法，可以返回与一个符合该格式的虚拟路径相对应的真实路径的 String。

② public URL getResource(String path)方法：其中，path 必须是以 "/" 开头，代表当前 Web 应用程序的根目录。返回一个代表某个资源的 URL 对象。

2. ServletContext 接口实例

（1）实例一：获取 Web 应用的初始化参数

具体源代码如下所示（代码详见：\jspdemopro\src\com\inspur\ch10\ServletContextDemo01.java；\jspdemopro\WebRoot\WEB-INF\web.xml）。

① ServletContextDemo01.java 的代码如下。

```java
public class ServletContextDemo01 extends HttpServlet {

    private ServletConfig config;

    public void doGet(HttpServletRequest request, HttpServletResponse response) throws ServletException, IOException {
    //获取 web 应用的初始化参数信息。
    System.out.println(config.getServletContext().getInitParameter("username"));
    System.out.println(config.getServletContext().getInitParameter("password"));
    }
    public void init(ServletConfig config) throws ServletException {
        this.config = config;
    }
}
```

② web.xml 的代码如下。

```xml
<?xml version="1.0" encoding="UTF-8"?>
<web-app version="2.5"
   xmlns="http://java.sun.com/xml/ns/javaee"
   xmlns:xsi="http://www.w3.org/2001/XMLSchema-instance"
   xsi:schemaLocation="http://java.sun.com/xml/ns/javaee
     http://java.sun.com/xml/ns/javaee/web-app_2_5.xsd">
  <context-param>
    <param-name>username</param-name>
    <param-value>scott</param-value>
  </context-param>
  <context-param>
    <param-name>password</param-name>
    <param-value>tiger</param-value>
  </context-param>
  <servlet>
    <servlet-name>servletContextDemo01</servlet-name>
```

```xml
    <servlet-class>com.inspur.ch10.ServletContextDemo01</servlet-class>
  </servlet>
  <servlet-mapping>
    <servlet-name>servletContextDemo01</servlet-name>
    <url-pattern>/servletContextDemo01</url-pattern>
  </servlet-mapping>
</web-app>
```

页面运行后（在浏览器中输入请求 url：http://localhost:8088/jspdemopro/servletContextDemo01），显示结果如图 10-8 所示。

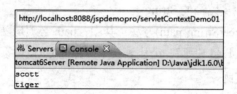

图 10-8 获取 Web 应用的初始化参数的实例运行结果

（2）实例二：统计站点访问次数

具体源代码如下所示（代码详见：\jspdemopro\src\com\inspur\ch10\ServletContextDemo02.java; \jspdemopro\WebRoot\WEB-INF\web.xml）。

ServletContext
接口实例二

① ServletContextDemo02.java 的代码如下。

```java
public class ServletContextDemo02 extends HttpServlet {

    public void doGet(HttpServletRequest request, HttpServletResponse response) throws ServletException, IOException {
        //获取 servletContext 对象
        ServletContext application = getServletContext();
        //1.操作访问次数。
        Integer count = (Integer)application.getAttribute("count");
        if(count==null){//第一次访问的情况
            count = 0;
        }
        count++;
        application.setAttribute("count", count);
        System.out.println("该页面的访问次数为"+count);
    }

    public void doPost(HttpServletRequest request, HttpServletResponse response) throws ServletException, IOException {
        doGet(request,response);
    }
}
```

② web.xml 的代码如下。

```xml
<?xml version="1.0" encoding="UTF-8"?>
<web-app version="2.5"
    xmlns="http://java.sun.com/xml/ns/javaee"
    xmlns:xsi="http://www.w3.org/2001/XMLSchema-instance"
    xsi:schemaLocation="http://java.sun.com/xml/ns/javaee
      http://java.sun.com/xml/ns/javaee/web-app_2_5.xsd">
```

```xml
<servlet>
  <servlet-name>servletContextDemo02</servlet-name>
  <servlet-class>com.inspur.ch10.ServletContextDemo02
</servlet-class>
</servlet>
<servlet-mapping>
  <servlet-name>servletContextDemo02</servlet-name>
  <url-pattern>/servletContextDemo02</url-pattern>
</servlet-mapping>
</web-app>
```

页面运行后（在浏览器中输入请求 url：http://localhost:8088/jspdemopro/servletContextDemo02），显示结果如图 10-9 所示。

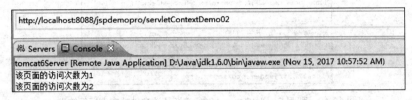

图 10-9 统计站点访问次数的实例运行结果

（3）实例三：利用 ServletContext 对象读取资源文件

具体源代码如下所示（代码详见：\jspdemopro\src\com\inspur\ch10\ServletContextDemo03.java;\jspdemopro\WebRoot\WEB-INF\web.xml;\jspdemopro\WebRoot\ch10.txt;\jspdemopro\WebRoot\index.jsp）。

ServletContext 接口实例三

① ServletContextDemo03.java 的代码如下。

```java
public class ServletContextDemo03 extends HttpServlet {

    public void doGet(HttpServletRequest request, HttpServletResponse response) throws ServletException, IOException {
        //获取 servletContext 对象
        ServletContext application = this.getServletContext();
        //根据传递过来的虚拟路径获取该路径在服务器本地文件系统中的真实路径信息
        System.out.println(application.getRealPath("/"));
        System.out.println(application.getRealPath("/ch10.txt"));
        //参数必须以"/"开始,"/"表示当前 ServletContext 对象上下文环境的根目录。等价于 WebRoot
        //如果没有找到相匹配的 url，则返回 null
        URL u = application.getResource("/index.jsp");
        System.out.println(u.getPath());
    }
}
```

② web.xml 的代码如下。

```xml
<?xml version="1.0" encoding="UTF-8"?>
<web-app version="2.5"
    xmlns="http://java.sun.com/xml/ns/javaee"
    xmlns:xsi="http://www.w3.org/2001/XMLSchema-instance"
    xsi:schemaLocation="http://java.sun.com/xml/ns/javaee
    http://java.sun.com/xml/ns/javaee/web-app_2_5.xsd">
  <servlet>
```

```
        <servlet-name>servletContextDemo03</servlet-name>
        <servlet-class>com.inspur.ch10.ServletContextDemo03
</servlet-class>
    </servlet>
    <servlet-mapping>
        <servlet-name>servletContextDemo03</servlet-name>
        <url-pattern>/servletContextDemo03</url-pattern>
    </servlet-mapping>
</web-app>
```

页面运行后（在浏览器中输入请求 url：http://localhost:8088/jspdemopro/servletContextDemo03），显示结果如图 10-10 所示。

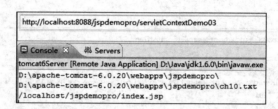

图 10-10 利用 ServletContext 对象读取资源文件的实例运行结果

10.5 ServletRequest 接口

1. ServletRequest 介绍

ServletRequest 接口代表 Servlet 的请求，是一个高层的接口。

2. 常用方法

public Object getAttribute (String name)：根据参数给定的属性名返回属性值，如 request. getAttribute ("test")。

public void setAttribute (String name,String value)：设置属性值。

public String getParameter (String name)：根据参数名得到参数值。

10.6 ServletResponse 接口

1. ServletResponse 介绍

ServletResponse 接口代表了 Servlet 的响应，是一个高层接口。

2. 常用方法

public void setContentType(String type) 用于设置响应的 MIME 类型，如 response.setContentType ("text/html;charset=UTF-8")。

public ServletOutputStream getOutputStream()返回一个 ServletOutputStream 对象，它可以用来在响应中写入二进制数据。

public PrintWriter getWriter()返回一个 PrintWriter 对象，它可以用来在响应中发送字符文本，如 "PrintWriter out = response.getWriter();" 和 "out.println("<html><body>………. ");"。

10.7　Servlet 异常

（1）ServletException 类包含一个获得异常原因的方法。

public Throwable getRootCause():返回造成这个 ServletException 的原因。如果配置了抛出该异常的原因，这个方法将返回该原因，否则返回一个空值。

（2）UnavailableException 类，该类继承于 ServletException，当 Servlet 或 Filter 暂时或永久不能使用时，会抛出该异常。

10.8　HttpServletRequest 接口

1. HttpServletRequest 接口介绍

HttpServletRequest 对象代表客户端的请求，当客户端通过 HTTP 协议访问服务器时，HTTP 请求中的所有信息都封装在这个对象中，开发人员通过该对象的方法，可以获得客户这些信息。

通过 HttpServletRequest 对象进行的常用操作分为：获取客户机信息、获取客户机请求头信息、获取请求参数、利用请求域传递对象等。

HttpServletRequest 常用的方法介绍如下。

（1）获取客户机信息的方法

① public StringBuffer getRequestURL()：返回客户端发出请求完整 URL。

② public String getRequestURI()：从协议名称直到 HTTP 请求的第一行的查询字符串中，返回该请求的 URL 的一部分。如果有一个查询字符串存在，这个查询字符串将不包括在返回值当中。例如，一个请求通过/catalog/books?id=1 这样的 URL 路径访问，这个方法将返回/catalog/books。这个方法的返回值包括了 Servlet 路径和路径信息。

③ public String getQueryString()：返回这个请求 URL 所包含的查询字符串。一个查询字串符在一个 URL 中由一个"?"引出。如果没有查询字符串，则这个方法返回空值。

④ public String getRemoteAddr()：返回发出请求的客户机的 IP 地址。

⑤ public String getMethod()：返回客户机请求方式（例如 get、post、put）。

⑥ public String getContextPath()：获得工程虚拟目录名称。

（2）获得客户机请求头的方法

① public String getHeader(name)：返回一个请求头域的值。

② public Enumeration<String> getHeaderNames()：该方法返回一个 String 对象的列表，该列表反映请求的所有头域名。有的引擎可能不允许通过这种方法访问头域，在这种情况下，这个方法返回一个空的列表。

（3）获得请求参数的方法

① public String getParameter(name)：以 String 类型返回指定参数的值，如果这个参数不存在，则返回一个空值。

② public String[] getParameterValues(String name)：以 String 类型数组返回指定参数的值，如果这

个参数不存在,则返回一个空值。

③ public Enumeration getParameterNames():返回所有参数名的 Enumeration 对象列表,如果没有输入参数,则该方法返回一个空值。

④ public Map<String,String[ ]> getParameterMap():将参数封装成 Map 类型,并以 Map 类型返回全部参数。

(4)利用请求域传递对象的方法

① request 对象同时也是一个域对象,开发人员通过 request 对象在实现转发时,把数据通过 request 对象带给其他 Web 资源处理。

② public void setAttribute(String name,Object object):这个方法在请求中添加一个属性。

③ public Object getAttribute(String name):返回指定的属性名 name 对应的属性值对象。如果该属性对象不存在,则返回一个空值。

④ public void removeAttribute(String name):从指定的 Servlet 环境对象中删除一个属性。

⑤ public Enumeration getAttributeNames():返回包含在这个请求中的所有属性名的列表。

⑥ public RequestDispatcher getRequestDispatcher(String uripath):如果在这个指定的路径下能够找到活动的资源(例如一个 Servlet、JSP 页面、CGI 等),就返回一个特定 URL 的 RequestDispatcher 对象,否则就返回一个空值。

注意:request 对象提供的这个 getRequestDispatcher 方法,该方法返回一个 RequestDispatcher 对象,调用这个对象的 forward 方法可以实现请求转发,从而共享请求中的数据。

2. HttpServletRequest 实例

(1)实例一

通过 request 对象获取客户机及请求头信息。

具体源代码如下所示(代码详见:\jspdemopro\src\com\inspur\ch10\RequestDemo01.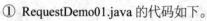java;\jspdemopro \WebRoot\WEB-INF\web.xml)。

HttpServletRequest
接口实例一

① RequestDemo01.java 的代码如下。

```java
public class RequestDemo01 extends HttpServlet {

    public void doGet(HttpServletRequest request, HttpServletResponse response) throws ServletException, IOException {
        //获取客户机信息
        StringBuffer url = request.getRequestURL();
        String uri = request.getRequestURI();
        String queryStr = request.getQueryString();
        String method = request.getMethod();
        String contextPath = request.getContextPath();
        response.setContentType("text/html;charSet=utf-8");
        PrintWriter out = response.getWriter();
        out.print(url);
        out.print("<br>");
        out.print(uri);
        out.print("<br>");
        out.print(queryStr);
        out.print("<br>");
        out.print(method);
```

```
        out.print("<br>");
        out.print(contextPath);
        //获取请求头信息
        Enumeration names = request.getHeaderNames();
        while(names.hasMoreElements()){
        out.print(names.nextElement());
        out.print("<hr>");
        }
        out.print(request.getHeader("accept-language"));
        out.print("<hr>");
    }
}
```

② web.xml 的代码如下。

```xml
<?xml version="1.0" encoding="UTF-8"?>
<web-app version="2.5"
    xmlns="http://java.sun.com/xml/ns/javaee"
    xmlns:xsi="http://www.w3.org/2001/XMLSchema-instance"
    xsi:schemaLocation="http://java.sun.com/xml/ns/javaee
       http://java.sun.com/xml/ns/javaee/web-app_2_5.xsd">
  <servlet>
    <servlet-name>requestDemo01</servlet-name>
    <servlet-class>com.inspur.ch10.RequestDemo01
</servlet-class>
  </servlet>
  <servlet-mapping>
    <servlet-name>requestDemo01</servlet-name>
    <url-pattern>/requestDemo01</url-pattern>
  </servlet-mapping>
</web-app>
```

页面运行后（在浏览器中输入请求 url：http://localhost:8088/jspdemopro/requestDemo01?name=scott&password=123），显示结果如图 10-11 所示。

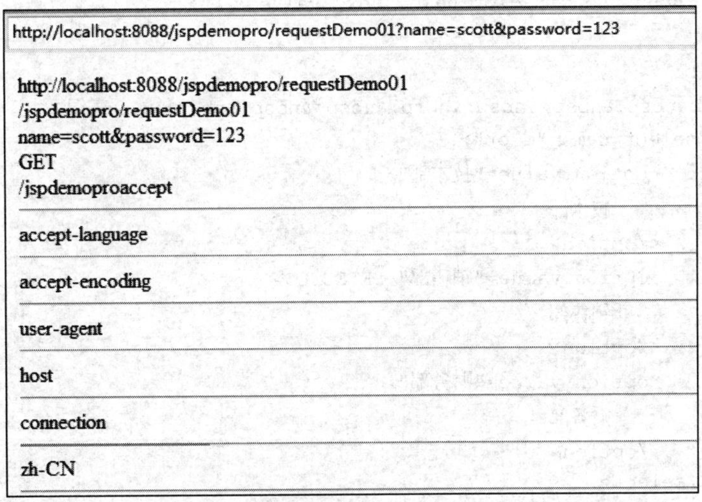

http://localhost:8088/jspdemopro/requestDemo01?name=scott&password=123
http://localhost:8088/jspdemopro/requestDemo01 /jspdemopro/requestDemo01 name=scott&password=123 GET /jspdemoproaccept
accept-language
accept-encoding
user-agent
host
connection
zh-CN

图 10-11 通过 request 对象获取客户机及请求头信息的实例运行结果

（2）实例二

在用户注册界面输入用户信息，提交后显示用户确认信息。

具体源代码如下所示（代码详见：\jspdemopro\src\com\inspur\ch10\RequestDemo02.java;\jspdemopro\WebRoot\WEB-INF\web.xml;\jspdemopro\WebRoot\ch10\requestDemo02.jsp）。

① requestDemo02.jsp 的代码如下。

```jsp
<%@ page language="java" pageEncoding="UTF-8"%>
<%
    String path = request.getContextPath();
    String basePath = request.getScheme() + "://"
            + request.getServerName() + ":" + request.getServerPort()
            + path + "/";
%>
<html>
    <head>
        <base href="<%=basePath%>">
        <title>用户信息界面</title>
    </head>
    <body>
        <form action="requestDemo02" method="post">
            <h1>
                请用户输入以下信息:
            </h1>
            用户编号:
            <input type="text" name="userid" size="2" maxlength="2">
            <br>
            用  户  名:
            <input type="text" name="username">
            <br>
            性        别:
            <input type="radio" name="sex" value="男" checked>
            男
            <input type="radio" name="sex" value="女">
            女
            <br>
            部        门:
            <select name="dept">
                <option value="技术部">
                    技术部
                </option>
                <option value="销售部" SELECTED>
                    销售部
                </option>
                <option value="财务部">
                    财务部
                </option>
            </select>
            <br>
            兴        趣:
```

```html
            <input type="checkbox" name="inst" value="唱歌">
            唱歌
            <input type="checkbox" name="inst" value="游泳">
            游泳
            <input type="checkbox" name="inst" value="跳舞">
            跳舞
            <input type="checkbox" name="inst" value="编程" >
            编程
            <input type="checkbox" name="inst" value="上网">
            上网
            <br>
            <input type="submit" value="提交"><input type="reset" value="重置">
        </form>
    </body>
</html>
```

② RequestDemo02.java 的代码如下。

```java
public class RequestDemo02 extends HttpServlet {
public void doPost(HttpServletRequest request, HttpServletResponse response)
        throws ServletException, IOException {
    //post 中文乱码的问题解决:第一种解决方法是在 request.getParameter 之前设定服务端的编码格式和客户端一致
    request.setCharacterEncoding("UTF-8");
    //获取客户端的请求参数信息
    String userid = request.getParameter("userid");
    String username = request.getParameter("username");
    String sex = request.getParameter("sex");
    String dept = request.getParameter("dept");
    String[] instes = request.getParameterValues("inst");
    String insteStr = "";
    //把字符串数组信息转化为字符串信息。
    if(instes!=null){
        for(String temp:instes){
            insteStr +=temp+" ";
        }
    }

    //获取请求参数中所有参数名
    Enumeration namesEnu = request.getParameterNames();
    String namesStr = "";
    while(namesEnu.hasMoreElements()){
        namesStr +=namesEnu.nextElement().toString()+" ";
    }
     //获取请求参数的名称和 value,存在 map 中
    Map<String,String[]> paramMap = request.getParameterMap();
    Set<Entry<String,String[]>> paramMapSet = paramMap.entrySet();
    String paramInfor = "";
    for(Entry<String,String[]> paramEntry:paramMapSet){
        String paramName = paramEntry.getKey();
        String values[] = paramEntry.getValue();
        String valuesStr = java.util.Arrays.toString(values);
```

```
                paramInfor +=paramName+"="+valuesStr+"   ";
            }

            //将用户信息显示到界面上
            response.setContentType("text/html;charSet=utf-8");
            response.setCharacterEncoding("UTF-8");
            PrintWriter out = response.getWriter();
            out.print("<h3>用户编号信息</h3>");
            out.print(userid);
            out.println("<hr>");
            out.print("<h3>用户名信息</h3>");
            out.print(username);
            out.println("<hr>");
            out.print("<h3>用户性别信息</h3>");
            out.print(sex);
            out.println("<hr>");
            out.print("<h3>用户部门信息</h3>");
            out.print(dept);
            out.println("<hr>");
            out.print("<h3>用户兴趣爱好信息</h3>");
            out.print(insteStr);
            out.println("<hr>");
            out.print("<h3>参数名信息</h3>");
            out.print(namesStr);
            out.println("<hr>");
            out.print("<h3>参数信息</h3>");
            out.print(paramInfor);
            out.println("<hr>");
        }
    }
```

③ web.xml 的代码如下。

```
<?xml version="1.0" encoding="UTF-8"?>
<web-app version="2.5"
    xmlns="http://java.sun.com/xml/ns/javaee"
    xmlns:xsi="http://www.w3.org/2001/XMLSchema-instance"
    xsi:schemaLocation="http://java.sun.com/xml/ns/javaee
      http://java.sun.com/xml/ns/javaee/web-app_2_5.xsd">
  <servlet>
    <servlet-name>requestDemo02</servlet-name>
    <servlet-class>com.inspur.ch10.RequestDemo02
</servlet-class>
  </servlet>
  <servlet-mapping>
    <servlet-name>requestDemo02</servlet-name>
    <url-pattern>/requestDemo02</url-pattern>
  </servlet-mapping>
</web-app>
```

页面运行后（在浏览器中输入请求 url：http://localhost:8088/jspdemopro/requestDemo02），显示结果如图 10-12 和图 10-13 所示。

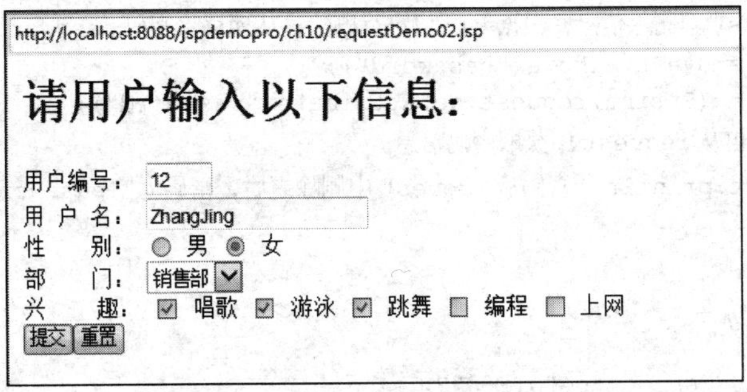

第 10 章 Servlet API

图 10-12 用户注册界面

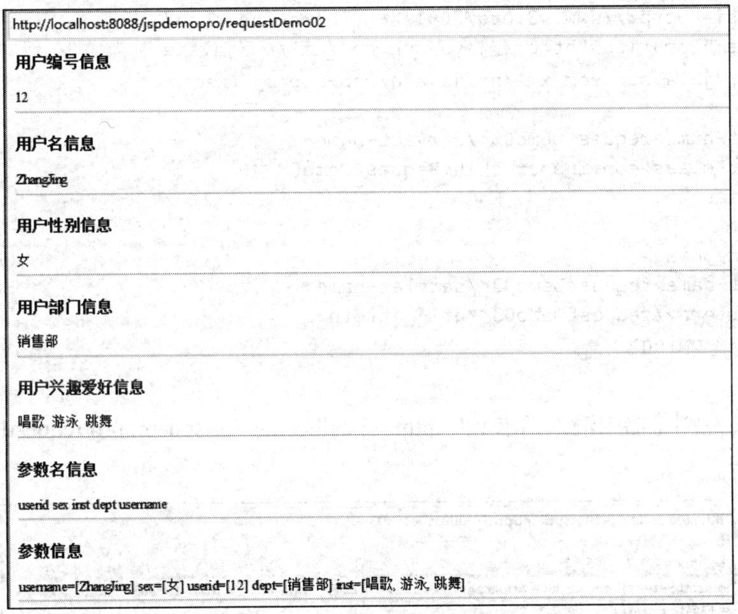

图 10-13 显示用户确认信息

（3）实例三

在 request 范围中存储用户名和密码，然后删除密码。

具体源代码如下所示（代码详见：\jspdemopro\src\com\inspur\ch10\RequestDemo03.java;\jspdemopro\WebRoot\WEB-INF\web.xml）。

① RequestDemo03.java 的代码如下。

HttpServletRequest
接口实例三

```java
public class RequestDemo03 extends HttpServlet {

    public void doGet(HttpServletRequest request, HttpServletResponse response)
        throws ServletException, IOException {
        //向 request 中存放用户信息,用户名和密码两个参数
        request.setAttribute("userName", "zhangsan");
        request.setAttribute("password", "123");

        //从 request 中获取信息，一个参数，根据 key 获取 value 值
        String userName = (String)request.getAttribute("userName");
        String password = (String)request.getAttribute("password");
        System.out.println("用户名: "+userName+"\t 密码: "+password);
```

```
            //从request中删除信息,根据key值进行删除,从而移除密码password
            request.removeAttribute("password");
            password = (String)request.getAttribute("password");
            //删除后,再从request中获取密码信息
            System.out.println("密码从request中删除之后,密码为"+password);
        }
    }
```

② web.xml 的代码如下。

```xml
<?xml version="1.0" encoding="UTF-8"?>
<web-app version="2.5"
    xmlns="http://java.sun.com/xml/ns/javaee"
    xmlns:xsi="http://www.w3.org/2001/XMLSchema-instance"
    xsi:schemaLocation="http://java.sun.com/xml/ns/javaee
       http://java.sun.com/xml/ns/javaee/web-app_2_5.xsd">
  <servlet>
    <servlet-name>requestDemo03</servlet-name>
    <servlet-class>com.inspur.ch10.RequestDemo03
</servlet-class>
  </servlet>
  <servlet-mapping>
    <servlet-name>requestDemo03</servlet-name>
    <url-pattern>/requestDemo03</url-pattern>
  </servlet-mapping>
</web-app>
```

页面运行后(在浏览器中输入请求 url:http://localhost:8088/jspdemopro/requestDemo03),显示结果如图 10-14 所示。

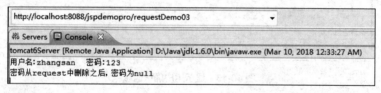

图 10-14 实例三运行结果

(4)实例四

request 接收表单提交中文参数乱码的问题。

问题:用户注册界面中提交的数据包含中文,如图 10-15 所示。如果不处理,则提交后显示用户确认信息时会显示乱码,如图 10-16 所示。

HttpServletRequest
接口实例四

图 10-15 用户注册界面

```
http://localhost:8088/jspdemopro/requestDemo02

用户编号信息
12

用户名信息
å¼ å©§å©§

用户性别信息
å¥

用户部门信息
éå®é

用户兴趣爱好信息
å±æ æ,,æ³³ è·³è
```

图 10-16　用户注册界面上显示乱码

原因：用 request 进行值的传递时，若界面上提交的数据字符编码集和 request 中的字符编码集不统一，则会出现以上问题。

第一种解决方案：若界面上表单提交请求方式为 Post，则在 request.getParameter 之前设定服务端的编码格式和客户端一致。

例如 request.setCharacterEncoding("UTF-8")。

案例代码如 RequestDemo02.java。

页面运行后的显示效果如图 10-17 所示。

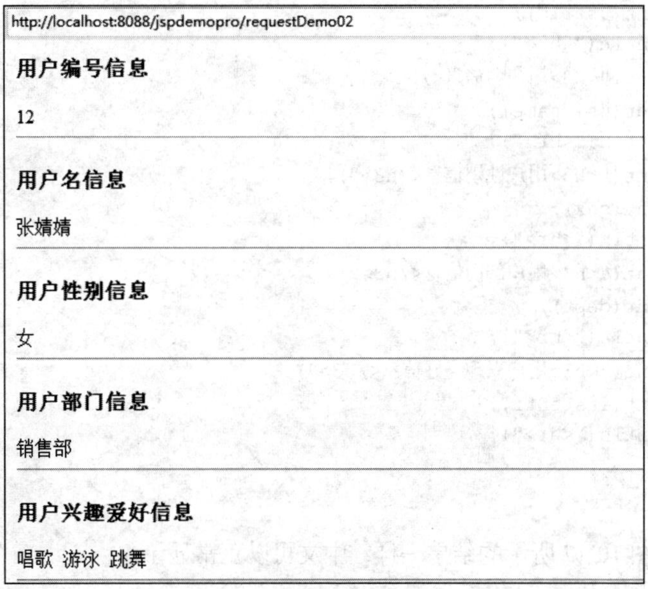

```
http://localhost:8088/jspdemopro/requestDemo02

用户编号信息
12

用户名信息
张婧婧

用户性别信息
女

用户部门信息
销售部

用户兴趣爱好信息
唱歌　游泳　跳舞
```

图 10-17　正常显示中文的用户注册界面

第二种解决方案：若表单提交请求方式为 get，则通过 String username = new String(request.getParameter("username").getBytes("ISO-8859-1"),"UTF-8")进行转化。

RequestDemo02.java 代码修改如下。

```java
public class RequestDemo02 extends HttpServlet {
    public void doPost(HttpServletRequest request, HttpServletResponse response)
            throws ServletException, IOException {

        // 获取客户端的请求参数信息
        String userid = request.getParameter("userid");
        //第二种 request 中传值存在乱码的问题解决方案
        String username = new String(request.getParameter("username").getBytes(
                "ISO-8859-1"), "UTF-8");
        String sex = new String(request.getParameter("sex").getBytes(
                "ISO-8859-1"), "UTF-8");
        String dept = new String(request.getParameter("dept").getBytes(
                "ISO-8859-1"), "UTF-8");
        String[] instes = request.getParameterValues("inst");
        String insteStr = "";
        // 把字符串数组信息转化为字符串信息
        if (instes != null) {
            for (String temp : instes) {
                insteStr += new String(temp.getBytes(
                "ISO-8859-1"), "UTF-8") + "  ";
            }
        }
        // 将用户信息显示到界面上
        response.setContentType("text/html;charSet=utf-8");
        response.setCharacterEncoding("UTF-8");
        PrintWriter out = response.getWriter();
        out.print("<h3>用户编号信息</h3>");
        out.print(userid);
        out.println("<hr>");
        out.print("<h3>用户名信息</h3>");
        out.print(username);
        out.println("<hr>");
        out.print("<h3>用户性别信息</h3>");
        out.print(sex);
        out.println("<hr>");
        out.print("<h3>用户部门信息</h3>");
        out.print(dept);
        out.println("<hr>");
        out.print("<h3>用户兴趣爱好信息</h3>");
        out.print(insteStr);
        out.println("<hr>");
    }
}
```

页面运行结果和图 10-17 所示的结果一样，中文可以正常显示。

10.9 HttpServletResponse 接口

HttpServletResponse 接口

1. HttpServletResponse 接口介绍

HttpServletResponse 对象提供服务器对客户端的 Http 响应。这个对象中封装了向客户端发送数据、发送响应头，发送响应状态码的方法。

HttpServletResponse 常用方法介绍如下。

（1）public void setStatus(int statusCode)：这个方法设置了响应的状态码，如果状态码已经被设置，新的值将覆盖当前的值。常用状态码：200、302、304、404、500。

（2）public void setHeader(String name, String value)：用一个给定的名称和域设置响应头。如果响应头已经被设置，那么新的值将覆盖当前的值。

（3）public void addHeader(name, String value)：添加一个带有给定的名称和值的响应报头信息，注意使用 header(name, value) 可以设置唯一的 name、value。如果已经有值，则旧的将被移除，添加新的值。

（4）public PrintWriter getWriter() throws IOException：这个方法返回一个 PringWriter 对象用来记录格式化的响应实体。

（5）public ServletOutputStream getOutputStream() throws IOException：返回一个记录二进制的响应数据的输出流。如果这个响应对象已经调用 getWriter，那么将会抛出 IllegalStateException。

（6）public void setContentType(String type):这个方法用来设定响应的 content 类型。这个类型以后可能会在另外的一些情况下被隐式地修改，这里所说的另外的情况可能当服务器发现有必要的情况下对 MIME 的字符进行设置。

例如：输出到界面上的信息包含中文，需要设置 response.setContentType("text/html;charSet=utf-8")。

（7）public void setCharacterEncoding(String encoding)：指定输出数据的编码格式，默认情况下，编码格式是 ISO-8859-1。

例如：response.setCharacterEncoding("gb2312")。

注意：response 生成响应注意事项如下。

- getOutputStream 和 getWriter 方法分别用于得到输出二进制数据、输出文本数据的 ServletOuputStream、Printwriter 对象。

- getOutputStream 和 getWriter 这两个方法互相排斥，调用了其中的任何一个方法后，就不能再调用另一个方法了。

- Servlet 程序向 ServletOutputStream 或 PrintWriter 对象中写入的数据将被 Servlet 引擎从 response 里面获取，Servlet 引擎将这些数据当作响应消息的正文，然后再与响应状态行和各响应头组合后输出到客户端。

- Serlvet 的 service 方法结束后，Servlet 引擎将检查 getWriter 或 getOutputStream 方法返回的输出流对象是否已经调用过 close 方法，如果没有，Servlet 引擎 tomcat 将调用 close 方法关闭该输出流对象。而调用 close 的时候，应该会调用 flushBuffer。

2. HttpServletResponse 实例

使用发送 http 头，控制浏览器定时刷新网页（refresh），若检测到未正常登录，则 1 秒后自动刷新到登录界面的功能。

具体源代码如下所示（代码详见：\jspdemopro\src\com\inspur\ch10\ResponseDemo01.java;\jspdemopro\WebRoot\WEB-INF\web.xml;\jspdemopro\WebRoot\ch10\login.jsp，可参见下页 login.jsp 代码）。

（1）ResponseDemo01.java 的代码如下。

```java
public class ResponseDemo01 extends HttpServlet {

    public void doGet(HttpServletRequest request,
            HttpServletResponse response) throws ServletException, IOException {
        response.setCharacterEncoding("UTF-8");
        PrintWriter out = response.getWriter();
        out.print("因您未登录, 1秒后自动刷新到登录界面......");
        response.setHeader("Refresh",   "1;url=" + request.getScheme() + "://"+ request.getServerName() + ":" + request.getServerPort()
                + request.getContextPath() + "/ch10/login.jsp");
    }
}
```

（2）web.xml 的代码如下。

```xml
<?xml version="1.0" encoding="UTF-8"?>
<web-app version="2.5"
    xmlns="http://java.sun.com/xml/ns/javaee"
    xmlns:xsi="http://www.w3.org/2001/XMLSchema-instance"
    xsi:schemaLocation="http://java.sun.com/xml/ns/javaee
      http://java.sun.com/xml/ns/javaee/web-app_2_5.xsd">
  <servlet>
    <servlet-name>responseDemo01</servlet-name>
    <servlet-class>
        com.inspur.ch10.ResponseDemo01
    </servlet-class>
  </servlet>
  <servlet-mapping>
    <servlet-name>responseDemo01</servlet-name>
    <url-pattern>/responseDemo01</url-pattern>
  </servlet-mapping>
</web-app>
```

页面运行后（在浏览器中输入请求 url：http://localhost:8088/jspdemopro/responseDemo01），显示结果如图 10-18 和图 10-19 所示。

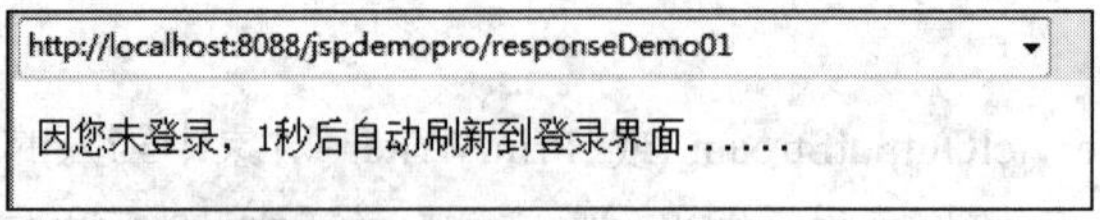

图 10-18 1 秒后自动刷新到登录界面的提示信息

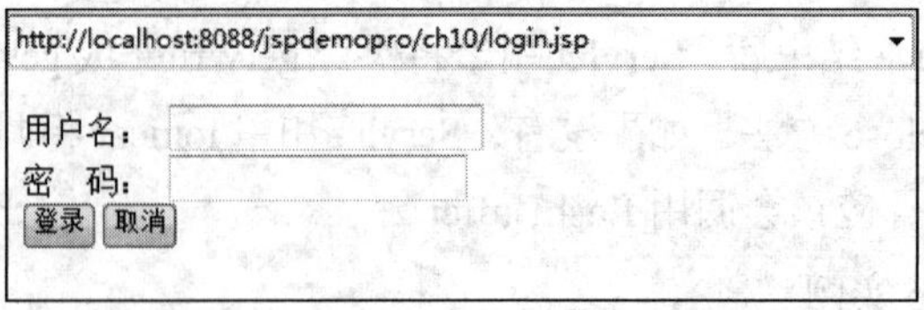

图 10-19 刷新后的登录界面

10.10 Web 资源重定向

Web 资源
重定向

1. 方法

可以用请求转发或请求重定向完成 Web 资源重定向。

（1）请求转发，通过 request 实现重定向的方法。

HttpServletResponse 接口中提供了 getRequestDispatcher 方法完成请求转发。

例如：request.getRequestDispatcher("path").forward(request, response)。

（2）请求重定向，通过 response 实现重定向的方法。

HttpServletResponse 接口中提供了 sendRedirect 方法完成响应转发。

例如：public void sendRedirect(String location) throws IOException，使用给定的路径，给客户端发出一个临时转向的响应。

请求转发和响应转发区别如下。

① 请求转发：服务器行为，request.getRequsetDispatcher().forward(requset,response)；是一次请求，转发后请求对象会保存，地址栏的 URL 地址不会改变（服务器内部转发，所有客户端看不到地址栏的改变）。

② 请求重定向：客户端行为，response.sendRedirect()从本质上讲等同于两次请求，前一次的请求对象不会保持，地址栏的 URL 地址会改变。

2. 综合实例

用户登录时，用户名和密码错误，重定向回登录页面；用户名和密码正确则迁移到欢迎界面。

具体源代码如下所示（代码详见：\jspdemopro\WebRoot\ch10\login.jsp;\jspdemopro\WebRoot\ch10\loginchk.jsp;\jspdemopro\WebRoot\ch10\welcome.jsp）。

（1）login.jsp 的代码如下。

```jsp
<%@ page language="java" pageEncoding="UTF-8"%>
<%
String path = request.getContextPath();
String basePath = request.getScheme()+"://"+request.getServerName()+":"+request.getServerPort()+path+"/";
%>
<html>
    <head>
        <base href="<%=basePath%>">
        <title>登录界面</title>
    </head>

    <body>
        <!-- 显示错误信息 -->
        <%
            Object error = request.getAttribute("loginError");
            if (error != null) {
        %>
        <font color="red"><%=error.toString()%></font>
        <%
            }
```

```
            %>
            <form action="<%=basePath%>ch10/loginchk.jsp" method="post">
                用户名:
                <input type="text" name="username" >
                <br>
                密    码:
                <input type="password" name="password" >
                <br>
                <input type="submit" value="登录">
                <input type="reset" value="取消">
            </form>
        </body>
</html>
```

页面运行后的结果如图 10-20 所示。

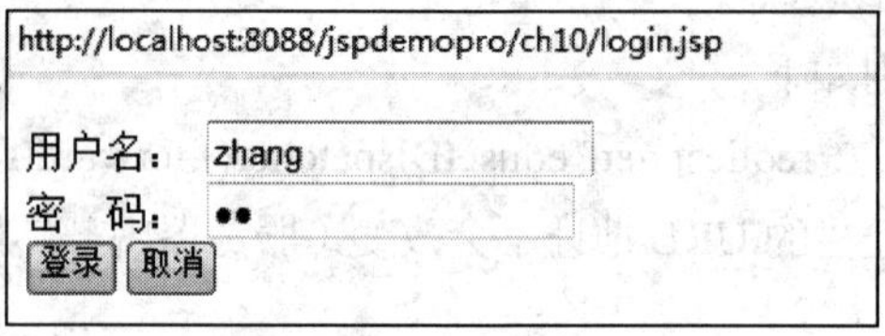

图 10-20 用户登录界面

如登录用户名或密码错误,则迁移到登录界面上,显示登录错误信息,如图 10-21 所示。

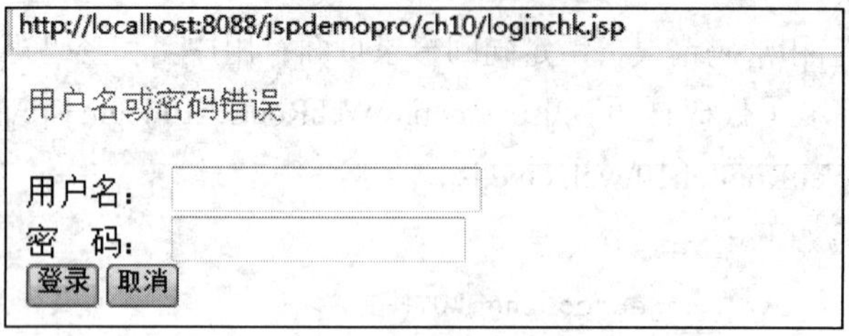

图 10-21 在用户登录界面显示登录错误信息

(2) loginchk.jsp 的代码如下。

```
<%@ page language="java" import="java.util.*,com.inspur.ch10.*"
    pageEncoding="UTF-8"%>
<%
    String path = request.getContextPath();
    String basePath = request.getScheme() + "://"
        + request.getServerName() + ":" + request.getServerPort()
        + path + "/";
%>
<html>
    <head>
        <base href="<%=basePath%>">

        <title>登录验证</title>
    </head>

    <body>
```

```jsp
<%
    //取得登录用户名和密码
    String username = new String(request.getParameter("username")
            .getBytes("ISO-8859-1"), "UTF-8");
    String password = new String(request.getParameter("password")
            .getBytes("ISO-8859-1"), "UTF-8");
    if ("123".equals(username) && "123".equals(password)) {

        response.sendRedirect("welcome.jsp");
    } else {//校验未通过
        //保存错误信息
        request.setAttribute("loginError", "用户名或密码错误");
        request.getRequestDispatcher("login.jsp").forward(request,
                response);
    }
%>
  </body>
</html>
```

(3) welcome.jsp 的代码如下。

```jsp
<%@ page language="java" pageEncoding="UTF-8"%>
<%
String path = request.getContextPath();
String basePath = request.getScheme()+"://"+request.getServerName()+":"+request.getServerPort()+path+"/";
%>
<html>
  <head>
    <base href="<%=basePath%>">
    <title>欢迎界面</title>
  </head>

  <body>
    登录成功! <br>
  </body>
</html>
```

页面运行后的结果如图 10-22 所示。

图 10-22 登录成功界面

10.11 cookie 技术

1. cookie 简介

cookie 是一小段文本信息,伴随着用户请求和页面在 Web 服务器和浏览器之间传递。cookie 包含每次用户访问站点时 Web 应用程序都可以读取的信息。项目中经常用到服务器在客户端保存用户的信息,例如登录名、密码等就是 cookie。

这些信息数据量并不大，服务器端在需要的时候可以从客户端读取，如图 10-23 所示。

2. cookie 的作用

（1）保存用户名、密码，在一定时间内不用重新登录。

（2）记录用户访问网站的喜好，例如有无背景音乐、网页的背景色等。

（3）网站的个性化，例如定制网站的服务、内容。

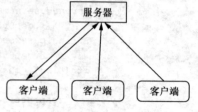

图 10-23 服务器读取客户端信息

3. cookie 的使用

cookie 有点像一张表，分为两列：一列是名字，一列是值，数据类型都是 String，如表 10-2 所示。

表 10-2 cookie 结构

名字	值
String	String

cookie 的常用操作如下。

（1）在服务器端创建一个 cookie。

```
Cookie c=new Cookie(String name, String val);
```

（2）将一个 cookie 添加到客户端。

```
response.addCookie(c);
```

（3）读取 cookie（从客户端读到服务器）。

```
request.getCookies();
```

4. cookie 的其他说明

（1）可以通过 IE—工具—Internet 选项—隐私—高级来启用或禁用 cookie。

（2）由于 cookie 的信息是保存在客户端的，因此安全性不高。

（3）cookie 信息的生命周期可以在创建时设置（如 30s），从创建那一时刻起就开始计时，时间一到该 cookie 的信息就无效了。

cookie 技术实例

5. 实例

用户登录界面上用户登录 ID、用户登录密码可以记忆 10 天。

具体源代码如下所示（代码详见：\jspdemopro\src\com\inspur\ch10\cookie\login.jsp;\jspdemopro\src\com\inspur\ch10\cookie\cookieDemo01.jsp;\jspdemopro\src\com\inspur\ch10\cookie\searchCookie.jsp）。

（1）login.jsp 的代码如下。

```
<%@ page language="java" pageEncoding="UTF-8"%>
<%
    String path = request.getContextPath();
    String basePath = request.getScheme() + "://"
        + request.getServerName() + ":" + request.getServerPort()
        + path + "/";
%>
<html>
    <head>
        <base href="<%=basePath%>">
```

```jsp
        <title>cookie 测试</title>
    </head>

    <body>
        <center>
            <%
                String loginID = "";
                String loginPass = "";
                Cookie cookies[] = request.getCookies();
                if (cookies != null && cookies.length > 0) {
                    for (Cookie cookie : cookies) {
                        if (cookie.getName().equals("loginID")) {
                            loginID = cookie.getValue();
                        }
                        if (cookie.getName().equals("loginPass")) {
                            loginPass = cookie.getValue();
                        }
                    }
                }
            %>
            <form action="ch10\cookie\cookieDemo01.jsp" method="post">
                <table>
                    <tr>
                        <td>
                            用户登录 ID:
                        </td>
                        <td>
                            <input type="text" name="loginID" value="<%=loginID%>">
                        </td>
                    </tr>
                    <tr>
                        <td>
                            用户登录密码:
                        </td>
                        <td>
                            <input type="password" name="loginPass" value="<%=loginPass%>">
                        </td>
                    </tr>
                    <tr>
                        <td>
                            记忆十天
                        </td>
                        <td>
                            <input type="checkbox" checked name="flag">
                        </td>
                    </tr>
                    <tr>
                        <td>
                            <input type="submit" name="submit" value="登录">
                        </td>
                        <td>
                            <input type="reset" name="reset" value="取消">
                        </td>
                    </tr>
                </table>
```

```
            </form>
        </center>
        <br>
    </body>
</html>
```

（2）cookieDemo01.jsp 的代码如下。

```jsp
<%@ page language="java" pageEncoding="UTF-8"%>
<%
    String path = request.getContextPath();
    String basePath = request.getScheme() + "://"
            + request.getServerName() + ":" + request.getServerPort()
            + path + "/";
%>
<html>
    <head>
        <base href="<%=basePath%>">
        <title>cookie 测试</title>
    </head>
    <body>
        <%
            String flag[] = request.getParameterValues("flag");
            String loginID = request.getParameter("loginID");
            String loginPass = request.getParameter("loginPass");
            //选中记忆十天
            if (flag != null && flag.length > 0) {
                //建立保存登录 ID 或者密码的 cookie
                Cookie cookie1 = new Cookie("loginID", loginID);
                Cookie cookie2 = new Cookie("loginPass", loginPass);
                cookie1.setMaxAge(10 * 24 * 60 * 60);
                cookie2.setMaxAge(10 * 24 * 60 * 60);

                response.addCookie(cookie1);
                response.addCookie(cookie2);

                //取消记忆十天
            } else {

                Cookie cookies[] = request.getCookies();
                if (cookies != null && cookies.length > 0) {

                    for (Cookie cookie : cookies) {
                        if (cookie.getName().equals("loginID")) {
                            cookie.setMaxAge(0);//cookie 失效
                        }
                        if (cookie.getName().equals("loginPass")) {
                            cookie.setMaxAge(0);//cookie 失效
                        }
                        response.addCookie(cookie);
                    }
                }
            }
        %>
        <br>
        <h3>
```

```
            <a href="ch10\cookie\searchCookie.jsp">查看cookie中登录ID和登录密码</a>
        </h3>
    </body>
</html>
```

(3) searchCookie.jsp 的代码如下。

```jsp
<%@ page language="java" pageEncoding="UTF-8"%>
<%
    String path = request.getContextPath();
    String basePath = request.getScheme() + "://"
            + request.getServerName() + ":" + request.getServerPort()
            + path + "/";
%>
<html>
    <head>
        <base href="<%=basePath%>">
        <title>展示保存在cookie中的登录信息</title>
    </head>
    <body>
        <center>
            <%
                String loginID = "";
                String loginPass = "";
                Cookie cookies[] = request.getCookies();
                if (cookies != null && cookies.length > 0) {

                    for (Cookie cookie : cookies) {

                        if (cookie.getName().equals("loginID")) {
                            loginID = cookie.getValue();
                        }
                        if (cookie.getName().equals("loginPass")) {
                            loginPass = cookie.getValue();
                        }
                    }
                }
            %>
            <h3>
                cookie中的登录ID:<%=loginID%>,cookie中的登录密码:<%=loginPass%>
            </h3>
        </center>
        <br>
    </body>
</html>
```

页面运行的结果如图10-24～图10-26所示。

图10-24 登录界面

```
http://localhost:8088/jspdemopro/ch10/cookie/cookieDemo01.jsp

查看cookie中登录ID和登录密码
```

图 10-25　查看 cookie 中的登录信息

```
http://localhost:8088/jspdemopro/ch10/cookie/searchCookie.jsp

cookie中的登录ID:admin,cookie中的登录密码:123456
```

图 10-26　显示 cookie 中的登录信息

6. cookie 和 session 的区别

cookie 和 session 的区别如表 10-3 所示。

表 10-3　cookie 和 session 的区别

编　号	比　较　点	cookie	session
1	存在的位置	保存在客户端	保存在服务器端
2	安全性	cookie 的安全性弱	session 的安全性强
3	网络传输量	cookie 通过网络在客户端与服务器端传输	session 保存在服务器端，不需要传输
4	生命周期	cookie 生命周期是累计的	session 是间隔的

10.12　本章小结

本章对 ServletAPI 进行了详细的讲解，包含 Servlet 规范、HTTP Servlet、ServletConfig、ServletContext、ServletRequest、ServletResponse、HttpServletRequest、HttpServletResponse、cookie 等。每个知识点都涵盖概念、语法到常用方法的使用，最后通过实例进行详细的演示，全方位验证常用 ServletAPI 的用法，使读者从根本上掌握常用的 ServletAPI，并达到熟练应用的目的。

习　题

1. 以下适合使用 GET 请求来发送的是_____。
   A. 使用者名称、密码　　　　　　　　B. 论坛页面
   C. 信用卡资料　　　　　　　　　　　D. 查询数据的分页
2. 以下应该使用 post 请求来发送的是_____。
   A. 使用者名称、密码　　　　　　　　B. 档案上传
   C. 搜寻引擎的结果画面　　　　　　　D. BLOG 文件
3. HTTP 的_____请求方式，请求参数会出现在网址列上。
   A. get　　　　　　B. post　　　　　　C. delete　　　　　　D. head
4. Servlet/JSP 主要是属于_____Java 平台的规范之中。
   A. Java SE　　　　B. Java ME　　　　C. Java EE　　　　　D. Java

5. Servlet/JSP 必须基于_____才能提供服务。
   A. Applet 容器   B. 应用程序客户端容器
   C. Web 容器   D. EJB 容器

6. 若要针对 HTTP 请求撰写 Servlet 类别，以下正确的做法是_____。
   A. 实作 Servlet 界面   B. 继承 GenericServlet
   C. 继承 HttpServlet   D. 直接定义一个结尾名称为 Servlet 的类别

7. 针对 HTTP 的 GET 请求进行处理与响应_____。
   A. 重新定义 service()方法   B. 重新定义 doGet()方法
   C. 定义一个方法名称为 doService() D. 定义一个方法名称为 get()

8. 在 web.xml 中定义了以下内容：

   ```
   <servlet>
     <servlet-name>Goodbye</servlet-name>
     <servlet-class>cc.openhome.LogutServlet</servlet-class>
   </servlet>
   <servlet-mapping>
       <servlet-name>GoodBye</servlet-name>
       <url-pattern>/goodbye</url-pattern>
   </servlet-mapping>
   ```

   可以正确要求 Servlet 进行请求处理的 URL 是_____。
   A. /GoodBye   B. /goodbye.do   C. /LoguotServlet   D. /goodbye

9. 在 Web 容器中，以下_____两个类别的实例分别代表 HTTP 请求与响应对象。
   A. HttpRequest   B. HttpServletRequest
   C. HttpServletResponse   D. HttpPrintWriter

10. 在 Web 应用程序中，_____负责将 HTTP 请求转换为 HttpServletRequest 对象。
    A. Servlet 物件   B. HTTP 服务器   C. Web 容器   D. JSP 网页

11. 在 web.xml 中定义了以下内容：

    ```
    <servlet>
        <servlet-name>HelloServlet</servlet-name>
        <java-class>cc.openhome.HelloServlet</java-class>
    </servlet>
    <servlet-mapping>
        <mapping-name>HelloServlet</mapping-name>
        <url-pattern>/hello</url-pattern>
    </servlet-mapping>
    ```

    这个 web.xml 中的定义错误是_____。
    A. <url-pattern>标签中的设定一定要用.do 作结尾
    B. <mapping-name>标签应改为<servlet-name>，结尾标签名称也要修改
    C. <java-name>标签应改为<servlet-class>，结尾标签名称也要修改
    D. <servlet>标签应改为<servlet-definition>，结尾标签名称也要修改

12. 可以取得 password 请求参数的值的程序代码是_____。
    A. request.getParameter("password");
    B. request.getParameters("password")[0];

C. request.getParameterValues("password")[0];

D. request.getRequestParameter("password");

13. 下面这个程序代码片段会输出结果_____。

```
PrintWriter writer = response.getWriter();
writer.println("第一个 Servlet 程序");
OutputStream stream = response.getOutputStream();
stream.println("第一个 Servlet 程序".getBytes());
```

A. 浏览器会看到两段"第一个 Servlet 程序"的文字

B. 浏览器会看到一段"第一个 Servlet 程序"的文字

C. 丢出 IllegalStateException

D. 由于没有正确地设定内容类型 content-type，浏览器会提示另存新档

14. 在浏览器禁用 cookie 的情况下，仍可以用于会话管理的机制是_____。

A. HttpSession   B. URL 重写   C. 隐藏字段   D. cookie API

15. 可以为使用者开启自动登入机制的是_____。

A. HttpSession   B. cookie

C. HttpServletRequest   D. URL 重写

16. 关于 Servlet/JSP 的 session ID，正确的是_____。

A. 预设使用 cookie 来储存 session ID

B. cookie 的名称是 JSESSIONID

C. 在禁用 cookie 时，可以使用 URL 重写来发送 session ID

D. 必须自行呼叫 HttpSession 的 getId()方可产生

17. ServletConfig 和 ServletContext 的区别是什么？

18. cookie 和 session 技术的共同点和不同点是什么？

上 机 指 导

上机实现用户在 inputUserName.jsp 页面输入用户姓名提交给 servlet，servlet 将用户的请求再转发给 showUserName.jsp 页面。

第 11 章　Servlet 过滤器

学习目标
- 理解 Servlet 过滤器的概念和基本原理
- 掌握 Servlet 过滤器的实现方法和生命周期
- 使用 Servlet 过滤器完成具体业务功能

11.1　Servlet 过滤器简介

Servlet 过滤器简介

1. 概念和作用

在 JSP 开发中，经常会用到一些通用的操作，如编码的过滤、用户登录状态的判断、Web 应用的日志处理等。这些操作频繁出现在业务需求中，造成 servlet 程序代码的大量复用。使用过滤器可以很好地解决该问题。

过滤器可以对浏览器向 JSP、Servlet、HTML 等 Web 资源发出的请求，以及服务器回应给浏览器的内容进行过滤。这个过滤过程可以拦截浏览器发出的请求和服务器回应给浏览器的内容。拦截之后，用户可以查看拦截内容，并且可以对拦截内容进行提取或者修改。

2. 基本原理

Servlet 过滤器是在 Java Servlet 2.3 规范中定义的，是一种可以插入的 Web 组件。过滤器本身不产生请求和响应，只提供过滤作用。

过滤链是指多个过滤器组件串联使用，进行请求和响应的拦截。它具有以下几个特点。

（1）Servlet 过滤器能够在 Servlet 程序（JSP 页面）被调用之前检查 request 对象，修改请求头和请求内容，在 Servlet 程序（JSP 页面）被调用之后，检查 response 对象，修改响应头和响应内容。

（2）Servlet 过滤器的实现需要 servlet 的 Filter 接口支持，其实质仍然是由 Web 服务器管理的一个组件。过滤器经常被称为 Filter。

（3）Servlet 过滤器是声明式的，通过在 web.xml 文件中声明，允许添加或删除过滤器，无须修改程序源代码。因此，同时也具有可重用和可移植的特点。

（4）过滤链可以使得信息根据不同的拦截需求多次过滤。

使用 Servlet 过滤器拦截请求和响应过程，如图 11-1 所示。

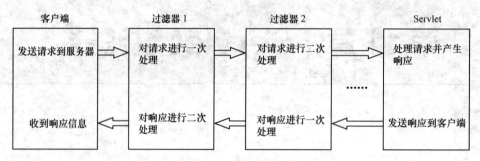

图 11-1 过滤器拦截请求和响应过程

注意：Servlet 过滤器可以过滤所有 URL 访问，也可以被指定与特定的 URL 关联，只有当客户请求访问该特定的 URL 时，才会触发过滤器。

11.2 Servlet 过滤器的实现和生命周期

11.2.1 实现 Servlet 过滤器的 Filter 组件介绍及实现

实现 Servlet 过滤器的 Filter 组件介绍及实现

Servlet 过滤器指的是 Java Servlet 2.3 规范中定义的一个组件。

广义的 Filter 组件除了 Filter 接口外，还包括了 FilterConfig 和 FilterChain 接口，每个接口中包含若干方法。

（1）javax.servlet.Filter 接口：该接口是 servlet 提供给开发者，定义和实现过滤器的主要接口，主要提供了 init、doFilter、destroy 三个方法，过滤器的主要拦截功能通过该接口完成。

（2）javax.servlet.FilterConfig 接口：主要提供了 getFilterName、getServletContext、getInitParameter 等方法。该接口可用来获得 web.xml 文件中的过滤器配置信息以及当前应用程序的运行环境（ServletContext 对象）。

（3）javax.servlet.FilterChain 接口：主要提供了 doFilter 方法，用于通知 Web 容器把请求交给 Filter 链中的下一个 Filter 去处理，如果当前调用此方法的 Filter 对象是 Filter 链中的最后一个 Filter，那么将把请求交给目标 Servlet 程序去处理。

实现过滤器组件，需要完成两个步骤：实现核心接口 Filter 和配置过滤器的映射文件。下面通过一个简单的案例，说明过滤器的实现过程。

使用过滤器拦截前端 JSP 页面向后台 servlet 的请求，步骤如下。

1. 实现 Filter 接口

Java Servlet 2.3 规范提供了对 javax.servlet.Filter 接口的支持，开发者可以通过创建一个类，实现该接口的核心功能，完成对过滤器对象的创建，如图 11-2 所示。

使用 Myeclipse 创建 Filter 接口的实现类 FilterDemo01，创建方式如图 11-3 所示。

注意：该实现类是一个普通的类，并不是 servlet。

第 11 章 Servlet 过滤器

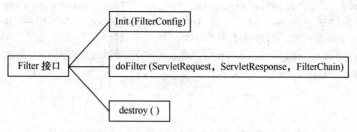

图 11-2 核心 Filter 接口方法

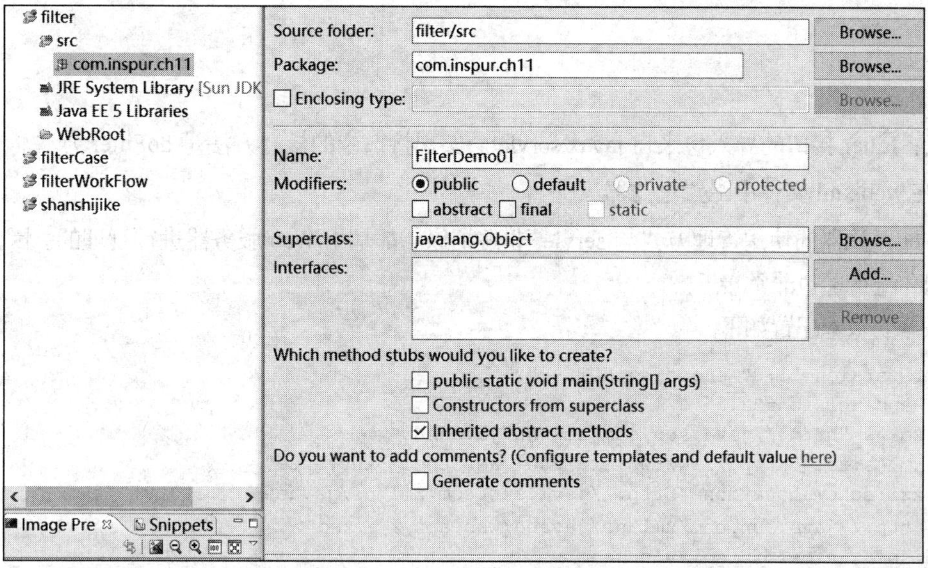

图 11-3 创建 Filter 接口的实现类

实现核心接口 Filter，代码如下。

```
package com.inspur.ch11;

import java.io.IOException;

import javax.servlet.Filter;
import javax.servlet.FilterChain;
import javax.servlet.FilterConfig;
import javax.servlet.ServletException;
import javax.servlet.ServletRequest;
import javax.servlet.ServletResponse;

public class FilterDemo01 implements Filter {
    /**
     * 使用过滤器拦截前端 JSP 页面向后台 servlet 的请求
     */
    public void destroy() {
        System.out.println("执行过滤器的 destory 方法");
    }
}
```

```
    public void doFilter(ServletRequest request, ServletResponse response,
         FilterChain filterChain) throws IOException, ServletException {
      System.out.println("执行过滤器的doFilter方法");
      filterChain.doFilter(request, response);//调用过滤器链的下一个过滤器或者是目标资源
      System.out.println("响应后执行.....");

    }

    public void init(FilterConfig arg0) throws ServletException {
      System.out.println("执行过滤器的init方法");

    }

}
```

注意：Filter 接口的导入包来自 javax.servlet。实现接口中的核心方法是 doFilter 方法。

2. 在 web.xml 文件中配置过滤器

Servlet 过滤器的使用管理方式与 servlet 非常相似。都是由 Web 服务器进行管理的。因此，在文件的声明和配置上也非常接近。

过滤器的基本配置如下。

```xml
<?xml version="1.0" encoding="UTF-8"?>
<web-app version="2.5"
   xmlns="http://java.sun.com/xml/ns/javaee"
   xmlns:xsi="http://www.w3.org/2001/XMLSchema-instance"
   xsi:schemaLocation="http://java.sun.com/xml/ns/javaee
   http://java.sun.com/xml/ns/javaee/web-app_2_5.xsd">
  <display-name></display-name>
  <welcome-file-list>
    <welcome-file>index.jsp</welcome-file>
  </welcome-file-list>

  <!-- 配置过滤器 FilterDemo01-->
  <filter>
       <filter-name>filterDemo01</filter-name>
       <filter-class>com.inspur.ch11.FilterDemo01</filter-class>
  </filter>

  <filter-mapping>
      <filter-name>filterDemo01</filter-name>
      <!-- 过滤器的拦截定位配置 -->
      <url-pattern>/filterDemo01.jsp</url-pattern>
  </filter-mapping>

</web-app>
```

在过滤器的基本配置中，下列信息是必不可少的：

- 必须声明过滤器的名称 filterDemo01；
- 必须指定过滤器的实现类的完整名称 com.inspur.ch11.FilterDeomo01；
- 必须声明映射配置中的过滤器名称 filterDemo01；
- 必须指定需要拦截的请求（响应）URL。

3. 在 WebRoot 目录下创建 filterDemo01.jsp 页面

代码如下。

```
<%@ page language="java" import="java.util.*" pageEncoding="utf-8"%>
<%
String path = request.getContextPath();
String basePath = request.getScheme()+"://"+request.getServerName()+":"+request.getServerPort()+path+"/";
%>
<!DOCTYPE HTML PUBLIC "-//W3C//DTD HTML 4.01 Transitional//EN">
<html>
  <head>
    <base href="<%=basePath%>">
    <title>My JSP 'filterDemo01.jsp' starting page</title>
    <meta http-equiv="pragma" content="no-cache">
    <meta http-equiv="cache-control" content="no-cache">
    <meta http-equiv="expires" content="0">
    <meta http-equiv="keywords" content="keyword1,keyword2,keyword3">
    <meta http-equiv="description" content="This is my page">
  </head>
  <body>
    过滤器拦截请求测试页面
  </body>
</html>
```

注意：为方便演示效果，JSP 页面直接建立在 WebRoot 的下一层目录。

4. 访问该 JSP 页面

在控制台输出结果，如图 11-4 所示。

图 11-4　过滤器拦截对 JSP 页面的访问结果

注意:在 JSP 的页面显示之前,过滤器的 doFilter 方法就被执行了。而过滤器的 init 方法是在 Web 服务器(tomcat)启动的过程中被执行。

11.2.2 实现 Filter 接口的方法

1. init 方法的使用

当 Web 服务器启动的过程中,过滤器会被 Web 服务器进行初始化,该过程是通过调用过滤器的 init 方法实现的。

通过使用 init 方法的 FilterConfig 对象可以读取 xml 配置文件中的初始化的参数信息,获取过滤器信息,以及获取过滤器所在的 ServletContext 对象等,FilterConfig 对象提供的主要方法如图 11-5 所示。

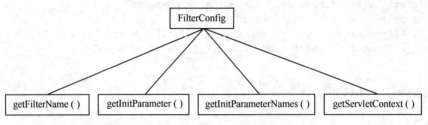

图 11-5 FilterConfig 对象提供的主要方法

创建过滤器类 FilterDemo02,其 xml 配置代码如下。

```xml
<!-- 配置过滤器 FilterDemo02-->
<filter>
        <filter-name>filterDemo02</filter-name>
        <filter-class>com.inspur.ch11.FilterDemo02</filter-class>
        <!-- 配置初始化参数 -->
        <init-param>
                <param-name>userName</param-name>
                <param-value>tom</param-value>
        </init-param>
</filter>

<filter-mapping>
        <filter-name>filterDemo02</filter-name>
        <url-pattern>/filterDemo02.jsp</url-pattern>
</filter-mapping>
```

获取过滤器初始化参数信息和 ServletContext 对象信息,代码如下。

```java
public class FilterDemo02 implements Filter {
    /**
     * Filter 接口的方法详解
     */

    public void init(FilterConfig filterConfig) throws ServletException {
        System.out.println("过滤器名称是: "+filterConfig.getFilterName());
            //获取过滤器初始化参数信息
            System.out.println("xml 文件中初始化的参数值是: "+filterConfig.getInitParameter("userName"));
```

```
        //使用枚举获取多个初始化参数值
        Enumeration names = filterConfig.getInitParameterNames();
        while(names.hasMoreElements()){
            System.out.println("参数名是："+names.nextElement());
        }
        //获取过滤器所在的ServletContext对象信息，并使用其存储数据
        ServletContext context = filterConfig.getServletContext();
        context.setAttribute("password", "123");

    }
```

浏览器中访问 filterDemo01.jsp 后，代码执行结果如图 11-6 所示。

```
2017-11-21 11:36:33 org.apache.coyote.http11.Http11Protocol init
信息: Initializing Coyote HTTP/1.1 on http-8080
2017-11-21 11:36:33 org.apache.catalina.startup.Catalina load
信息: Initialization processed in 290 ms
2017-11-21 11:36:33 org.apache.catalina.core.StandardService start
信息: Starting service Catalina
2017-11-21 11:36:33 org.apache.catalina.core.StandardEngine start
信息: Starting Servlet Engine: Apache Tomcat/6.0.13
过滤器名称是：  filterDemo02
xml文件中初始化的参数值是： tom
参数名是：  userName
```

图 11-6　init 方法的执行效果

注意：init 方法是在 Web 服务器初始化过滤器时被调用的，因此，不论在<filter-mapping>中如何配置 url，所有过滤器的 init 方法都会被执行且只执行一次。当重启 Web 服务器或重新部署时，过滤器会被重新初始化。

2. destroy 方法的使用

destory 方法是在过滤器销毁之前被自动调用，用以关闭相关资源的方法。该方法在整个生命周期过程中只执行一次，代码如下：

```
public void destroy() {
    System.out.println("过滤器 FilterDemo02 被销毁！");
}
```

重新部署项目后，控制台运行结果如图 11-7 所示。

```
2017-11-21 12:14:34 org.apache.catalina.startup.HostConfig checkResources
信息: Reloading context [/filter]
过滤器FilterDemo02被销毁！
```

图 11-7　destroy 方法的执行效果

注意：重新部署项目或关闭 Web 服务器，都会销毁过滤器。

3. doFilter 方法的使用

doFilter 方法是 Filter 接口的核心方法。

通过该方法的 ServletRequest 对象，对请求信息进行拦截、获取和修改。通过 ServletResponse 对象，对响应信息进行拦截、获取和修改。

通过 FilterChain 对象，获取过滤器链信息，对请求进行传递，调用下一个过滤器或请求的目标资源。

为方便测试，新建 filterDemo02.jsp 页面，代码如下。

```jsp
<%@ page language="java" import="java.util.*" pageEncoding="utf-8"%>
<%
String path = request.getContextPath();
String basePath = request.getScheme()+"://"+request.getServerName()+":"+request.getServerPort()+path+"/";
%>
<!DOCTYPE HTML PUBLIC "-//W3C//DTD HTML 4.01 Transitional//EN">
<html>
  <head>
    <base href="<%=basePath%>">
    <title>My JSP 'filterDemo01.jsp' starting page</title>
    <meta http-equiv="pragma" content="no-cache">
    <meta http-equiv="cache-control" content="no-cache">
    <meta http-equiv="expires" content="0">
    <meta http-equiv="keywords" content="keyword1,keyword2,keyword3">
    <meta http-equiv="description" content="This is my page">
  </head>
  <body>
    Filter方法详解测试页面
  </body>
</html>
```

在 doFilter 方法中实现拦截对 filterDemo02.jsp 的请求，代码如下。

```java
public void doFilter(ServletRequest request, ServletResponse response,
        FilterChain filterChain) throws IOException, ServletException {

        //拦截请求对象request，并修改其中的数据
        request.setAttribute("name", "mary");
        System.out.println("浏览器向filterDemo02.jsp页面的请求在此被拦截......");

    }
```

显示结果如图11-8所示。

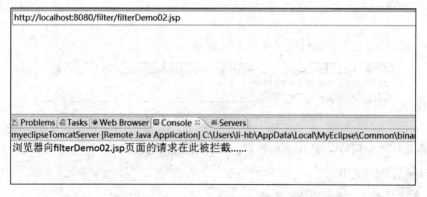

图11-8　doFilter方法的执行效果

注意：此时，发向 filterDemo02.jsp 的请求被拦截，不能正确显示 JSP 页面信息，但并没有错误信息。

在 doFilter 方法中使用 FilterChain 对象，获取过滤器链信息，对请求进行传递，如业务需求中需要，也可以在此处修改响应信息，发送到浏览器执行。代码如下。

```
//过滤器修改响应信息，返回给浏览器执行
    response.getWriter().println("hello mary!");
//调用拦截器链对象，传递请求或响应到下一个过滤器或Web资源
    filterChain.doFilter(request, response);
}
```

JSP 页面中的响应信息被添加了 "hello mary" 字符串，显示结果如图 11-9 所示。

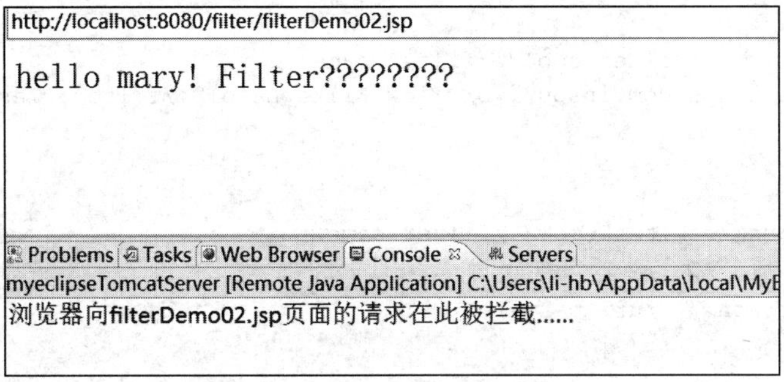

图 11-9 过滤器链对象的执行效果

注意：这里出现了中文乱码的现象，该问题将在下节解决。

Filter 过滤器的生命周期和拦截流程

11.2.3 Filter 过滤器的生命周期和拦截流程

过滤器在其整个应用过程中，从生成对象实例到调用业务方法，直至最后销毁，有其自身的周期性。过滤器的生命周期过程如表 11-1 所示。

表 11-1 过滤器的生命周期过程

周期阶段	自动调用的方法	方法介绍	细节特点
对象实例化	init 方法	初始化过滤器的参数信息	在 Web 服务器启动过程中，实例化就会完成
执行过滤方法	doFilter 方法	执行具体的过滤业务	多个过滤器串联使用时，按照 xml 配置文件中的配置顺序，依次传递过滤
对象销毁	destroy 方法	销毁过滤器对象，节约内存	在重新部署或关闭 Web 服务器时，完成对象销毁

过滤器在拦截过程中，doFilter 方法与 servlet 内的方法调用，有其特有的流程，这里重新创建了一个项目 filterWorkFlow 来演示其工作的流程。目录结构如图 11-10 所示。

当访问 filterWorkFlow 站点的 Web 资源时，所有请求都需要被一组过滤器拦截。配置 xml 文件的代码如下。

```
<!-- 配置过滤器 FilterDemo11-->
<filter>
        <filter-name>filterDemo11</filter-name>
        <filter-class>com.inspur.workFlow.FilterDemo11</filter-class>
</filter>
```

图 11-10 项目 filterWorkFlow 的目录结构

```xml
<filter-mapping>
        <filter-name>filterDemo11</filter-name>
        <!-- 拦截所有请求 -->
        <url-pattern>/*</url-pattern>
</filter-mapping>

    <!-- 配置过滤器 FilterDemo12-->
<filter>
        <filter-name>filterDemo12</filter-name>
        <filter-class>com.inspur.workFlow.FilterDemo12</filter-class>
</filter>

<filter-mapping>
        <filter-name>filterDemo12</filter-name>
        <!-- 拦截所有请求 -->
        <url-pattern>/*</url-pattern>
</filter-mapping>
```

注意：这里拦截了所有的对该项目的资源请求。

过滤器 FilterDemo11 的代码如下。

```java
public class FilterDemo11 implements Filter {

    public void destroy() {

    }

    public void doFilter(ServletRequest request, ServletResponse response,
            FilterChain filterChain) throws IOException, ServletException {
        System.out.println("程序进入 FilterDemo11 的 doFilter 方法！");
        filterChain.doFilter(request, response);
        System.out.println("程序再次回到 FilterDemo11 的 doFilter 方法！");
    }

    public void init(FilterConfig filterConfig) throws ServletException {

    }

}
```

注意：在执行 filterChain 的 doFilter 方法前后，分别进行了输出测试。

过滤器 FilterDemo12 的代码如下。

```java
public class FilterDemo12 implements Filter {

    public void destroy() {

    }

    public void doFilter(ServletRequest request, ServletResponse response,
            FilterChain filterChain) throws IOException, ServletException {
        System.out.println("程序进入 FilterDemo12 的 doFilter 方法！");
        filterChain.doFilter(request, response);
        System.out.println("程序再次回到 FilterDemo12 的 doFilter 方法！");
    }
```

```java
    public void init(FilterConfig filterConfig) throws ServletException {

    }
}
```

普通 servlet 组件 ServletDemo 的代码如下。

```java
public class ServletDemo extends HttpServlet {

    public void doGet(HttpServletRequest request, HttpServletResponse response)
            throws ServletException, IOException {
        this.doPost(request, response);

    }

    public void doPost(HttpServletRequest request, HttpServletResponse response)
            throws ServletException, IOException {

        response.setContentType("text/html");
        PrintWriter out = response.getWriter();
        System.out.println("程序进入 servlet! ");

    }

}
```

访问 filterWorkFlow 站点下的某个资源，运行结果如图 11-11 所示。

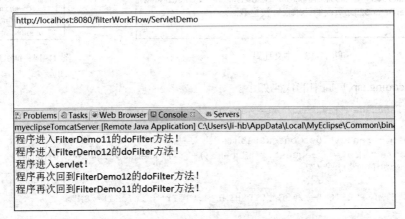

图 11-11　filterWorkFlow 的访问结果

由此可以总结出，过滤器在与 servlet（jsp）联合使用时，其拦截流程如图 11-12 所示。

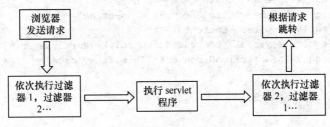

图 11-12　过滤器的拦截流程

11.3 Servlet 过滤器的功能

Servlet 过滤器的功能实例一

Servlet 过滤器在实际的应用开发中非常重要,本节内容将通过几个实例介绍过滤器的功能。

1. 实例一:使用过滤器处理中文乱码

由于中文字符在编解码时,可能因编解码格式的不同而导致出现乱码,如下面的业务请求:JSP 页面中传递的中文参数在传递到另一个 JSP 页面时,显示为乱码,如果每个 JSP 页面都单独处理该乱码,则加重了程序员的负担,也不利于代码的规范和可读性。

在前面的内容中,也遇到了中文乱码问题,演示结果如图 11-13 所示。

下面利用过滤器的拦截机制,一次性解决中文乱码的处理问题。

(1)新建项目 filterCase,创建过滤器 FilterEncoding 和 JSP 测试页面 encoding.jsp,目录结构如图 11-14 所示。

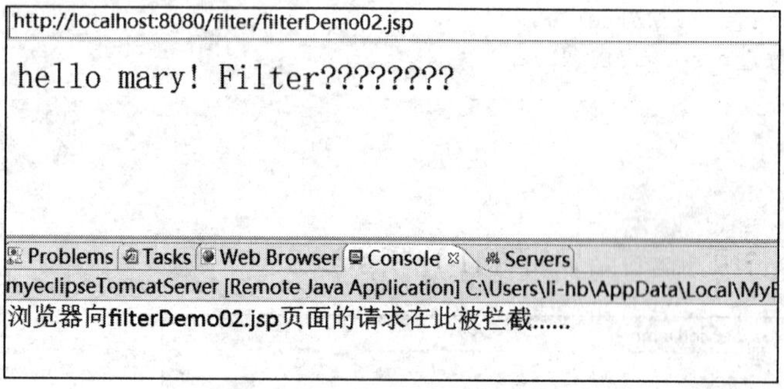

图 11-13　中文乱码 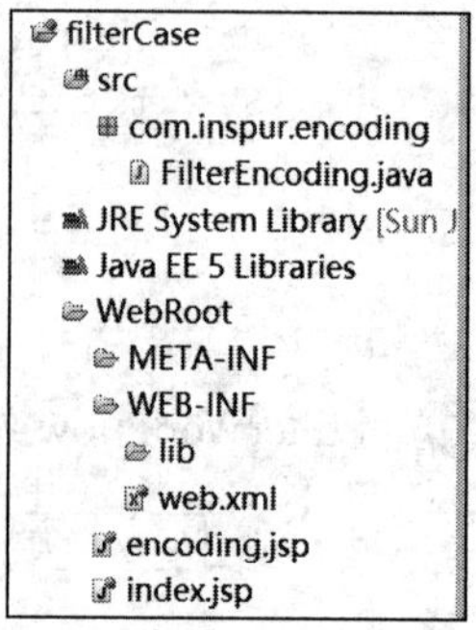　　　　　　　　图 11-14　filteCase 目录结构

(2)在 encoding.jsp 页面中的代码如下。

```
<%@ page language="java" import="java.util.*" pageEncoding="utf-8"%>
<%
String path = request.getContextPath();
String  basePath  =  request.getScheme()+"://"+request.getServerName()+":"+request.
getServerPort()+path+"/";
%>
<!DOCTYPE HTML PUBLIC "-//W3C//DTD HTML 4.01 Transitional//EN">
<html>
  <head>
    <base href="<%=basePath%>">
    <title>My JSP 'filterDemo01.jsp' starting page</title>
    <meta http-equiv="pragma" content="no-cache">
    <meta http-equiv="cache-control" content="no-cache">
    <meta http-equiv="expires" content="0">
    <meta http-equiv="keywords" content="keyword1,keyword2,keyword3">
    <meta http-equiv="description" content="This is my page">
  </head>
  <body>
    过滤器解决中文乱码问题
  </body>
</html>
```

注意：这里用一段中文描述，测试中文乱码的问题。
（3）在 FilterEncoding 类中实现过滤器的核心功能，代码如下。

```java
public class FilterEncoding implements Filter {
    public void destroy() {

    }

    public void doFilter(ServletRequest request, ServletResponse response,
            FilterChain filterChain) throws IOException, ServletException {
        //设置请求中的字符编码格式为utf-8
        request.setCharacterEncoding("utf-8");
        //调用下一个过滤器或Web资源
        filterChain.doFilter(request, response);
        //设置响应中的字符编码格式为utf-8
        response.setContentType("text/html;charset=utf-8");

    }

    public void init(FilterConfig filterConfig) throws ServletException {

    }

}
```

注意：在请求和响应中分别处理中文编码问题，解决效果更好。
（4）在 web.xml 中配置过滤器，代码如下。

```xml
  <!-- 配置过滤器 FilterEncoding-->
<filter>
        <filter-name>filterEncoding</filter-name>
        <filter-class>com.inspur.encoding.FilterEncoding</filter-class>
</filter>

<filter-mapping>
        <filter-name>filterEncoding</filter-name>
        <url-pattern>/*</url-pattern>
</filter-mapping>
```

注意：这里拦截了所有向该项目的请求。
运行的结果如图 11-15 所示。

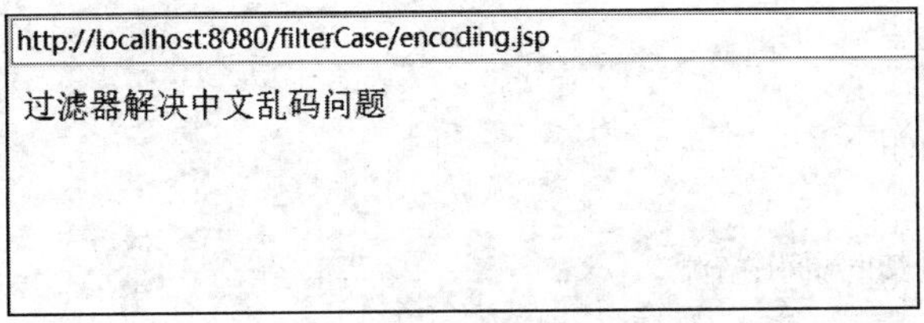

```
http://localhost:8080/filterCase/encoding.jsp
过滤器解决中文乱码问题
```

图 11-15　中文乱码解决后的执行效果

2. 实例二：使用过滤器验证用户访问权限

在使用 servlet 进行 Web 开发时，默认 servlet 资源是可以被所有用户直接访问的。在安全性上存在一定的隐患。使用过滤器可以过滤用户的 IP 地址以进行访问控制。下面通过实例代码完成此功能。

（1）在上次的项目 filterCase 中，新建 JSP 页面：success.jsp 和 error.jsp，同时新建过滤器 FilterIp，目录结构如图 11-16 所示。

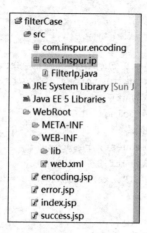

图 11-16 用户访问权限案例的目录结构

success.jsp 页面的代码如下。

```
<%@ page language="java" import="java.util.*" pageEncoding="utf-8"%>
<%
String path = request.getContextPath();
String basePath = request.getScheme()+"://"+request.getServerName()+":"+request.getServerPort()+path+"/";
%>
<!DOCTYPE HTML PUBLIC "-//W3C//DTD HTML 4.01 Transitional//EN">
<html>
  <head>
    <base href="<%=basePath%>">
    <title>My JSP 'filterDemo01.jsp' starting page</title>
    <meta http-equiv="pragma" content="no-cache">
    <meta http-equiv="cache-control" content="no-cache">
    <meta http-equiv="expires" content="0">
    <meta http-equiv="keywords" content="keyword1,keyword2,keyword3">
    <meta http-equiv="description" content="This is my page">
  </head>
  <body>
    欢迎你，您的 IP 地址正确，已成功访问资源!
  </body>
</html>
```

error.jsp 页面的代码如下。

```
<body>
   对不起，您的 IP 地址禁止访问该资源
</body>
```

（2）在过滤器的实现类 FilterIp 中实现 IP 的过滤方法，代码如下。

```
public class FilterIp implements Filter {
    /**
     * 【案例】禁止从本机浏览器访问 Web 资源的 success.jsp 页面
```

```java
    */
    public void destroy() {
    }

    public void doFilter(ServletRequest request, ServletResponse response,
            FilterChain filterChain) throws IOException, ServletException {
        //1. 获取请求信息（获取请求的IP地址）
        String ipString = request.getRemoteAddr();//获取客户端的IP地址信息
        System.out.println(ipString);
        //2. 判断IP地址是否符合要求
        if("127.0.0.1".equals(ipString)){//若不合法，则拦截请求，跳转到 error 页面，不再执行
filterChain的doFilter方法传递
            HttpServletResponse httpServletResponse = (HttpServletResponse)response;
            httpServletResponse.sendRedirect("/filterCase/error.jsp");

        }else{//合法，请求继续
            filterChain.doFilter(request, response);
        }
    }

    public void init(FilterConfig filterConfig) throws ServletException {

    }
}
```

注意：跳转页面时使用的是 HttpServletResponse 对象，需要进行从 ServletResponse 对象到 HttpServletResponse 对象的转换。

（3）在 web.xml 文件对该过滤器进行配置，代码如下。

```xml
<!-- 配置过滤器 FilterIp-->
<filter>
        <filter-name>filterIp</filter-name>
        <filter-class>com.inspur.ip.FilterIp</filter-class>
</filter>

<filter-mapping>
        <filter-name>filterIp</filter-name>
        <url-pattern>/success.jsp</url-pattern>
</filter-mapping>
```

注意：此时不能在 url 中配置/*（拦截所有请求），否则会导致过滤器实现方法中重定向的路径被循环拦截。

运行结果如图 11-17 所示。

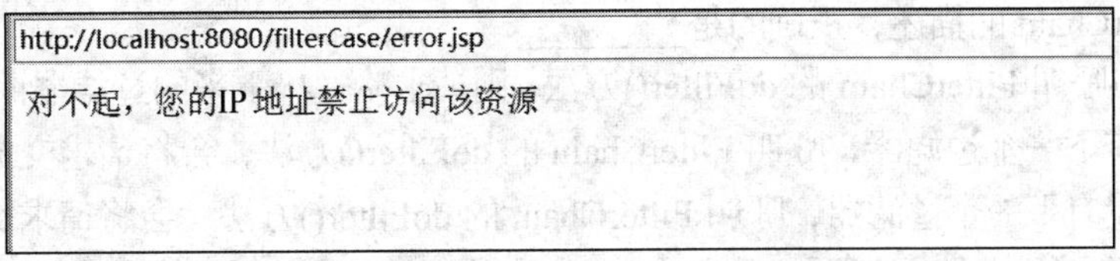

图 11-17 过滤 IP 后的访问效果

注意：这里最好打开专门浏览器发送请求，以便查看地址栏的地址路径变化。Myeclipse 自带的

浏览器可能会因版本不同而在地址栏中显示有差别。

11.4 本章小结

本章详细介绍了 servlet 过滤器的基本原理、生命周期和工作流程。通过对过滤器实例的演示，使读者掌握过滤器的创建步骤和实现方法。通过过滤器在企业实际项目应用的实例演示，加深读者对过滤器使用方法的认识。并拥有熟练使用过滤器解决实际项目问题的能力。

习　题

1. 关于过滤器的描述，以下正确的是＿＿＿＿。
    A. Filter 接口定义了 init()、service()与 destroy()方法
    B. 会传入 ServletRequest 与 ServletResponse 至 Filter
    C. 要执行下一个过滤器，必须执行 FilterChaing 的 next()方法
    D. 如果要取得初始参数，要使用 FilterConfig 物件
2. 关于以下 web.xml 的设定，描述正确的是＿＿＿＿。

```xml
<filter>
        <filter-name>SecurityFilter</filter-name>
        <filter-class>cc.openhome.SecurityFilter</filter-class>
</filter>
<filter-mapping>
        <filter-name>SecurityFilter</filter-name>
        <url-pattern>*.do</url-pattern>
        <init-param>
           <param-name>USER</param-name>
           <param-value>caterpillar</param-value>
        </init-param>
        <init-param>
           <param-name>PASSWORD</param-name>
           <param-value>123456</param-value>
        </init-param>
</filter-mapping>
```

   A. 根据<filter-mapping>过滤器会套用在所有以.do 结尾的 URL 请求
   B. 可以透过 FilterConfig 来读取 USER 与 PASSWORD 初始参数
   C. 初始参数设定位置错误，<init-param>等标签应放在<filter>标签之中
   D. <url-pattern>应改为<servlet-name>才是正确设定
3. 关于 FilterChain 的描述，正确的是＿＿＿＿。
   A. 如果不呼叫 FilterChain 的 doFilter()方法，则请求略过接下来的过滤器而直接交给 Servlet
   B. 如果有下一个过滤器，呼叫 FilterChain 的 doFilter()方法，会将请求交给下一个过滤器
   C. 如果没有下一个过滤器，呼叫 FilterChain 的 doFilter()方法，会将请求交给 Servlet
   D. 如果没有下一个过滤器，呼叫 FilterChain 的 doFilter()方法没有作用
4. 关于 FilterConfig 的描述，错误的是＿＿＿＿。
   A. 会在 Filter 界面的 init()方法呼叫时传入

    B. 为 web.xml 中<filter>设定的代表对象
    C. 可读取<servlet>标签中<init-param>所设定的初始参数
    D. 可使用 getInitParameter()方法读取初始参数
5. 简述过滤器的生命周期。
6. 简述过滤器的作用。

上 机 指 导

完成登录验证的程序设计：设计一个过滤器，过滤以"T"开头的用户名登录，使其登录到错误页面，其他则正确登录到成功界面。

第 12 章 MVC 开发模式

学习目标
- 理解 MVC 的模式概念
- 掌握 JSP 开发的两种模型（Model1/Model2）
- 会利用 MVC 模式开发 Java Web 项目

12.1 MVC 的模式简介

MVC 的模式简介

MVC 是 Xerox PARC 在 20 世纪 80 年代为编程语言 Smalltalk-80 发明的一种软件设计模式，被广泛使用。后来被推荐为 Oracle 旗下 Sun 公司 Java EE 平台的设计模式，并且受到越来越多的使用 ColdFusion 和 PHP 的开发者的欢迎。

MVC 全称是 Model View Controller，是模型（Model）－视图（View）－控制器（Controller）的缩写，其核心思想是将"模型""视图"和"控制器"有效组合。MVC 是一种软件设计典范，用一种业务逻辑、数据、界面显示分离的方法组织代码，将业务逻辑聚集到一个部件里面，在改进和个性化定制界面及用户交互的同时，不需要重新编写业务逻辑。

MVC 是一种通过三个不同部分构造一个软件或组件的理想办法。
- 模型（Model）：数据模型，提供要展示的数据。
- 视图（View）：向控制器提交所需数据，并负责进行模型展示，一般是客户见到的用户界面。
- 控制器（Controller）：接收用户请求，委托给模型进行处理，处理完毕后把返回的模型数据返回给视图，由视图负责展示，相当于一个调度员。

从面向对象的角度看，MVC 结构可以使程序更具有对象化特性，也更容易维护。在程序设计时，可以将某个对象看作"模型"，然后为"模型"提供合适的显示组件，即"视图"。在 MVC 模式下，"视图""控制器"和"模型"之间是松耦合的结构，更加有利于系统的维护和扩展。

12.2 JSP 开发的两种模型

Sun 公司推出 JSP 技术后，同时也推荐了两种 Web 项目开发规范：Model1 和 Model2。下面分别对这两种模型进行介绍。

12.2.1 Model1

Model1 即 JSP+JavaBean 开发模式架构。Model1 开发模式的工作原理图如图 12-1 所示。在 Model1 中实现 JSP 页面显示，响应请求并将结果返回给客户，JavaBean 对象实现保存数据和业务逻辑处理。Model1 这一技术实现了页面的表现和页面商业逻辑的分离，在一定程序上实现了 MVC，即 JSP 是控制层与表示层合二为一，既负责处理用户请求，又负责显示数据，JavaBean 则为模式层，用于封装业务数据。但是大量使用该模式形式，常常会导致页面被嵌入大量的脚本语言或者 Java 代码。当需要处理的业务逻辑很复杂时，这种情况会变的有些严重。所以，Model1 不能够满足大型应用的要求，比较适合开发业务逻辑不太复杂的 Web 应用程序。

以下通过使用 Model1 编写一个用户登录验证的程序的实例来进行详细讲解。

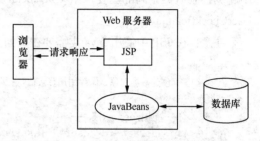

图 12-1 Model1 开发模式的工作原理

1. 实现思路分析

首先分析 JSP 和 JavaBean 各自的职责。

JSP 负责页面显示，主要包括：登录主页面（login.jsp）、登录错误页面（error.jsp）、登录成功页面（welcome.jsp）、控制登录页面（loginchk.jsp）。

JavaBean 负责保存用户信息，并向 JSP 页面传递信息，主要包括：用户数据模型（UserBean.java）、业务逻辑实现类（UserCheckBean.java）。

具体源代码如下所示（JSP 代码详见：\jspdemopro\ WebRoot\ch12\ login.jsp、welcome.jsp、error.jsp、loginchk.jsp）。

2. 登录主界面（login.jsp）

以登录主界面作为整个 Web 项目的入口，在主界面上包含用户名和密码两个输入框，以及一个登录按钮。单击登录按钮时，表单信息会被提交到 action 所配置的地址。

```
<body>
    <form action="<%=basePath%>ch12/loginchk.jsp">
        用户名:<input type="text" name="username"/><br>
        密码: <input type="password" name="password"/><br>
            <input type="submit" value="登录"/>
    </form>
</body>
```

3. 登录成功页面（welcome.jsp）

提交成功后，如果登录界面所输入的用户名和密码符合要求，则显示当前登录成功页面。

```
<body>
    登录成功! <br>
</body>
```

4. 登录错误页面（error.jsp）

提交失败后，如果登录界面输入的用户名和密码不符合要求，则显示当前登录错误页面。

```
<body>
    登录校验失败 <br>
</body>
```

5. 控制登录页面（loginchk.jsp）

控制登录页面主要用来保存登录页面提交过来的用户登录信息，调用方法进行用户信息的验证，如果验证通过，则跳转至登录成功界面，否则跳转至登录错误界面。控制登录界面在整个系统架构中起到控制数据走向的重要作用（Javabean 代码详见：\jspdemopro\com\inspur\ch12\Userbean.java、UserCheckBean.java）。

注意：在 JSP 中使用 Java 类需要在页面头部 page 标签中加上 import=" com.inspur.ch12.*"。

```
<body>
    <!-- 创建数据对象，保存用户登录信息；调用方法进行验证；验证通过，转发至 welcome.jsp，否则请求重新登录 -->
     <!-- 创建 bean 对象 -->
    <jsp:useBean id="user" class="com.inspur.ch12.UserBean"></jsp:useBean>
    <!-- 利用请求参数给 user 对象属性进行赋值 -->
    <jsp:setProperty property="*" name="user"/>
    <jsp:useBean id="userCheckBean" class="com.inspur.ch12.UserCheckBean"></jsp:useBean>
    <%
      boolean flag = userCheckBean.checkUser(user);
      if(flag){//登录校验通过
request.getRequestDispatcher("welcome.jsp").forward(request,response);
      }else{//校验未通过
request.getRequestDispatcher("error.jsp").forward(request,response);
      }
    %>
</body>
```

6. 用户数据模型（UserBean.java）

用户数据模型通过 get/set 方法保存登录界面提交的用户信息，同时也可以将数据信息传递给 JSP 页面。本案例中，该数据模型在页面 loginchk.jsp 中被使用。

```java
public class UserBean {
    private String username;
    private String password;
    //省略 get/set 方法
}
```

7. 业务逻辑实现类（UserCheckBean.java）

业务逻辑实现类主要用来实现业务逻辑处理。在本案例中业务逻辑比较简单，将已存在的用户信息通过数组存储起来，验证时将页面传递过来的用户信息与数组中的数据进行对比，如果匹配一致则认为登录成功，否则登录不成功。

```java
public class UserCheckBean {
    //使用用户信息的数组模拟一个数据库信息，来保存用户信息
    private static UserBean[] users = new UserBean[3];
    static{
        //初始化数组信息
```

```java
        UserBean user1 = new UserBean();
        user1.setUsername("zhangsan");
        user1.setPassword("123");
        users[0] = user1;
        UserBean user2 = new UserBean();
        user2.setUsername("lisi");
        user2.setPassword("1");
        users[1] = user2;
        UserBean user3 = new UserBean();
        user3.setUsername("wangwu");
        user3.setPassword("2");
        users[2] = user3;
    }
    /**
     * 根据传递过来的用户信息,从数据库中查找满足条件的用户,如果能够查找成功,则返回true,否则返回false
     * @param user
     * @return
     */
    public boolean checkUser(UserBean user){
        //从数据库中查询是否存在满足条件的用户
        UserBean[] userArray = UserCheckBean.users;
        int i=0;
        for(;i<userArray.length;i++){
            if(userArray[i].getUsername().equals(user.getUsername())
                &&userArray[i].getPassword().equals(user.getPassword())){
                return true;
            }
        }
        if(i>=userArray.length){
            return false;
        }else{
            return true;
        }
    }
}
```

登录主界面如图12-2所示,登录错误界面如图12-3所示,登录成功界面如图12-4所示。

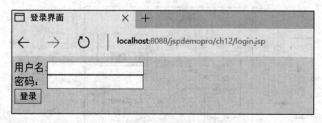

图12-2 Model1 的登录主界面

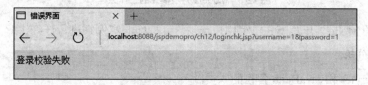

图12-3 Model1 的登录错误界面

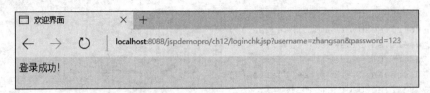

图 12-4 Model1 的登录成功界面

8. Model1 总结

Model1 作为一种 JSP+JavaBean 开发模式架构,主要实现了页面显示与业务逻辑的分离,由 JSP 负责页面显示,JavaBean 负责业务逻辑处理。但是,由于需要在 JSP 页面控制流程转向并且调用 JavaBean 代码,当业务逻辑复杂时,JSP 编写也将变得复杂。所以,Model1 适用于简单的小型应用。

12.2.2 Model2

Model2 即 JSP+Servlet+JavaBean 开发模式架构,增加了控制器(Servlet)部分。控制器专门负责业务流程的控制,接受页面的请求,创建所需的 JavaBean 实例,并将处理后的数据再返回给 JSP。解决了 Model1 中 JSP 中包含大量 Java 代码的问题。

在 JSP 中,Model2 是 MVC 架构模式在 Web 开发中的应用,"视图""模型"和"控制器"的具体实现如下。

● 模型(Model):一个或多个 JavaBean 对象,用于存储数据和处理数据。JavaBean 主要提供简单的 setXxx 方法和 getXxx 方法,在这些方法中不涉及对数据的具体处理细节,增加数据模型的通用性。

● 视图(View):一个或多个 JSP 页面,其作用是为模型提供数据和显示数据。JSP 页面主要使用 HTML 标记和 JavaBean 标记来显示数据,对数据的逻辑操作由控制器负责。

● 控制器(Controller):一个或多个 Servlet 对象,根据视图提交的请求进行数据处理操作,并将结果存储到 JavaBean 中,Servlet 使用转发或重定向的方式请求视图中的某个 JSP 页面显示数据。

Model2 开发模式的工作原理如图 12-5 所示。

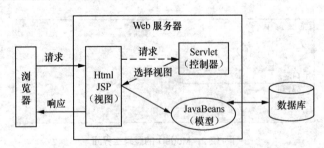

图 12-5 Model2 开发模式的工作原理

以下通过按照 Model2 开发模式重写用户登录验证程序的实例来进行详细讲解。

1. 实现思路分析

分析 JSP、Servlet 和 JavaBean 各自的职责。

(1)JSP 负责页面显示,主要包括:登录主界面(login2.jsp)、登录错误页面(error.jsp)、登录成功页面（welcome.jsp）。

（2）Servlet 负责整个 Web 项目流程中的调度工作：接收用户登录请求信息（ControllerServlet.java）。

（3）JavaBean 负责保存用户信息，并向 JSP 页面传递信息：用户数据模型（UserBean.java）、业务逻辑实现类（UserCheckBean.java）。

具体源代码详见：\jspdemopro\WebRoot\ch12\login2.jsp、welcome.jsp、error.jsp、loginchk.jsp。其中，与 Model1 中重复的代码不再赘述。

2. 登录主界面（login2.jsp）

登录主界面中的表单元素与 Model1 相同，区别在于表单信息提交地址，Model1 中提交到某个 JSP，在本例中，用户信息会被提交到 Servlet（Java 代码详见：\jspdemopro\com\inspur\ch12\ControllerServlet.java、Userbean.java、UserCheckBean.java）。

注意：需要在 web.xml 中配置该 Servlet 访问地址。

```
<body>
    <form action="<%=basePath%>controllerServlet">
        用户名:<input type="text" name="username"><br>
        密码： <input type="password" name="password"><br>
            <input type="submit" value="登录">
    </form>
</body>
```

3. 控制器（ControllerServlet.java）

控制器用来接收用户请求，委托给模型进行处理，处理完毕后，把返回的模型数据返回给视图，由视图负责展示。也就是说，控制器实现了一个调度员的作用。

```java
public void doGet(HttpServletRequest request, HttpServletResponse response)
        throws ServletException, IOException {
    /**
     * 接收用户登录请求信息，调用JavaBean组件对其进行验证，并根据结果调用JSP页面返回客户端
     */
    String username = request.getParameter("username");
    String password = request.getParameter("password");
    UserBean user = new UserBean();
    user.setUsername(username);
    user.setPassword(password);
    // 调用JavaBean组件对其进行验证
    UserCheckBean userCheckBean = new UserCheckBean();
    boolean flag = userCheckBean.checkUser(user);
    if (flag) {// 登录校验通过
        request.getRequestDispatcher("ch12/welcome.jsp").forward(request,response);
    } else {// 校验未通过
        request.getRequestDispatcher("ch12/error.jsp").forward(request,response);
    }
}
```

4. 配置

使用 Servlet 需要在配置文件 web.xml 中进行配置，这样登录页面中的地址才能正常访问到对应的 Servlet。

```xml
<servlet>
    <servlet-name>controllerServlet</servlet-name>  <servlet-class>com.inspur.ch12.ControllerServlet</servlet-class>
</servlet>
<servlet-mapping>
    <servlet-name>controllerServlet</servlet-name>
    <url-pattern>/controllerServlet</url-pattern>
</servlet-mapping>
```

登录主界面如图 12-6 所示，登录错误界面如图 12-7 所示，登录成功界面如图 12-8 所示。

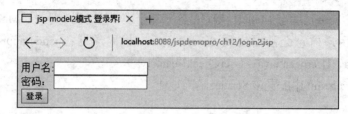

图 12-6　Model2 的登录主界面

图 12-7　Model2 的登录错误界面

图 12-8　Model2 的登录成功界面

5. Model2 总结

MVC 最核心的思想就是有效地组合"视图""模型"和"控制器"。在 Model2 中，视图是一个或多个 JSP 页面，其主要作用是向控制器提交必要的数据和为模型提供数据显示；模型是一个或多个 JavaBean 对象，用于存储数据；控制器是一个或多个 Servlet 对象，根据视图提交的要求进行数据处理操作，并将有关处理结果存储到 JavaBean 中，然后使用重定向方式请求视图中的某个 JSP 页面更新显示。综上所述，此模式将显示和逻辑分离，"视图"、"模型"和"控制器"之间是松耦合结构，更加有利于系统的维护和扩展。

12.3　MVC 模式的案例演示

MVC 模式的案例演示

本案例为使用 MVC 模式实现一个简单计算器。

1. 实现思路分析

界面 JSP：计算器界面（calculator.jsp）。

模型 JavaBean：封装计算器两个操作数和一个运算符信息，进行计算处理（Calculator.java）。

控制器 Servlet：从 calculator.jsp 接收两个操作数和一个运算符的数据，创建响应的 JavaBean 实例，验证输入合法性后再计算，并把结果发给 calculator.jsp。

2. 计算器界面（calculator.jsp）

计算器界面用于显示计算参数的输入框、运算符选择框、计算按钮和计算结果，并在单击计算按钮时将表单参数提交到对应 Servlet 中，最后对计算完成的结果进行显示。

```
<body>
    计算的结果是:${calculator.num1 }${calculator.operator}${calculator.num2}=${calculator.result}
    <hr>
    <form action="<%=basePath%>calculatorServlet">
        <h1>简单的计算器</h1>
        第一个参数:<input type="text" name="num1"><br>
        运算符：   <select name="operator">
                    <option value="+">+</option>
                    <option value="-">-</option>
                    <option value="*">*</option>
                    <option value="/">/</option>
                  </select><br>
        第二个参数:<input type="text" name="num2"><br>
                  <input type="submit" value="计算" />
    </form>
</body>
```

3. 数据模型（Calculator.java）

数据模型用于存储待计算的两个数和计算操作符，同时还负责计算，即业务逻辑处理。

```java
public class Calculator{
    private String num1;
    private String num2;
    private String operator;
    private double result;
    //省略 get/set 方法
    //业务逻辑处理方法
    public void computer(){
        Double d_num1 = Double.parseDouble(num1);
        Double d_num2 = Double.parseDouble(num2);
        if("+".equals(operator)){
            result = d_num1+d_num2;
        }else if("-".equals(operator)){
            result = d_num1-d_num2;
        }else if("*".equals(operator)){
            result = d_num1*d_num2;
        }else if("/".equals(operator)){
            result = d_num1/d_num2;
        }
    }
}
```

4. 控制器（CalculatorServlet.java）

通过 request 对象接收 JSP 页面表单中的参数，调用模型中的计算方法，完成计算后模型返回计算结果，将计算结果放入 request 对象中，重新转发到 JSP 页面，JSP 页面显示计算结果。

```java
public void doGet(HttpServletRequest request, HttpServletResponse response)
        throws ServletException, IOException {
    //获取数据，并封装到模型层的 bean 中
    String num1 = request.getParameter("num1");
    String num2 = request.getParameter("num2");
    String operator = request.getParameter("operator");
    //调用模型层，根据模型层返回的结果，进行响应
    Calculator cal = new Calculator();
    cal.setNum1(num1);
    cal.setNum2(num2);
    cal.setOperator(operator);
    cal.computer();
    //把结果响应给 JSP 页面
    request.setAttribute("calculator", cal);
    request.getRequestDispatcher("/ch12/calculator.jsp").forward(request, response);
}
```

5. 配置（web.xml）

```xml
<servlet>
    <servlet-name>calculator</servlet-name>
    <servlet-class>com.inspur.ch12.CalculatorServlet</servlet-class>
</servlet>
<servlet-mapping>
    <servlet-name>calculator</servlet-name>
    <url-pattern>/calculatorServlet</url-pattern>
</servlet-mapping>
```

运行结果如图 12-9 所示。

图 12-9　计算器的运行结果

12.4　本章小结

本章将 JSP 中的 MVC 开发模式进行了详细的讲解，包含 MVC 的基本概念、JSP 中两种开发模式 Model1 和 Model2，最后使用 MVC 模式开发了一个简单的计算器。希望读者通过本章的学习可以

了解 MVC、Model1 和 Model2 的编程模式，以及两者之间的主要应用场景，并学会使用 MVC 模式开发简单的应用系统。

习 题

1. 在 JSP 中如何定义 MVC 模式？
2. MVC 模式的优点是什么？
3. 在 JSP 中，MVC 模式中的 M、V 和 C 分别是什么角色？参照这三个角色分别由谁担当？
4. Model1 和 Model2 分别是什么？两者的主要应用场景有何不同？

上 机 指 导

输入三角形三条边的长度，计算并显示三角形的面积。

设计分析：

- 界面 JSP：输入三条边（input.jsp），显示三角形面积（show.jsp）；
- 模型 JavaBean：（Triangle.java）判断三条边是否能组成三角形，计算三角形面积；
- 控制器 Servlet：从 input.jsp 接收三条边输入的数据，创建响应的 JavaBean 实例，验证输入合法性后再计算三角形面积结果发给 show.jsp。

思考：如果输入比较复杂，验证合法性工作怎么处理比较好（从功能上考虑）？

第 13 章 综合案例：订单管理系统

学习目标

- 掌握 JSP、Servlet、JDBC 技术和数据库等集成使用
- 掌握 MVC 模式编程
- 掌握项目开发流程、参与部分项目管理工作
- 培养读者的沟通能力、团队协作精神和应用知识的能力
- 培养读者的规范化、标准化的代码编写习惯
- 加强读者的创新和总结经验的能力

13.1 项目背景及项目结构

项目背景及项目结构

本章将会综合运用前面章节介绍的 JSP+Servlet+Javabean 技术开发一个订单管理系统。采用 MVC 架构设计模式，有效组合模型、视图和控制器，便于系统的维护和扩展。其中，JSP 是视图部分，负责页面显示；Servlet 是控制器部分，实现流程控制和页面跳转。本章是对之前所学内容的总结和回顾，使读者通过综合运用将 JSP、Servlet 和 JDBC 等技术综合应用于实际开发当中。

本章将以一个订单管理系统为例，为读者示范采用 Model 2（JSP+Servlet+JavaBean）的 MVC 模式开发 Java EE 应用的方法。

1. 项目背景

本项目是浪潮集团的一个真实应用案例。某工厂主要生产电力电缆、连接配件等电力设备，因为销售的需要，同时考虑成本，采用了"业务员+代理商"的销售模式，由代理商进行产品的销售，业务员作为代理商和工厂的联系人，协调销售与生产，保证工厂业务的顺利进行。

为了更方便地管理销售和生产，工厂欲摒弃之前工作量非常大的手工记录方式，使用订单管理系统统计业务员的业绩、代理商的出货情况等，并及时为公司领导提供准确而有实效的产品销售数据。

2. 程序框架结构

本系统采用 MVC 架构，从逻辑结构上分为三层，分别是视图层、控制层、模型层，用 bean(pojo)作为层间数据交换的载体。其中，视图层主要用 JSP 来展示页面、事件响应处理、数据正确性、合法性客户端检查处理等；控制层是 Servlet 类，用来

进行业务处理，根据处理结果进行页面转向；模型层包括 dao、service、beans(pojo)，主要进行数据访问处理。程序框架结构如图 13-1 所示。

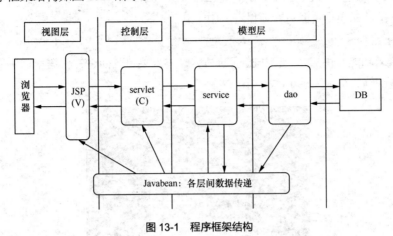

图 13-1　程序框架结构

3. 系统模块结构

订单管理系统包含 3 种用户角色，分别是管理员、业务人员和财务人员，各种角色的身份如表 13-1 所示。

表 13-1　系统角色说明

角　　色	身　　份
管理员	表示管理部门人员，如公司领导
业务人员	表示市场部门人员，如市场业务员
财务人员	表示财务部门人员，如财务经理

订单管理系统中不同的角色功能不同，管理员权限最大、功能最多。管理员主要功能包括：客户管理、货币管理、用户管理、代理商管理、订单管理、回款管理、发票管理、数据下载等。业务人员的功能主要是订单管理和发票管理，财务人员的功能主要是回款管理和数据下载等。系统的功能结构如图 13-2 所示。

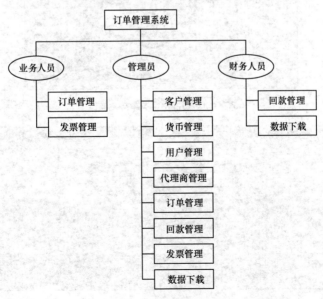

图 13-2　系统的功能结构

4. 系统静态原型

为方便大家对系统功能进行详细了解，现给出系统的静态原型图。下面所列是系统的部分静态原型页面，全部的静态原型页面可在项目资料中下载。

（1）系统登录

实现系统登录功能，用户名、密码验证通过后，进入菜单画面，并根据用户所属部门显示不同菜单，登录功能的静态页面如图 13-3 所示。

图 13-3　系统登录的静态原型

（2）系统主菜单

正确登录后，进入主菜单页面，根据不同角色，主菜单显示的功能选项不同。管理员主菜单如图 13-4 所示，业务员主菜单如图 13-5 所示，财务人员主菜单如图 13-6 所示。

图 13-4　管理员主菜单静态原型

图 13-5　业务员主菜单静态原型

图 13-6　财务人员主菜单静态原型

（3）客户管理

实现功能——根据查询条件，查询客户信息，默认查询条件如图 13-7 所示。文本框项目为模糊查询，画面初始时，根据默认条件可查询出数据显示在列表里。另外，还可以对客户进行增加、变更等操作，如图 13-8 所示。

图 13-7　客户管理静态原型

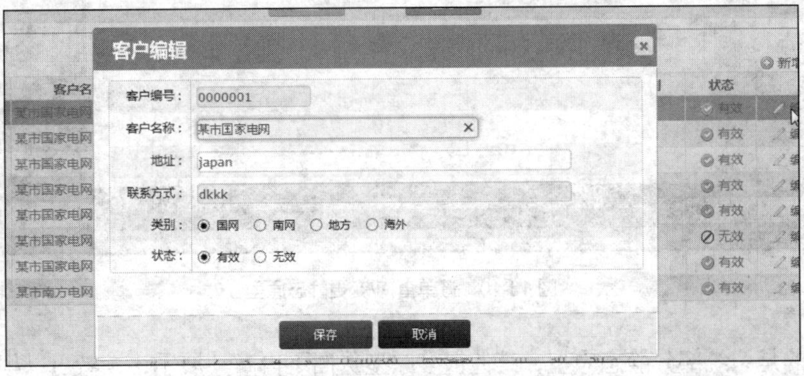

图 13-8　客户编辑静态原型

（4）订单管理

主要包括新订单录入、订单信息查询、订单信息变更、订单信息确认等功能。新订单录入静态原型如图 13-9 所示，订单查询/变更静态原型如图 13-10 所示。

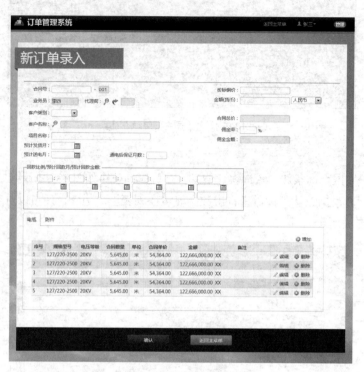

图 13-9　新订单录入静态原型

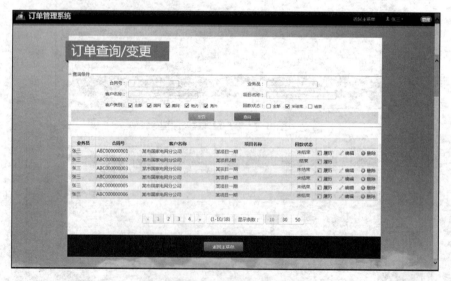

图 13-10　订单查询/变更静态原型

以上展示的是系统部分静态原型，其他很多原型页面不再一一展示，读者可以根据需要在项目资料包中下载。

13.2 数据库的设计

数据库的设计

1. 数据库模型图及表的设计

本系统使用 Oracle 数据库管理系统进行数据的存储和管理，设计本系统共用到 8 个表。系统数据库模型如图 13-11 所示。

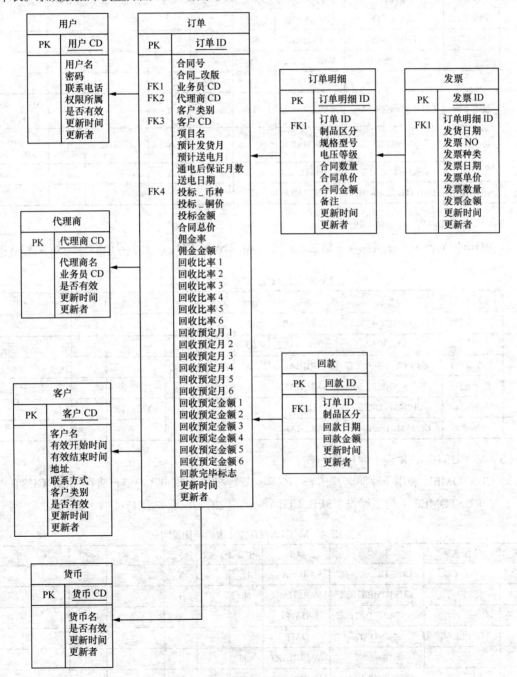

图 13-11 数据库模型图

下面介绍这些表的名称、结构和用途。

(1) M_USER 表（用户表）

M_USER 表用于存储用户信息，在用户管理模块添加的用户信息将存入 M_USER 表中。M_USER 表的主键是 USER_CD，各个字段值的说明如表 13-2 所示。

表 13-2　M_USER 表的结构说明

序号	字段说明	字段名	类型	位数	小数	必须	默认值	主键	说明
1	用户 CD	USER_CD	VARCHAR2	15		Y		1	
2	用户名	USER_NM	VARCHAR2	60		Y			
3	密码	USER_PSWD	VARCHAR2	15		Y			
4	联系电话	USER_PHONE	VARCHAR2	15					
5	权限所属	USER_OWNER_FLG	VARCHAR2	1		Y			M：管理；S：业务；F：财务
6	是否有效	IS_VALID	VARCHAR2	1		Y	T：有效		T：有效；F：无效
7	更新时间	UPDATE_DATE	DATE			Y	SYSDATE		
8	更新者	UPDATE_USER_ID	VARCHAR2	15		Y			

(2) M_AGENCY 表（代理商表）

M_AGENCY 表用于存储代理商信息，主键是 AGENCY_CD，各个字段值的说明如表 13-3 所示。

表 13-3　M_AGENCY 表的结构说明

序号	字段说明	字段名	类型	位数	小数	必须	默认值	主键	说明
1	代理商 CD	AGENCY_CD	VARCHAR2	15		Y		1	
2	代理商名	AGENCY_NM	VARCHAR2	60		Y			
3	业务员 CD	AGENCY_USER_CD	VARCHAR2	15		Y			
4	是否有效	IS_VALID	VARCHAR2	1		Y	T：有效		T：有效；F：无效
5	更新时间	UPDATE_DATE	DATE			Y	SYSDATE		
6	更新者	UPDATE_USER_ID	VARCHAR2	15		Y			

(3) M_CUSTOMER 表（客户表）

M_CUSTOMER 表用于存储客户信息，在客户管理模块添加的客户信息将存入 M_CUSTOMER 表中。M_CUSTOMER 表的主键是 USER_CD，各个字段值的说明如表 13-4 所示。

表 13-4　M_CUSTOMER 表的结构说明

序号	字段说明	字段名	类型	位数	小数	必须	默认值	主键	说明
1	客户 CD	CUSTOMER_CD	VARCHAR2	15		Y		1	
2	客户名	CUSTOMER_NM	VARCHAR2	60		Y			
3	有效开始时间	START_DATE	DATE			Y			
4	有效结束时间	END_DATE	DATE						
5	地址	ADDRESS	VARCHAR2	400					
6	联系方式	CONNECT_KIND	VARCHAR2	400		Y			

续表

序号	字段说明	字段名	类型	位数	小数	必须	默认值	主键	说明
7	客户类别	CUSTOMER_TYPE	VARCHAR2	1		Y			1：国网；2：南网；3：海外；4：地方
8	是否有效	IS_VALID	VARCHAR2	1		Y	T：有效		T：有效；F：无效
9	更新时间	UPDATE_DATE	DATE			Y	SYSDATE		
10	更新者	UPDATE_USER_ID	VARCHAR2	15		Y			

（4）M_CURRENCY 表（货币表）

M_CURRENCY 表用于存储货币信息，主键是 CURRENCY_CD，各个字段值的说明如表 13-5 所示。

表 13-5　M_CURRENCY 表的结构说明

序号	字段说明	字段名	类型	位数	小数	必须	默认值	主键	说明
1	货币 CD	CURRENCY_CD	VARCHAR2	15		Y		1	
2	货币名	CURRENCY_NM	VARCHAR2	15		Y			
3	是否有效	IS_VALID	VARCHAR2	1		Y	T：有效		T：有效；F：无效
4	更新时间	UPDATE_DATE	DATE			Y	SYSDATE		
5	更新者	UPDATE_USER_ID	VARCHAR2	15		Y			

（5）S_ORDERS 表（订单表）

S_ORDERS 是订单管理表，用于存储订单信息，主键是 ORDERS_ID，各个字段值的说明如表 13-6 所示。

表 13-6　S_ORDERS 表的结构说明

序号	字段说明	字段名	类型	位数	小数	必须	默认值	主键	说明
1	订单 ID	ORDERS_ID	NUMBER	10		Y		1	
2	合同号	CONTRACT_NO	VARCHAR2	45		Y			
3	合同_改版	ORDERS_VERSION	NUMBER	3		Y			
4	业务员 CD	AGENCY_USER_CD	VARCHAR2	15		Y			
5	代理商 CD	AGENCY_CD	VARCHAR2	15		Y			
6	客户类别	CUSTOMER_TYPE	VARCHAR2	1		Y			1：国网；2：南网；3：海外；4：地方
7	客户 CD	CUSTOMER_CD	VARCHAR2	15		Y			
8	项目名	PROJECT_NM	VARCHAR2	280					
9	预计发货月	EXPECTED_SEND_MONTH	VARCHAR2	6		Y			
10	投标_币种	BID_CURRENCY_CD	VARCHAR2	15					
11	投标_金额	BID_SUM_MONEY	NUMBER(13,2)	13	2				
12	合同总价	CONTRACT_SUM_MONEY	NUMBER(13,2)	13	2	Y			
13	佣金率	PROPORTION	NUMBER(2,2)	2	2				

续表

序号	字段说明	字段名	类型	位数	小数	必须	默认值	主键	说明
14	佣金金额	COMMISSION	NUMBER(13,2)	13	2				
15	回收比率	PAYMENTS_PROPORTION	NUMBER(4,2)	4	2				
16	回收预定金额	EXPECTED_PAYMENTS_SUM1	NUMBER(13,2)	13	2				
17	回款完毕标志	RECEIVED_PAYMENTS_FLG	VARCHAR2	1					1：完毕；0：未完
18	更新时间	UPDATE_DATE	DATE			Y	SYSDATE		
19	更新者	UPDATE_USER_ID	VARCHAR2	15		Y			

（6）S_ORDERS_DETAIL 表（订单明细表）

S_ORDERS_DETAIL 是订单明细表，用于存储订单明细信息，主键是 ORDERS_DETAIL_ID，各个字段值的说明如表 13-7 所示。

表 13-7 S_ORDERS_DETAIL 表的结构说明

序号	字段说明	字段名	类型	位数	小数	必须	默认值	主键	说明
1	订单明细 ID	ORDERS_DETAIL_ID	NUMBER	10		Y		1	
2	订单 ID	ORDERS_ID	NUMBER	10		Y			
3	制品区分	PRODUCT_CATEGORY	VARCHAR2	1		Y			1：电线；2：附件
4	规格型号	SPECIFICATION_TYPE	VARCHAR2	160		Y			
5	电压等级	VOLTAGE	VARCHAR2	100		Y			
6	合同数量	CONTRACT_QUANTITY	NUMBER(12,2)	12	2	Y			
7	合同单价	CONTRACT_UNIT_PRICE	NUMBER(12,2)	12	2	Y			
8	合同金额	CONTRACT_PRICE	NUMBER(13,2)	13	2	Y			
9	备注	REMARK	VARCHAR2	360					
10	更新时间	UPDATE_DATE	DATE			Y	SYSDATE		
11	更新者	UPDATE_USER_ID	VARCHAR2	15		Y			

（7）S_INVOICE 表（发票信息表）

S_INVOICE 是发票信息表，用于存储发票信息，主键是 INVOICE_ID，各个字段值的说明如表 13-8 所示。

表 13-8 S_INVOICE 表的结构说明

序号	字段说明	字段名	类型	位数	小数	必须	默认值	主键	说明
1	发票 ID	INVOICE_ID	NUMBER	10		Y		1	
2	订单明细 ID	ORDERS_DETAIL_ID	NUMBER	10		Y			
3	发货日期	SEND_DATE	DATE			Y			
4	发票号	INVOICE_NO	VARCHAR2	20		Y			
5	发票种类	INVOICE_TYPE	VARCHAR2	1		Y			1. 普通发票；2. 增值税发票

续表

序号	字段说明	字段名	类型	位数	小数	必须	默认值	主键	说明
6	发票日期	INVOICE_DATE	DATE			Y			
7	发票单价	INVOICE_UNIT_PRICE	NUMBER(13,2)	13	2	Y			
8	发票数量	INVOICE_QUANTITY	NUMBER(13,2)	13	2	Y			
9	发票金额	INVOICE_PRICE	NUMBER(13,2)	13	2	Y			
10	更新时间	UPDATE_DATE	DATE			Y	SYSDATE		
11	更新者	UPDATE_USER_ID	VARCHAR2	15		Y			

（8）S_RECEIVED_PAYMENTS 表（回款信息表）

S_RECEIVED_PAYMENTS 是回款信息表，用于存储回款信息，主键是 RECEIVED_PAYMENTS_ID，各个字段值的说明如表 13-9 所示。

表 13-9　S_RECEIVED_PAYMENTS 表的结构说明

序号	字段说明	字段名	类型	位数	小数	必须	默认值	主键	说明
1	回款 ID	RECEIVED_PAYMENTS_ID	NUMBER	10		Y		1	
2	订单 ID	ORDERS_ID	NUMBER	10		Y			
3	制品区分	PRODUCT_CATEGORY	VARCHAR2	1		Y			1：电线；2：附件
4	回款日期	RECEIVED_PAYMENTS_DATE	DATE			Y			
5	回款金额	RECEIVED_PAYMENTS_PRICE	NUMBER(13,2)	13	2	Y			
6	更新时间	UPDATE_DATE	DATE			Y	SYSDATE		
7	更新者	UPDATE_USER_ID	VARCHAR2	15		Y			

2. 数据库初始化

根据以上数据库表的设计，可以编写 SQL 脚本进行建表并插入测试数据。下面以 M_USER（用户表）和 M_CURRENCY（货币表）为例演示数据库初始化脚本。

（1）插入用户表测试数据。

```
insert into m_user (USER_CD, USER_NM, USER_PSWD, USER_PHONE, USER_OWNER_FLG, IS_VALID,
UPDATE_DATE, UPDATE_USER_ID)
values ('1', 'zhangsan_M', 'zhang', '11111', 'M', 'T', to_date('11-10-2017 13:32:34',
'dd-mm-yyyy hh24:mi:ss'), '');

insert into m_user (USER_CD, USER_NM, USER_PSWD, USER_PHONE, USER_OWNER_FLG, IS_VALID,
UPDATE_DATE, UPDATE_USER_ID)
values ('2', 'zhangsan_S', 'zhang', '2222', 'S', 'T', to_date('11-10-2017 13:33:17',
'dd-mm-yyyy hh24:mi:ss'), '');

insert into m_user (USER_CD, USER_NM, USER_PSWD, USER_PHONE, USER_OWNER_FLG, IS_VALID,
UPDATE_DATE, UPDATE_USER_ID)
values ('3', 'zhangsan_F', 'zhang', '333', 'F', 'T', to_date('11-10-2017 13:33:52',
'dd-mm-yyyy hh24:mi:ss'), '');
```

（2）插入货币表测试数据。

```
insert into m_currency (CURRENCY_CD, CURRENCY_NM, IS_VALID, UPDATE_DATE, UPDATE_USER_ID)
values ('CNY', '人民币', 'T', to_date('12-10-2017', 'dd-mm-yyyy'), '1');

insert into m_currency (CURRENCY_CD, CURRENCY_NM, IS_VALID, UPDATE_DATE, UPDATE_USER_ID)
values ('HKD', '港元', 'T', to_date('12-10-2017', 'dd-mm-yyyy'), '1');

insert into m_currency (CURRENCY_CD, CURRENCY_NM, IS_VALID, UPDATE_DATE, UPDATE_USER_ID)
values ('USD', '美元', 'T', to_date('12-10-2017', 'dd-mm-yyyy'), '1');
```

13.3 环境搭建

1. 创建工程

使用 MyEclipse 集成开发环境进行系统开发。在 Myeclipse（或 Eclipse）中创建一个名为 OMS 的 Web 工程，选择 Java EE 的版本为 Java EE 6.0，如图 13-12 所示。

图 13-12　创建 Web 项目

2. 添加数据库支持

新创建的项目要使用 JDBC 技术连接 Oracle 数据库，需要使用 Oracle 提供的驱动 jar 包。

将 Oracle 安装路径 Oracle\product\10.2.0\db_1\jdbc\lib 下的 ojdbc14.jar 包复制到项目的 ..\OMS\WebRoot\WEB-INF\lib 目录下，这样就为项目提供了 JDBC 的 jar 包支持。

3. 其他软件版本说明

Myeclipse 版本：10.7。
Tomcat 版本：7.0。
JDK 版本：1.7。

13.4 系统管理

1. 系统源码结构

为了使代码逻辑更加清晰易读，需要设计一个良好的系统目录结构，本订单管理系统的目录结构如图 13-13 所示。

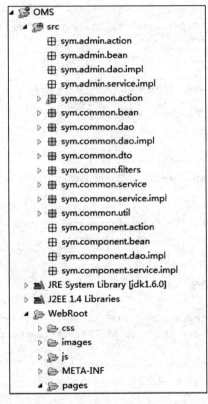

图 13-13 系统源码结构

其中，sym.common 包存放共通（登录、菜单、翻页）的功能代码；sym.admin 包用于存放与管理员相关的功能代码（例如用户管理、代理商管理、客户管理等）；sym.component 包存放与各个业务模块（订单、发票、回款管理等）相关的功能代码；sym.common.filter 包用于存放过滤器；sym.common.util 包用于存放公共组件，如数据库链接等；WebRoot 下的 js 文件夹用于存放 JavaScript 文件；css 文件夹用于存放样式表，pages/common 文件夹用于存放公共 JSP 页面，pages/component 文件夹用于存放与系统业务管理相关的 JSP 页面，pages/menu 文件夹用于存放系统菜单页面。

2. 配置文件管理

本系统的 Servlet 类需要配置在 Web 服务的 web.xml 文件中，默认的 web.xml 文件存放在 /OMS/WebRoot/WEB-INF 路径下。

程序清单：/OMS/WebRoot/WEB-INF/web.xml。

```xml
<?xml version="1.0" encoding="UTF-8"?>
<web-app version="2.4"
    xmlns="http://java.sun.com/xml/ns/j2ee"
    xmlns:xsi="http://www.w3.org/2001/XMLSchema-instance"
    xsi:schemaLocation="http://java.sun.com/xml/ns/j2ee
    http://java.sun.com/xml/ns/j2ee/web-app_2_4.xsd">
    <display-name>Order Management System</display-name>

    <servlet>
      <servlet-name>LoginServlet</servlet-name>
      <servlet-class>com.inspur.servlet.LoginServlet</servlet-class>
    </servlet>

    <servlet-mapping>
      <servlet-name>LoginServlet</servlet-name>
      <url-pattern>/LoginServlet</url-pattern>
    </servlet-mapping>

  <servlet>
    <servlet-name>CurrencyServlet</servlet-name>
    <servlet-class>com.inspur.servlet.CurrencyServlet</servlet-class>
  </servlet>
  <servlet-mapping>
   <servlet-name>CurrencyServlet</servlet-name>
   <url-pattern>/CurrencyServlet</url-pattern>
  </servlet-mapping>

        <!-- 配置字符编码集过滤器 -->
        <filter>
            <filter-name>CharsetEncodingFilter</filter-name>
            <filter-class>com.inspur.util.CharacterEncodingFilter</filter-class>
            <init-param>
                <param-name>encoding</param-name>
                <param-value>UTF-8</param-value>
            </init-param>
        </filter>

    <filter-mapping>
            <filter-name>CharsetEncodingFilter</filter-name>
            <url-pattern>/*</url-pattern>
    </filter-mapping>

        <!-- 配置欢迎界面 -->
    <welcome-file-list>
      <welcome-file>pages/login.jsp</welcome-file>
    </welcome-file-list>
</web-app>
```

3. 字符编码集过滤器

为了使请求和响应中的中文字符正常处理，需要使用过滤器对字符编码集进行设置，并在 web.xml 文件中进行过滤器配置。

程序清单：/OMS/src/com/inspur/util/CharacterEncodingFilter.java。

```java
package com.inspur.util;
import java.io.IOException;
import javax.servlet.Filter;
import javax.servlet.FilterChain;
import javax.servlet.FilterConfig;
import javax.servlet.ServletException;
import javax.servlet.ServletRequest;
import javax.servlet.ServletResponse;
/**
 * 设置字符编码集过滤器
 * @author inspur
 * @version 2017-10-18
 */
public class CharacterEncodingFilter implements Filter {
    private String encoding = null;
    public void destroy() {
    }
    public void doFilter(ServletRequest request, ServletResponse response,
            FilterChain chain) throws IOException, ServletException {
        if(encoding != null){
            request.setCharacterEncoding(encoding);
            response.setCharacterEncoding(encoding);
        }
        chain.doFilter(request, response);
    }
    public void init(FilterConfig config) throws ServletException {
        encoding = config.getInitParameter("encoding");
    }
}
```

4. 数据库链接

本订单管理系统将数据库链接和关闭提取成一个公共的类进行管理，这样有利于链接数据库信息的修改，减少代码的重复率。如果需要更换数据库地址，更换该类中的 driver、url、username、password 变量值即可。

程序清单：/OMS/src/com/inspur/util/ConnectionPool.java。

```java
package com.inspur.util;
import java.sql.Connection;
import java.sql.DriverManager;
import java.sql.PreparedStatement;
import java.sql.ResultSet;
import java.sql.SQLException;
/**
 * @Desc:链接数据库和关闭数据库公共类
 * @author inspur
 * 2017-10-21
 */
```

```java
public class ConnectionPool {
    static String driver = "oracle.jdbc.driver.OracleDriver";
    static String url = "jdbc:oracle:thin:@localhost:1521:inspur";
    static String username = "scott";
    static String password = "123456";
    private static Connection conn;
    /**
     * 链接数据库
     * @return
     * @throws ClassNotFoundException
     */
    public static Connection getConn() throws ClassNotFoundException{
    try {
            Class.forName(driver);
            if(conn==null || conn.isClosed()){
                conn = DriverManager.getConnection(url, username, password);
            }
            if(conn!=null){
                System.out.println("Connect database success");
            }else{
                System.out.println("Connect database fail");
            }
        } catch (SQLException e) {
            // TODO Auto-generated catch block
            e.printStackTrace();
        }
        return conn;
    }
    /**
     * 关闭数据库
     * @param pstmt
     * @param conn
     */
    public static void close(PreparedStatement pstmt,Connection conn){
        try {
            if(pstmt!=null)
            {
            pstmt.close();
            }
            if(conn!=null)
            {
                conn.close();
            }
        } catch (SQLException e) {
            // TODO Auto-generated catch block
            e.printStackTrace();
        }
    }
    /**
     * 关闭数据库
     * @param pstmt
     * @param rs
     * @param conn
     */
```

```
public static void close(PreparedStatement pstmt,ResultSet rs,Connection conn){
    try {
        if(pstmt!=null){
            pstmt.close();
        }
        if(rs!=null){
            rs.close();
        }
        if(conn!=null){
            conn.close();
        }
    } catch (SQLException e) {
        // TODO Auto-generated catch block
        e.printStackTrace();
    }
}
```

5. 公共分页组件

针对货币管理、用户管理、代理商管理等页面查询都需要用到分页，所以本系统将分页功能提取为公共组件，供其他模块使用。分页功能的页面效果如图 13-14 椭圆框中所示。

公共分页组件

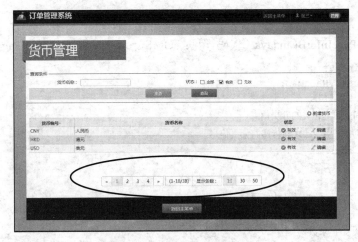

图 13-14 分页功能的页面效果

分页功能共通代码的类图设计如图 13-15 所示。

注意：图 13-15 中"#业务逻辑编号#"部分是程序员需要添加的部分。

分页功能提取的公共类：

① PageInforBean.java：用于存放各层之间传递的分页信息。

② PageListBaseServlet.java：用于控制分页的公共的控制器 Servlet 类。

③ PageInfoService.java：用于实现分页的业务逻辑层类。

在实现分页功能时，控制器 Action 类只需继承父类 PageListBaseServlet，并重写父类的 initPageInforBean 方法即可；业务逻辑 ServiceImpl 类只需继承父类 PageInfoService，并重写父类的 getTotalRecordNumber 和 getComponentPageList 方法即可。

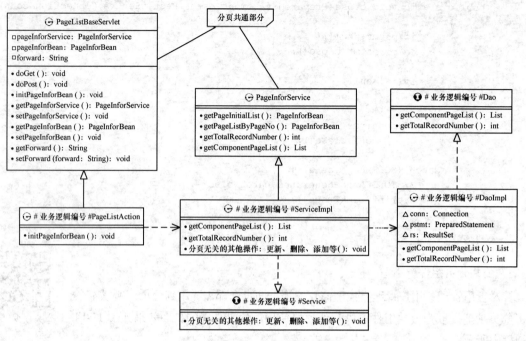

图 13-15 分页功能的类图说明

样例程序如下。

（1）模型类：PageInforBean.java（代码详见：\OMS\src\sym\common\bean\PageInforBean.java）。

```java
package com.inspur.pojo;
import java.util.HashMap;
import java.util.List;
/**封装信息查询页面上相关的分页信息
 * 视图层、控制层、模型层之间传递的分页信息
 * @author inspur
 */
public class PageInfor {
    //当前页显示记录数,默认为每页显示10条
    private int showCount = 10;
    //当前页开始记录数
    private int fromCount = 0;
    //记录总条数
    private int totalNumber = 0;
    //当前页数据的列表
    private List list = null;
    //总页数
    private int totalPage = 0;
    // 当前页页码
    private int currentPage = 0;
    //存储检索条件
    private HashMap<String,String> hm;
    注：省略get/set方法……
}
```

（2）控制器类：PageListBaseServlet.java（代码详见：\OMS\src\sym\common\action\PageListBaseServlet.java）。

```java
package sym.common.action;
import java.io.IOException;
import javax.servlet.ServletException;
import javax.servlet.http.HttpServlet;
import javax.servlet.http.HttpServletRequest;
import javax.servlet.http.HttpServletResponse;
import javax.servlet.http.HttpSession;
import sym.common.bean.PageInforBean;
import sym.common.service.PageInforService;
/**
 * 实现分页显示共通功能的 servlet 类
 * @author inspur
 *
 */
public abstract class PageListBaseServlet extends HttpServlet {
    /**
     * 分页抽象类 Service
     */
    private PageInforService pageInforService = null;
    /**
     * 分页信息 bean
     */
    private PageInforBean pageInforBean = null;
    /**
     * 跳转路径
     */
    private String forward = null;

    @Override
    public void doGet(HttpServletRequest request, HttpServletResponse response)
            throws ServletException, IOException {
        doPost(request, response);
    }

    @Override
    public void doPost(HttpServletRequest request, HttpServletResponse response)
            throws ServletException, IOException {
        pageInforBean = new PageInforBean();
        String showCount = request.getParameter("showCount");
        if(showCount!=null&&!"".equals(showCount)){
            pageInforBean.setShowCount(Integer.valueOf(showCount));
        }
        String pageNo = request.getParameter("pageNo");
        if(pageNo!=null&&!"".equals(pageNo)){
            pageInforBean.setCurrentPage(Integer.valueOf(pageNo));
        }
        setPageInforBean(pageInforBean);
        initPageInforBean(request,response);
        HttpSession session = request.getSession();
        initPageInforBean(request,response);
        if (request.getParameter("method") != null) {
```

```
                    if (request.getParameter("method").equals("firstPage")) {// 显示第一页
                        session.setAttribute("pageInforBean", pageInforService.
getPageInitialList(pageInforBean));
                    } else if (request.getParameter("method").equals("showPage"))
{//根据页码数显示当前页
                        session.setAttribute("pageInforBean", pageInforService.
getPageListByPageNo(pageInforBean));
                    }
                    response.sendRedirect(request.getContextPath() + this.forward);
                }

                /**
                 * 初始化 PageInforBean，封装客户端传递的查询条件信息
                 * 初始化 forward
                 * listBean 和 forward
                 * @param request
                 * @param response
                 */
                public abstract void initPageInforBean(HttpServletRequest request,
                        HttpServletResponse response);

                public PageInforService getPageInforService() {
                    return pageInforService;
                }

                public void setPageInforService(PageInforService pageInforService) {
                    this.pageInforService = pageInforService;
                }

                public PageInforBean getPageInforBean() {
                    return pageInforBean;
                }

                public void setPageInforBean(PageInforBean pageInforBean) {
                    this.pageInforBean = pageInforBean;
                }

                public String getForward() {
                    return forward;
                }

                public void setForward(String forward) {
                    this.forward = forward;
                }

        }
```

（3）业务逻辑类：PageInforService.java（代码详见：\OMS\sym\common\service\PageInforService.java）。

```
package sym.common.service;
import java.util.HashMap;
import java.util.List;
import sym.common.bean.PageInforBean;
```

```java
/**
 * 封装了分页共通的业务逻辑处理
 * @author inspur
 *
 */
public abstract class PageInforService {
    /**
     * 检索首页
     * @param pageInforBean 分页信息bean
     *
     */
    public PageInforBean getPageInitialList(PageInforBean pageInforBean)  {
        pageInforBean.setCurrentPage(1);
        return getPageListByPageNo(pageInforBean);
    }

    /**
     * 根据页码检索此页内容
     * @param pageInforBean 分页信息bean,封装了要检索的页码和每页显示的记录数等信息
     */
    public PageInforBean getPageListByPageNo(PageInforBean pageInforBean)
    {
        //检索条件
        HashMap queryInforMap = pageInforBean.getHm();

        //获取当前页的起始记录数
        if(pageInforBean.getCurrentPage()==1)
        {
            pageInforBean.setFromCount(1);
        }else
        {
            pageInforBean.setFromCount((pageInforBean.getCurrentPage()-1)*pageInforBean.getShowCount()+1);
        }
        //根据检索条件，查询满足条件的总记录数
        int totalNumber = getTotalRecordNumber(queryInforMap);
        int showCount = pageInforBean.getShowCount();
        //根据总记录数和每页显示的记录数，获取总页数
        int tmp = totalNumber% showCount;
        int tmpPageNumber = totalNumber
                /showCount;
        pageInforBean.setTotalPage(tmp == 0  ? tmpPageNumber : tmpPageNumber + 1);
        pageInforBean.setTotalNumber(totalNumber);
        int endCount = pageInforBean.getFromCount()+showCount-1;
        //根据起始记录数、结束记录数以及检索条件，获取当前页的数据列表

        pageInforBean.setList(getComponentPageList(pageInforBean.getFromCount(),endCount,queryInforMap));
        return pageInforBean;
    }

    /**
     * 根据检索条件，获取满足条件的记录总数（每个业务来实现）
```

```
     *
     * @param queryInforMap 检索条件
     * @return int 总记录数
     */
    public abstract int getTotalRecordNumber(HashMap queryInforMap);

    /**
     * 根据起始记录数、结束记录数以及检索条件,获取当前页的数据列表(每个业务来实现)
     * @param fromCount 起始记录数
     * @param endCount 截止记录数
     * @param queryInforMap 检索条件
     * @return List 当前页的数据列表
     */
    public abstract List getComponentPageList(int fromCount,int endCount,HashMap queryInforMap);
}
```

13.5 实现用户登录

用户可在该模块输入自己的用户 ID 和密码,系统将会对用户 ID 和密码进行验证,如果输入的用户 ID 和密码有错误,将提示用户 ID 和密码不正确。

实现用户登录

该模块视图部分由一个 JSP 页面 login.jsp 构成,该 JSP 页面负责将用户的登录信息提交到控制器,并进入系统主界面。JavaBean 模型 User 负责存储用户信息。Servlet 控制器 LoginServlet 负责分发用户请求至后台。Service 服务层 LoginService 负责业务逻辑处理。dao 层负责链接数据库,获取数据信息。

1. 视图(JSP 页面)

视图部分由一个 JSP 页面 login.jsp 构成。login.jsp 页面负责提供输入登录信息界面,并负责显示登录反馈信息,效果如图 13-16 所示。

图 13-16 login.jsp 页面效果

login.jsp 部分代码如下(代码详见:\OMS\WebRoot\pages\login.jsp)。

```
<%@ page language="java" pageEncoding="UTF-8" %>
```

```jsp
<% String path = request.getContextPath(); %>
<html>
<head>
    <meta http-equiv="Content-Type" content="text/html; charset=UTF-8" />
    <title>订单管理系统</title>
    <script type="text/javascript" src="<%=path %>/js/common/jquery.js"></script>
    <script type="text/javascript">
        function check() {//检查用户ID和用户名是否为空
            var id=document.getElementById("signup_id").value;
            var pass=document.getElementById("signup_password").value;
            if(id=="" || id=="请输入用户ID") {
                document.getElementById("msg").innerHTML="用户ID不能为空";
                return false;
            } else if(pass=="") {
                document.getElementById("msg").innerHTML="密码不能为空";
                return false;
            }
            return true;
        }
        function login() { //提交表单
          if(check()){
            document.loginForm.action="/OMS/LoginServlet?method=login";
            document.loginForm.submit();
            return true;
          }
        }
        document.onkeydown=function() { //按确认键执行提交表单操作
          if (event.keyCode==13) {
              login();
          }
        }
    </script>
</head>
<body>
    <div>
        <div>
            <h1> 用户登录 </h1>
            <form action="" name="loginForm" method="post">
                <div id="signup_forms" style="border:none">
                    <table>
                        <tr>
                            <td style="border:1px solid gray"><input type="text"
                                name="user[cd]" placeholder="请输入ID" id="signup_id"
                                style="height:39px;width:260px;ime-mode: disabled">
                            </td>
                        </tr>
                        <tr>
                            <td style="border:1px solid gray"><input type="password"
                                name="user[password]" placeholder="请输入密码" id="signup_password"
                                style="height:39px;width:260px;ime-mode: disabled">
                            </td>
                        </tr>
```

```
                    </table>
                    <span id="msg" style="color: red;font-size:14px">${errMsg}</span>
                </div>
                <div>
                    <a href='javascript:login()' onclick=""
                        style="padding:5px 30px;margin-top: 5px;">登录</a>
                </div>
            </form>
        </div>
    </div>
</body>
</html>
```

2. 模型（JavaBean）

用户登录功能使用实体类 User.java 封装用户的重要信息，实现各层之间用户信息的传递。
User.java 类代码如下（代码详见：\OMS\src\sym\common\bean\User.java）。

```java
/**
 * 用户 bean
 * @author inspur
 * @version 2017-10-18
 */
public class User {
    /** 用户 cd */
    private String user_cd;
    /** 用户名 */
    private String user_nm;
    /** 密码 */
    private String user_pswd;
    /** 电话 */
    private String user_phone;
    /** 权限 */
    private String user_owner_flg;
    /** 是否有效 */
    private String is_valid;
    /** 更新日 */
    private String update_date;
    /** 更新者 */
    private String update_user_id;
    注：省略 get/set 方法……
}
```

3. 控制器（servlet）

登录页面的请求提交给控制器 Loginservlet 处理，控制器 LoginServlet 负责分发客户请求，将请求分发到对应的 service 进行处理，并对处理结果进行判断处理，根据判断结果进行页面的转发。

LoginServlet.java 部分代码如下（代码详见：\OMS\src\sym\common\action\LoginServlet.java）。

```java
/**
 * 登录
```

```java
 * @author inspur
 * @version 2017-10-18
 */
public class LoginServlet extends HttpServlet {
    @Override
    public void doPost(HttpServletRequest request, HttpServletResponse response)
            throws ServletException, IOException {
        String method=request.getParameter("method");
        if("login".equals(method)) {
            doLogin(request,response);
        }
    }
    /**
     * doGet
     */
    @Override
    public void doGet(HttpServletRequest request, HttpServletResponse response)
            throws ServletException, IOException {
        doPost(request,response);
    }
    /**
     * 请求处理
     * @param request
     * @param response
     * @throws ServletException
     * @throws IOException
     */
    public void doLogin(HttpServletRequest request, HttpServletResponse response)
    throws ServletException, IOException {
    //获取用户名和用户密码
    String user_cd=request.getParameter("user[cd]");
    String user_pswd=request.getParameter("user[password]");
    boolean bool=new LoginService().findUser(user_cd, user_pswd);
    //是否在数据库中找到对应用户信息
    if(bool) {
      //根据用户CD获取用户基本信息
      User adminUserBean=new LoginService().findUserDefault(user_cd);
      //将用户基本信息放入session
      HttpSession session=request.getSession();
      session.setAttribute("adminUserBean", adminUserBean);
      //根据用户类型展现主界面，当前系统仅给出用户类型为"M"的样例代码
      if("M".equals(adminUserBean.getUser_owner_flg())) {
            response.sendRedirect("pages/menu/mainMenuG.jsp");
      } else if("S".equals(adminUserBean.getUser_owner_flg())) {
            response.sendRedirect("pages/menu/mainMenuY.jsp");
      } else if("F".equals(adminUserBean.getUser_owner_flg())) {
            response.sendRedirect("pages/menu/mainMenuC.jsp");
      }
     }else{
      request.setAttribute("errMsg","用户ID或用户密码不正确");
      request.getRequestDispatcher("/pages/login.jsp").forward(request, response);
     }
    }
}
```

4. 服务层（service）

上面 Servlet 控制器类中调用服务层 LoginService 进行业务逻辑处理，如用户登录时判断用户是否存在。LoginService 定义为接口，具体方法的实现在其实现类 LoginServiceImpl.java 中。

LoginServiceImpl.java 部分代码如下（代码详见：\OMS\src\sym\common\action\LoginServiceImpl.java）。

```java
/**
 * 处理用户登录的service类
 * @author inspur
 */
public class LoginServiceImpl  implements LoginService{
    /**
     * 验证用户CD、用户密码正确性
     * @param user_cd
     * @param user_pswd
     * @return bool true:表示正确登录 false:表示用户名或密码错误
     */
    public boolean findUser(String user_cd,String user_pswd)
    {
        boolean bool=false; //默认为false
        int result=new UserDaoImpl().findUser(user_cd, user_pswd);
        //调用UserDao中的findUser方法,如果返回结果result为1,表示正确登录,将bool设置为true
        if(result==1)
        {
            bool=true;
        }

        return bool;
    }

    /**
     * 根据用户CD获取用户基本信息
     * @param user_cd
     * @return adminUserBean 对象
     */
    public AdminUserBean findUserDefault(String user_cd)
    {
        AdminUserBean adminUserBean=new AdminUserBean();
        //调用UserDao类中的方法,获取SessionDto对象dto
        SessionDto dto=new UserDaoImpl().findUserDefault(user_cd);
        //将dto的属性值赋给adminUserBean
        adminUserBean.setUser_cd(dto.getUser_cd());
        adminUserBean.setUser_nm(dto.getUser_nm());
        adminUserBean.setUser_owner_flg(dto.getUser_owner_flg());

        //返回adminUserBean对象
        return adminUserBean;
    }
}
```

5. 持久层（dao）

在业务逻辑层代码中需要调用持久层 dao 进行数据处理，持久层负责连接数据库、获取数据信息、将用户提交的信息写入数据库中等功能。本例中，使用 dao 类中的方法实现根据登录的用户名和密码到数据库检索，从而校验用户名密码是否正确。UserDao 定义为接口，其方法的具体实现在其实现类 UserDaoImpl.java 中。

UserDaoImpl.java 部分代码如下（代码详见：\OMS\src\sym\common\dao\impl\UserDaoImpl.java）。

```java
/**
 * 用户操作相关的 dao 的实现类
 * @author inspur
 */
public class UserDaoImpl implements UserDao{

    /** 定义数据库操作用到的对象 **/
    Connection conn=null;
    PreparedStatement pstmt=null;
    ResultSet rs=null;

    /**
     * 根据用户名和密码，判断用户登录
     * @param user_cd
     * @param user_pswd
     * @return result 两种情况 0：用户名或密码不正确  1：正确登录
     */
    public int findUser(String user_cd, String user_pswd)
    {
        int result=0;   //初始化为 0，设定初始情况为用户名或密码不正确
        //1.创建连接
        conn=ConnectionPool.getConn();

        //2.创建 sql
        String sql="SELECT count(U.USER_CD) FROM M_USER U WHERE U.IS_VALID = 'T' AND U.USER_CD = ? AND U.USER_PSWD = ?";

        try {
            //3.给占位符赋值
            pstmt=conn.prepareStatement(sql);
            pstmt.setString(1, user_cd);
            pstmt.setString(2, user_pswd);

            //4.发送执行 sql 语句
            rs=pstmt.executeQuery();

            //5.判断结果
            while(rs.next())
            {   //从结果集中取出记录数
                int num=rs.getInt("count(U.USER_CD)");
```

```java
                        //如果记录数大于0, 表示正确登录, 将result置为1
                        if(num>0)
                        {
                        result=1;
                        }
                }
        } catch (SQLException e) {
            // TODO Auto-generated catch block
            e.printStackTrace();
        }finally
        {
            //释放连接
            ConnectionPool.close(pstmt, rs, conn);
        }
        
        return result;
    }
    
    /**
     * 根据用户CD, 获取用户基本信息
     * @param user_cd
     * @return dto
     */
    public SessionDto findUserDefault(String user_cd)
    {
        SessionDto dto=new SessionDto();
        //1.获取连接
        conn=ConnectionPool.getConn();
        //2.创建sql
        String sql="SELECT  USER_CD,USER_NM, USER_OWNER_FLG FROM M_USER WHERE USER_CD = ?";
        
        try {
            //3.给占位符赋值
            pstmt=conn.prepareStatement(sql);
            pstmt.setString(1, user_cd);
            //4.发送执行sql
            rs=pstmt.executeQuery();
            
            //5.从结果集取数据,设置dto对象的属性
            while(rs.next())
            {
                dto.setUser_cd(rs.getString("USER_CD"));
                dto.setUser_nm(rs.getString("USER_NM"));
                dto.setUser_owner_flg(rs.getString("USER_OWNER_FLG"));
            }
        } catch (SQLException e) {
            // TODO Auto-generated catch block
            e.printStackTrace();
        }finally
        {
            //释放连接
```

```
                ConnectionPool.close(pstmt, rs, conn);
        }
        return dto;
    }
}
```

13.6 实现货币管理

在本系统中，管理员可以进行货币管理。货币管理功能主要包括货币信息分页查询、新增或删除货币信息，下面以分页查询货币信息为例进行代码演示。

1. 货币一览页面

货币一览页面为 currencyMaster.jsp，如图 13-17 所示。本页面在画面初始时，将根据默认条件查询出的数据显示在列表里。在本页面中可以输入查询条件，查询货币信息，文本框项目为模糊查询。

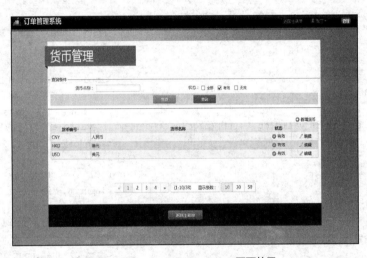

图 13-17　currencyMaster.jsp 页面效果

currencyMaster.jsp 部分代码如下（代码详见：\OMS\WebRoot\pages\component\admin\currencyMaster.jsp）。

```
<div class="main">
        <div class="banner">
            <span>货币管理</span>
        </div>
        <div class="content">
            <!-- search-table -->
            <form method="post">
                <div class="search-table" id="search_table">
                    <span
                        style="background-color: #FFFFFF; font-size: 14px; left:
10px; position: relative; top: 9px;"> 查询条件 </span>
                    <div
                        style="padding: 10px; border-width: 1px 0; border-style:
solid; border-color: #0088CC;">
                        <table class="table-edit" style="width: 90%; margin: 0
```

```html
                                        auto;">
                                            <tr>
                                                <td style="width: 100px" class="right_align">
                                                    货币名称 :
                                                </td>
                                                <td style="width: 260px">
                                                    <input class="input-xlarge" type="text" name="currency_nm"
                                                        style="width: 160px; text-align: left;" value="${pageInforBean.hm.currency_nm}">
                                                </td>
                                                <td style="width: 100px" class="right_align">
                                                    状态 :
                                                </td>
                                                <td>
                                                    <label class="checkbox inline">
                                                        <input id="is_valid_all" type="checkbox" id="is_valid_all"
                                                            name="is_valid_all" value="ALL" ${pageInforBean.hm.is_valid eq '%'?'checked':''}>
                                                        <span class="input-label">全部</span>
                                                    </label>
                                                    <label class="checkbox inline">
                                                        <input id="is_valid_t" type="checkbox" id="is_valid_t"
                                                            name="is_valid" value="T" ${(pageInforBean.hm.is_valid eq '%')||(pageInforBean.hm.is_valid eq 'T') ?'checked':''}>
                                                        <span class="input-label">有效</span>
                                                    </label>
                                                    <label class="checkbox inline">
                                                        <input id="is_valid_f" type="checkbox" id="is_valid_f"
                                                            name="is_valid" value="F" ${pageInforBean.hm.is_valid eq '%'||(pageInforBean.hm.is_valid eq 'F')?'checked':''}>
                                                        <span class="input-label">无效</span>
                                                    </label>
                                                </td>
                                            </tr>
                                        </table>
                                        <div class="search-foot-btn">
                                            <a class="btn btn-warning btn-small" id="clear_input">重置</a>
                                            <a class="btn btn-success btn-small-aft" id="search"
                                                href="javascript:showFirstPage()">查询</a>
                                        </div>
                                    </div>
                                </div>
                            </form>
                            <!-- search-table -->
                            <div class="search-result">
                                <div id="" class="top-btn-bar">
                                    <a id="tonewuser" class="icon icon-add" href="javascript:void(0);"
                                        title="" style="margin-right: 10px">新增货币</a>
```

```html
            </div>
            <div id="search_result" class="search-result-content">
                <table class="table table-striped table-bordered"
                    style="background-color: #E4F4CB;" id="currency_table">
                    <thead>
                        <tr>
                            <th style="width: 15%; height: 21px;">
                                <a class="sort">货币编号<span class="caret"></span>
                                </a>
                            </th>
                            <th width="65%">
                                <a class="sort">货币名称</a>
                            </th>
                            <th width="10%">
                                <a class="sort">状态</a>
                            </th>
                            <th width="10%"></th>
                        </tr>
                    </thead>
                    <tbody id="list">
                        <%
                            PageInforBean listBean = (PageInforBean)session.getAttribute("pageInforBean");
                            List currList = new ArrayList();
                            int totalPage = 0; //总页数
                            if (listBean != null) {
                                currList = listBean.getList(); //获取当前页面显示列表集合
                                totalPage = listBean.getTotalPage(); //获取总页数
                            }
                            for (int i = 0; i < currList.size(); i++) {
                                AdminCurrencyBean curr = (AdminCurrencyBean)currList.get(i);
                        %>

                        <tr>
                            <td><%=curr.getCurrency_cd()%></td>
                            <td><%=curr.getCurrency_nm()%></td>
                            <td class="center_td">
                                <i class="icon icon-effective"></i><%="T".equals(curr.getIs_valid()) ? "有效" : "无效"%></td>
                            <td class="center_td">
                                <a class="icon icon-edit  link-hand-dialog"
                                    data-toggle="modal"
                                    data-target="#currency_edit_modal">编辑</a>
                            </td>
                        </tr>
                        <%
                            }
                        %>
                    </tbody>
```

```
            </table>
        </div>
    </div>
```

2. 模型（JavaBean）

创建实现货币管理功能的模型层实体类 AdminCurrencyBean.java，封装货币的基本信息，用于在各层之间进行货币信息传递。

AdminCurrencyBean.java 部分代码如下（代码详见：\OMS\src\sym\admin\bean\AdminCurrencyBean.java）。

```java
public class AdminCurrencyBean {
    private String currency_cd;//货币CD
    private String currency_nm;//货币名
    private String is_valid;//是否有效
    private String update_date;//更新时间
    private String update_user_id;//更新者

    public String getCurrency_cd() {
        return currency_cd;
    }
    public void setCurrency_cd(String currency_cd) {
        this.currency_cd = currency_cd;
    }
    public String getCurrency_nm() {
        return currency_nm;
    }
    public void setCurrency_nm(String currency_nm) {
        this.currency_nm = currency_nm;
    }
    public String getIs_valid() {
        return is_valid;
    }
    public void setIs_valid(String is_valid) {
        this.is_valid = is_valid;
    }
    public String getUpdate_date() {
        return update_date;
    }
    public void setUpdate_date(String update_date) {
        this.update_date = update_date;
    }
    public String getUpdate_user_id() {
        return update_user_id;
    }
    public void setUpdate_user_id(String update_user_id) {
        this.update_user_id = update_user_id;
    }

}
```

3. 控制器（Servlet）

创建处理检索货币信息的控制器类 AdminCurrencyPageListAction.java，本例中货币检索功能使用分页显示，自己创建的控制器 Servlet 类继承分页的公共 Servlet 类 PageListBaseServlet，并重写父类中的 initPageInforBean 方法即可。

AdminCurrencyPageListAction.java 代码如下（代码详见：\OMS\src\sym\admin\action\AdminCurrencyPageListAction.java）。

```java
public class AdminCurrencyPageListAction extends PageListBaseServlet {
    /**
     * 1. 初始化 PageInforBean，封装客户端传递的检索条件信息
     * 2. 初始化 forward 和 pageInforService
     * listBean 和 forward
     * @param request
     * @param response
     * @throws ServletException
     * @throws java.io.IOException
     */
    public void initPageInforBean(HttpServletRequest request, HttpServletResponse response) {
        //获取界面中货币名
        String currency_nm=request.getParameter("currency_nm");
        //获取货币状态
        String is_valid=request.getParameter("is_valid_all");

        //判断"全选"是否选中：若选中，则匹配所有；若未选中，则获取后面框中的值
        if("ALL".equals(is_valid))
        {
            is_valid="%";    //传递到数据库中进行模糊查询，匹配所有状态
        }else
        {
            is_valid=request.getParameter("is_valid");
        }
        //将两个参数放到 hm 中
        HashMap<String ,String> hm=new HashMap<String,String>();
        hm.put("currency_nm", currency_nm);
        hm.put("is_valid",is_valid);
        super.getPageInforBean().setHm(hm);
        super.setPageInforService(new AdminCurrencyServiceImpl());
        super.setForward("/pages/component/admin/currencyMaster.jsp");
    }

}
```

4. 服务层（service）

创建处理检索货币功能的业务逻辑层 AdminCurrencyService.java 接口，接口中方法的具体实现放到其实现类 AdminCurrencyServiceImpl.java 中。自己创建的业务逻辑层类继承分页功能的公共类 PageInforService.java，并重写父类中的 getTotalRecordNumber 和 getComponentPageList 方法即可。

AdminCurrencyServiceImpl.java 代码如下（代码详见：\OMS\src\sym\admin\service\impl\

AdminCurrencyServiceImpl.java)。

```java
public class AdminCurrencyServiceImpl extends PageInforService
implements AdminCurrencyService{
    @Override
    /**
    重写父类的getComponentPageList方法
    */
    public List getComponentPageList(int fromCount, int endCount,
            HashMap queryInforMap) {
        AdminCurrencyDao  adminCurrencyDao = new  AdminCurrencyDaoImpl();
        return adminCurrencyDao.getComponentPageList(fromCount, endCount, queryInforMap);
    }
    @Override
    /**
    重写父类的getTotalRecordNumber方法
    */
    public int getTotalRecordNumber(HashMap queryInforMap) {
        AdminCurrencyDao  adminCurrencyDao = new  AdminCurrencyDaoImpl();
        return adminCurrencyDao.getTotalRecordNumber(queryInforMap);
    }
}
```

5. 持久层（dao）

创建处理货币检索功能的持久层接口 AdminCurrencyDao.java，接口中具体方法的实现放到其实现类 AdminCurrencyDaoImpl.java 中，持久层类负责连接数据库，根据检索条件从数据库表中实现货币信息和货币总记录数的检索和返回。

AdminCurrencyDaoImpl.java 代码如下（代码详见：\OMS\src\sym\admin\dao\impl\AdminCurrencyDaoImpl.java）。

```java
public class AdminCurrencyDaoImpl implements AdminCurrencyDao {
    Connection conn=null;
    PreparedStatement pstmt=null;
    ResultSet rs=null;
    /**
        根据检索条件，检索货币信息
    */
    public List getComponentPageList(int fromCount, int endCount,
            HashMap queryInforMap) {
        List<AdminCurrencyBean> currList=new ArrayList<AdminCurrencyBean>();
        //1.获取连接
        conn=ConnectionPool.getConn();
        //2.创建sql
        String sql="SELECT currency_cd,currency_nm,is_valid FROM (SELECT currency_cd,currency_nm,is_valid,rownum rn FROM m_currency WHERE   currency_nm like '%'||?||'%' AND is_valid like '%'||?||'%') WHERE rn>=? AND rn<?";

        try {
            //3.给占位符赋值
            pstmt=conn.prepareStatement(sql);

            pstmt.setString(1,FieldCheck.convertNullToEmpty((String)queryInforMap.
```

```java
get("currency_nm")));
                pstmt.setString(2, FieldCheck.convertNullToEmpty((String)queryInforMap.get("is_valid")));
                pstmt.setInt(3, fromCount);
                pstmt.setInt(4, endCount);
                //4.发送执行sql
                rs=pstmt.executeQuery();
                //5.从结果集中取数据
                while(rs.next())
                {
                    AdminCurrencyBean currency=new AdminCurrencyBean();
                    currency.setCurrency_cd(rs.getString("currency_cd"));
                    currency.setCurrency_nm(rs.getString("currency_nm"));
                    currency.setIs_valid(rs.getString("is_valid"));
                    currList.add(currency);
                }
        } catch (SQLException e) {
            e.printStackTrace();
        }finally{
            ConnectionPool.close(pstmt, rs, conn);
        }

        return currList;
    }
    /**
        检索符合条件的货币总记录数
    */
     public int getTotalRecordNumber(HashMap<String,String> queryInforMap){
            int totalNum=0;
            //1.获取连接
            conn=ConnectionPool.getConn();
            //2.创建sql
            String sql="SELECT count(*) num FROM m_currency WHERE currency_nm like '%'||?||'%' AND is_valid like '%'||?||'%'";
            try {
                //3.给占位符赋值
                pstmt=conn.prepareStatement(sql);

                pstmt.setString(1,FieldCheck.convertNullToEmpty(queryInforMap.get("currency_nm")));
                pstmt.setString(2, FieldCheck.convertNullToEmpty(queryInforMap.get("is_valid")));

                //4.发送执行sql
                rs=pstmt.executeQuery();
                //5.从结果集中取数据
                while(rs.next())
                {
                    totalNum=rs.getInt("num");
                }
        } catch (SQLException e) {
            e.printStackTrace();
        }finally{
            ConnectionPool.close(pstmt, rs, conn);
```

```
        }
        return totalNum;
    }

}
```

13.7　本章小结

本章介绍了基于 MVC（JSP+Servlet+JavaBean）架构的 Java EE 项目：订单管理系统的设计和实现，以登录功能和货币管理功能为例介绍了项目的开发过程。因为企业平台本身的复杂性，所以本项目涉及的模块较多，而且业务逻辑也比较复杂，这些对初学者可能有一定难度，但只要读者先认真学习本书第 1~12 章所介绍的知识，并结合本章的讲解，一定可以掌握本章所介绍的内容。

本章所介绍的系统综合了第 1~12 章所介绍的 JSP、Servlet 和 JDBC 等技术，因此本章内容既是对前面知识的回顾和复习，也是将理论知识应用到实际开发的示范。读者掌握了本章案例的开发方法后，就会对实际 Java EE 企业应用的开发产生豁然开朗的感觉。